中国大型交通枢纽建设与运营实践丛书

北京大兴国际机场建设运营一体化

刘春晨　主编

同济大学 出版社
TONGJI UNIVERSITY PRESS
·上海·

本书编委会

主　　编：刘春晨
副 主 编：宋　鹃
执行主编：李勇兵　郭雁池

编写人员：
首都机场集团有限公司

马　力　孙保东　姚晏斌　李荣荣　杨承恩　郭洪源
魏　杰　宣　颖　覃霄志　张春丽　李美华　武　龙
马家骏　李冰天
首都机场集团有限公司北京大兴国际机场
潘　建　杜晓鸣　王毓晓　陈　茜　于　跃
首都机场集团有限公司北京建设项目管理总指挥部
吴志晖　李光洙　李　维　王　晨　孙　凤　雷　刚
王效宁　王　超
同济大学复杂工程管理研究院
乐　云　陈建国　唐可为　何清华　李永奎　施　骞
韩一龙　姜凯文　张馨月　李　琨　徐　牧　龚云皓
涂雪晴

序言 | *Foreword*

作为习近平总书记亲自决策、亲自推动的国家重大建设工程,北京大兴国际机场的高质量建成投运是中国民航在"十三五"时期取得的最重要成就之一,充分彰显了习近平新时代中国特色社会主义思想的实践伟力,全面落实了习近平总书记对大兴机场建设运营提出的打造"四个工程"、建设"四型机场"的重要指示精神,为中国民航未来机场建设运营树立了创新的发展模式和实践典范。

大兴机场从立项决策到建设投运的整个历程,充分体现了我国社会主义制度能够集中力量办大事的显著优势。国家相关部委、军方、地方政府全力支持,民航局举全局之力、全行业之力,共同推动大兴机场建设及运营筹备,在 27 km² 的土地上建成了拥有"三纵一横"4 条跑道、256 个机位、143 万 m² 航站楼综合体和 450 万 m² 总建筑面积的航空城,打造了世界上一次性投运规模最大、集成度最高、技术最先进的大型综合交通枢纽,创造了世界工程建设和投运史上的一大奇迹。

大兴机场的高水平建设与运营,其中非常宝贵的经验之一,就是创新实践建设运营一体化。这一理念最早源自我对北京首都国际机场 T3 航站楼建设与运营经验的总结与思考,那就是工程建设的质量和品质,最终将体现为运营的品质和效率,工程建设和运营筹备必须一体谋划、一体设计、一体衔接。机场建设是一项庞大而复杂的系统工程,大到飞行区和航站楼的结构布局,旅客流程以及行李和信息系统的系统部署,小到一个卫生间、一部电梯、一个标识牌的位置设计,都与后续机场运营的安全、服务和效率息息相关。结合之前的经验、收获和体会,我积极倡导并深入推动建设运营一体化这一理念,在大兴机场这一世纪工程中全过程、全方位地进行实践应用。早在2010年成立之初,北京新机场建设指挥部就确立了建设运营一体化人才战略,精挑细选一批具有丰富机场建设和运营经验的领导干部和骨干人员,提前介入立项论证等前期工作,全面开启了机场建设运营一体化的新篇章。

在"建设运营一体化"DNA 的不断塑造与促进下,大兴机场秉持"人民航空为人民"的宗旨,坚持客户导向,全主体、全要素、全过程深度实践新理念,打通机场建设与运营的边界,统筹机场规划、设计、建设、运营、环保、商业和财务等核心业务,推动前期建设与后期运营、前期投融资与后期经营、主业运行与辅业保障、航空业务与非航经营相互协调,让大兴机场真正实现"人享其行、货畅其流",以实际行动回馈广大旅客在新时代日益增长的美好出行需求,为航司等相关方打造良好的机场命运共同体生态圈,共同把大兴机场打造成为国家发展一个新的动力源。

建设运营一体化在大兴机场的成功实践,进一步证明了其对破解建设与运营分离问题的"硬核"实力和"高能"效用,也极大地坚定了我国民航业广泛推广建设运营一体化的信心和决心。大兴机场投运后,首都机场集团有限公司持续加大总结与推广力度,让建设运营一体化理念的内涵和实践不断丰富和外延。民航局也在已发布的《关于打造民用机场品质工程的指导意见》中,十分明确提出"推行建设运营一体化",在全民航全面推广,为民航机场建设领域提出了更高要求。

当前,举国上下正在全面贯彻新发展理念,创新培育发展新质生产力,民航运输市场显著复苏,基础设施建设需求不断扩大,机场建设管理能力也面临新的挑战。在这种背景下,首都机场集团有限公司紧跟时代步伐,以大兴机场建设运营一体化的成功实践为题,全景式展现大兴机场创新践行和不断深化建设运营一体化理念的全过程,并应用项目全生命周期集成管理、复杂系统管理等经典理论,进一步深化了建设运营一体化的理论内涵和实践体系,为今后我国民航推广和普及机场建设与运营一体化管理,促进机场建设项目管理理念、模式、机制全方位转型升级,推动机场建设运营从规模速度型向质量效率型转变、从要素投入驱动向创新驱动转变,提供了宝贵的理论支撑和经验参考。

习近平总书记强调,既要高质量建设大兴机场,更要高水平运营大兴机场。大兴机场投运以来,全体运营人员牢记重托、接续奋斗,成功克服疫情、雨雪特情以及重大保障任务考验,实现了安全平稳运行、航班转场的稳步推进,连续斩获国际机场理事会(ACI)最佳机场奖,成为受全球旅客欢迎的国际航空枢纽,为全行业打造"四个工程"、建设"四型机场"提供了新方案、树立了新标杆;同时,也为落实机场高质量建设、高水平运营,为推进机场建设运营一体化创造了新成绩,打造了新典范。

值此大兴机场投运五周年之际,看到大兴机场的发展成绩,以及这本书的顺利出版,深感欣慰,也期待这本书能为全国机场的高质量建设、高水平运营提供有益的启示和借鉴。

董志毅

中国民用航空局原党组成员、副局长

2024 年 7 月

前 言 *Preface*

　　建设与运营分离，是长期以来我国民用机场建设领域一直议而未解的客观现实问题。建设主体主要负责建设，运营主体主要负责运营，往往导致机场建成后无法完全满足运营需求，造成机场运营使用功能弱、服务水平低、改造费用高和经营效益差等不良后果，成为我国民用机场建设领域的一个难题。

　　回顾我国民用机场建设史，部分机场存在不同程度的运营与建设脱节、运营水平较建设目标预期相差远的情况。随着我国机场工程建设的规模日益增大、技术难度日益提升、环境不确定性日益增强，建设与运营分离所造成的各类问题的严重性被进一步放大。一方面，项目的构成复杂性、技术复杂性等物理复杂性不断增强，这种复杂性又被项目实施的过程复杂性进一步放大，造成建设与运营两大系统间的前后衔接、相互制约、互相影响等复杂关联更加繁杂、紧密，对二者的有机融合和互动协调提出更高的要求；另一方面，建设与运营两大主体组织间的独立性越来越强，人员专业需求差异越来越大，造成两类组织间人员交流、信息流通、资源整合等阻碍越来越大，如何有效破解建设与运营分离难题是摆在人们面前的工作任务，具有十分重要的现实意义。

　　作为我国民航业发展的重要里程碑项目，北京大兴国际机场承载了无数民航人的梦想，其空前的建设规模、最高水平的技术标准和对进度、质量等目标要求的巨大刚性，给项目实施带来了前所未有的挑战，同时也为破解建设与运营分离难题带来了重大机遇。作为我国民用机场建设的牛鼻子工程，要想实现我国民用机场工程在运营管理实力上的突破和对国际领先国家的追赶，北京大兴国际机场建设项目是千载难逢的机会。

因此，我们应牢牢把握住北京大兴国际机场这一世纪工程的绝佳契机，利用工程实践作为攻坚平台，积极探索创新，努力冲破原有建设运营分离的思想束缚，建立新的一体化管理模式和工作机制，为实现机场高水平运营提供坚实的保障。

2010年，国家发改委发文，明确首都机场集团公司[1]作为北京新机场项目法人。同年，中国民用航空局(以下简称"民航局")正式批复成立北京新机场建设指挥部，时任首都机场集团总经理、首都机场股份公司董事长董志毅首次提出了"建设运营一体化"理念，要集成行业最新水平和最强管理，以现代企业治理的框架来建立新机场建设管理模式，解决建设与运营分离这一长期以来困扰我国机场建设的难题。

随后，首都机场集团机场建设部主持成立建设运营一体化课题研究组，开启深入探索机场工程建设运营一体化理念的践行之路，于2014年12月北京大兴国际机场正式开工之际，形成了《首都机场集团公司机场建设运营一体化内涵及工作模式研究报告》，并基于对该报告的凝练提升，于2015年7月正式发布《首都机场集团公司建设运营一体化指导纲要》，第一次系统性地提出建设运营一体化理念框架体系。

在《首都机场集团公司建设运营一体化指导纲要》的指导下，北京大兴国际机场在后续的建设与运营工作中不断深入践行建设运营一体化理念。在前期策划阶段以运营为导向，充分考虑机场未来功能需求和运营服务需求，不断调整和优化设计成果；在

---

[1] 首都机场集团公司于2021年7月27日正式改名为首都机场集团有限公司。为方便读者阅读，后均简称首都机场集团。

项目建设阶段面向建设环境及运营需求的变化，采取多层次建设与运营人员融合、持续不断地优化设计及施工方案等，确保工程投运后项目价值的保值增值；在运营筹备阶段提前启动各项运营筹备工作，为北京大兴国际机场按时投运并实现建设与运营的无缝衔接与平稳过渡起到了决定性的作用。

2019年，北京大兴国际机场正式投运后，对建设运营一体化的探索和实践并没有停止。相反，在新的项目阶段中，建设运营一体化的内涵更加丰富和深化、内容体系不断扩充和延伸。2020年年底，首都机场集团成立北京大兴国际机场建设运营一体化协同委员会，建立北京大兴国际机场建设运营一体化工作长效机制，实现了一体化在未来工作中的常态化。

建设运营一体化的提出，是首都机场集团基于民航业建设发展的丰富经验，针对建设运营分离这一历史遗留问题的时代思考和行业创举。北京大兴国际机场对建设运营一体化理念的践行，全面覆盖了项目前期策划、项目建设和项目运营筹备及运营的全生命周期，不仅对北京大兴国际机场顺利建成和高质量运营起到了决定性的作用，同时也为我国民航业实现"四个工程"、打造"四型机场"迈出了开拓性的一步。

本书以北京大兴国际机场建设运营一体化的成功实践为主题，全面记录和回顾了大兴机场践行并持续深化建设运营一体化理念的全过程。

在此基础上，本书应用项目全生命周期集成管理理论、复杂系统管理理论，对建设运营一体化进行了理论结合实际的探索和分析，提出了一体化体系的整体性、系统性框架，进一步深化了建设运营一体化的完整体系。本书主要内容包括建设与运营目标一体化、建设与运营组织一体化、建设与运营过程一体化和建设与运营信息一体化。其中建设与运营过程一体化又将前期策划阶段、建设阶段、运营筹备阶段和运营阶段的一体化措施分别进行了分析和阐述。最后，对首都机场集团及其成员单位在北京大兴国际机场实施过程中的一体化实施亮点和典型案例进行了总结和回顾。特别鸣谢首都机场集团有限公司北京大兴国际机场、北京新机场建设指挥部、首都机场集团有限公司北京建设项目管理总指挥部、首都机场集团有限公司管理学院、首都机场公安局、首都机场集团紧急医学救援中心、首都机场集团有限公司社会化招商办公室、首都机场集团有限公司货运发展办公室、北京首都国际机场股份有限公司、首都机场临空发展集团有限公司、中航鑫港担保有限公司、北京首都机场旅业有限公司、首都空港贵宾服务管理有限公司、北京首都机场商贸有限公司、首都机场集团传媒有限公司、北京首都机场餐饮发展有限公司、首都机场集团设备运维管理有限公司、北京空港航空地面服务有限公司、北京首都机场物业管理有限公司、北京首都机场动力能源有限公司、北京首都机场航空安保有限公司、首都机场集团财务有限公司、首都机场集团商务航空管理有限公司、首都机场集团资产管理有限公司、北京大兴国际机场航空食品有限公司、北京首新航空地面服务有限公司等单位对本书撰写的大力支持。

本书力图通过对北京大兴国际机场建设运营一体化的践行过程和详细做法进行回顾和总结，对一体化的思想理论和方法体系进行深入分析和归纳，从而为实践界和理论界进一步探索成功经验提供丰富的素材，同时也为今后类似的大型机场工程甚至其他重大基础设施工程的建设与运营管理提供宝贵的理论与方法参考。

民航局领导检查北京大兴国际机场首次投运演练(来源：中国民航报社)

首都机场集团与大兴区召开北京大兴国际机场前期工作对接会

北京大兴国际机场召开运行优化模式研讨会

北京大兴国际机场建设与运营筹备攻坚动员会

目 录 | *Contents*

第1章

总述

北京大兴国际机场[1](图1.1)是习近平总书记特别关怀、亲自推动的重大标志性工程。这一重大工程如期建成投运,对提升我国民航国际竞争力、更好服务全国对外开放、推动京津冀协同发展具有重要意义。大力推进建设运营一体化,是大兴机场实现顺利建成投运的宝贵经验,是大兴机场为行业发展树立的优秀标杆,也是中国民用航空事业发展和大型机场建设与运营管理理念的重要财富[2]。

图1.1　北京大兴国际机场全貌鸟瞰

[1] 2018年9月14日,北京新机场名称确定为"北京大兴国际机场"。为方便读者阅读,本书均统称为北京大兴国际机场,简称"大兴机场"。

[2] 首都机场集团公司.北京大兴国际机场建设运营一体化协同委员会工作机制[R].2020.

1.1　问题提出的背景

2010年下半年,国家发改委发文,明确首都机场集团公司(以下简称首都机场集团)作为北京新机场项目法人。同年,民航局正式批复成立北京新机场建设指挥部,时任首都机场集团总经理、首都机场股份公司董事长董志毅首次提出了"建设运营一体化"理念,希望通过集成和体现行业最新水平和最强管理,以现代企业治理的框架来建立大兴机场建设管理模式,解决建设与运营分离这一长期以来困扰我国机场建设的难题。

1.1.1　建设与运营分离的表现

为什么要推行建设运营一体化? 这个想法是基于机场建设发展长期存在的问题所提出的。过去机场建设管理组织与机场运营管理组织是两个分离的系统,建设管理组织只管建设,待机场建成后移交给运营管理组织;运营管理组织只管运营,在机场建设前期很少介入,其后果往往造成"新机场建成投用之日就是更新改造开始之时"。建设与运营之间需要磨合,且磨合期也非常长,许多机场都有这种共同的教训。

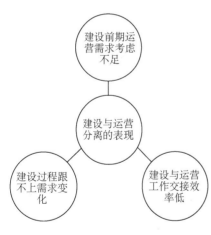

图1.2　建设与运营分离的表现

机场工程建设与运营在过程与时间顺序上存在天然的分离性,造成建设管理组织与运营管理组织分离的必然性,过程与组织的分离又不可避免地产生了目标的分离。建设与运营的分离是机场发展建设过程中一系列潜在问题的根源,是隐藏在各种问题和弊端背后的罪魁祸首。随着机场工程项目规模、技术难度、环境复杂性等不断加大和增强,这些由二者分离所引发的问题越来越明显,其对项目目标实现的危害也不断加大。

从实际表现上看,建设与运营分离最常见问题包括机场建设前期对运营需求考虑不足、机场建设过程中跟不上需求变化,以及机场建设与运营工作交接效率低等,如图1.2所示。

1) 机场建设前期对运营需求考虑不足

满足机场运营需求本应是机场建设的根本目的,也应是指引机场建设工作开展的首要目标。只有在机场建设前期尽可能全面、细致地把握机场建成投运后的运营需求,才能使其在建设过程中少走弯路,使最终交付物最大程度地实现原有预期的运营效果。

然而,从大量的机场建设实践来看,通常机场建设前期的规划和设计工作习惯上主要是以航空业务量预测来大体地分析机场规模、功能和设施需求,往往缺乏对未来机场运营过程中具体的航班运行、旅客地面服务、交通接驳等运行需求的细致考虑和推敲,对机场投运后的广告、餐饮、商业设施等提升机场运营效益的商业经营需求关注很少,针对绿色低碳、节能减排、环境保护等机场运营可持续发展等问题,就研究得更少了,导致机场按原有规划与设计建设而成的交付物无法满足使用者的需求,带来改造更新工作,增加建设成本,同时也会提高运营成本,甚至引发运行安全问题,大幅降低了机场建成后的运行效率。

2) 机场建设过程中跟不上需求变化

由于机场工程的超长建设周期,其所处的外部经济、社会、技术和市场环境持续发生变化,使其运行及使用需求随着建设工作的推进在不断发生改变,往往体现为经济发展引发的航空业务需求量增长、机场规模扩大导致的安全运行保障需求的提高以及服务质量要求提高引发的设施设备性能需求提升等,使得前期策划及设计阶段进行的功能定位、方案设计、技术论证等工作很可能变得落后,需要在机场建设过程中不断通过技术升级、设计变更、工法调整等措施进行持续改进,以适应需求变化。

然而,目前机场建设过程中往往忽略、低估外部环境引发的机场运营需求变化,仅着眼于短期的建设进度、质量、成本等目标,在设计过程中满足于套用老的设计规范和技术标准,在施工过程中局限于完成原有计划与设计内容。这就使得当前机场建设面临持续改进能力不足的问题,进一步加大了建设过程与最终运营目标偏离的问题,导致机场建成后建筑产品价值贬值、功能失效、效率降低,不能满足运营需求。

3) 机场建设与运营工作交接效率低

机场建设和运营是两个不同的阶段,往往由建设团队将机场建成后交由运营团队来运营。很多机场运营团队的组建较晚,运营团队较少参与工程建设,使得团队人员不熟悉工程本身与设计理念,导致运营工作上手慢,进而引发机场运营阶段运行效率低、应急水平差等现象。另外,在大多机场工程中,建设管理组织在项目竣工后解散,建设管理组织成员很少参与后期的项目运营工作,使得在运营过程中发现的设计、建设遗留问题解决效率低,对运行效率和可持续发展产生不良影响。

建设与运营工作本就是专业差异性较大的两类工作,其对人员专业技术及职业素养的要求各不相同,这更加大了机场工程建设与运营工作交接的难度,形成了在项目运营初期漫长而低效的过渡期。

1.1.2 产生分离的主要根源

建设与运营分离是工程项目固有和必然的特征,这是由工程建设生产活动的本质特征决定的。建设与运营分离问题产生的主要根源包括:建设与运营在时间序列上分离、组织分工分离和管理目标上分离等,如图 1.3 所示。

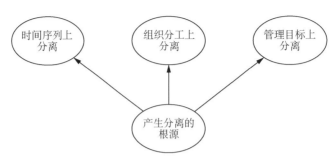

图1.3　产生分离的主要根源

1）建设与运营在时间序列上分离

机场工程一般都具有超长的生产周期,需分阶段实施,即先建设再运营(在建设之前还有前期准备阶段)。一般来说,如果把前期准备阶段也并入建设阶段,机场工程建设阶段工作从项目启动持续到项目竣工验收;而运营阶段工作则是在项目完成交付后到项目报废终止使用。因此,在时间序列上,建设与运营本就是机场工程全生命周期中两个前后衔接、彼此分离而又相互独立的不同过程。往往建设与运营在时间序列上的分离,需要不同的组织来各自完成两个不同阶段的工作任务,使得两类工作不得不分阶段管理。这就容易造成建设阶段只考虑建设的事情,运营管理组织很难提前参与建设阶段的工作,为建设和运营工作间设置了天然的连通屏障,增加了建设与运营组织有效沟通的难度。

2）建设与运营在组织分工上分离

建设与运营在时间序列上的分离引发了二者在组织分工上的分离。一方面,建设与运营阶段的工作内容不同,对技术和管理方面的专业知识需求也不相同,需要具有不同专业背景和从业经验的团队来分别实施,组织构成上的差异造成了不同阶段的管理对象不同。具体而言,指挥部作为机场工程建设阶段的管理主体,往往由熟悉机场设计或施工管理的人员构成,负责组织各设计、施工、监理等单位开展规划、设计、施工等项目建设工作。机场作为运营管理主体则主要由具有丰富运营管理经验的人员构成,负责对涉及航空公司、旅客、各机场运营单位等主体进行组织和协调。

另一方面,建设工作具有阶段性特点,建设团队伴随项目推进动态调整;而运营工作具有长期性和持续性特点,运营团队通常一直存在并负责项目建成后的服务工作,这更加固化了建设与运营两个不同阶段管理组织的分离状态。因此,建设与运营团队在组织分工上的分离是很难避免的,这种分离也无形地为二者之间人员交流、信息流通、资源整合等融合过程带来阻碍,并造成二者在目标上、策略上和行动上的差异、矛盾、背离甚至冲突。

3）建设与运营在管理目标上分离

机场工程建设与运营在时间序列上和组织分工上的分离,造成二者在管理目标上的分离。即建设管理组织往往只关心建设目标,运营管理组织只关心运营目标。

二者具有天然的目标时点分离特征。建设工作具有固定的目标时点,无论是进度目标、质量目标还是投资目标,往往都是以项目交付目标节点为基准;运营工作的目标却是根据运营需求变化持续不断地设立、调整、改变并完成的。二者在时点上的差异造成了目标的差异甚至相互矛盾。

二者存在目标来源的差异性。建设工作目标一方面源于项目前期阶段的项目建议书、预可研、项目可行性研究等工作的决策结果,如目标进度、投资估算和质量标准等;另一方面则源于技术标准和设计规范,以及设计优化等。运营工作目标源于机场运行管理者和使用者的需求。因此,建设目标往往是相对固定的,而运营目标是动态变化的。以投资目标为例,建设管理组织往往只关注工程建设的一次性投资费用是否超出预算以及建设质量是否满足验收标准,较难深入考虑今后长期运营性成本以及长期运营效果和服务要求变化对质量目标的调整。

二者存在目标内容的巨大差异。建设工作旨在完成工程项目的进度、质量、投资等目标,以及建设期的安全、环境保护等;而运营工作除了需要关注运营成本、时间和质量、安全以外,还要关注如何为使用者提供更便捷的功能和更舒适的体验,以及如何实现更低的运营成本、更高的运行效率或运营收益等。建设与运营在管理目标上的分离,导致本就具有不同分工的建设与运营管理组织较难通过彼此沟通交流而达成一致的目的,造成难以理解对方立场和决策等情况。

综上所述,机场工程建设与运营的分离是一个客观存在的普遍现象。其时间序列上的分离、组织分工上的分离和管理目标上的分离,是导致项目功能存在不足、不能很好匹配需求、运营效率不高等情况的重要原因。如何在充分理解建设与运营分离的根源的基础上,通过一体化措施实现二者的有效融合,是摆在所有机场建设和运营管理者面前的亟待解决的重要问题。

1.1.3 建设运营一体化理念的提出

2010年12月1日,民航局正式批复成立北京新机场建设指挥部,时任首都机场集团总经理、首都机场股份公司董事长董志毅提出大兴机场要坚持并落实建设运营一体化战略,在项目一开始就要注重建设与运营的高度融合。为在大兴机场进一步强化并全面践行建设运营一体化,首都机场集团机场建设部主持成立了建设运营一体化课题研究组,对建设运营一体化的内涵模式进行探索,于2014年年底形成了《首都机场集团公司机场建设运营一体化内涵及工作模式研究报告》,并于2015年7月正式发布《首都机场集团公司建设运营一体化指导纲要》,首次系统性地以书面形式提出建设运营一体化理念体系。该纲要不仅阐释了机场工程建设运营一体化理念的指导思想和基本原则,还提出了七大目标和八大关键任务,为后来建设运营一体化理念在大兴机场全面实践提供了重要指导。

1.2　建设运营一体化的理论基础

建设与运营分离是长期困扰建筑业的一个难题,是造成建筑业与其他行业相比生产效率相对低下的重要原因之一。从 20 世纪 80 年代起,国际上就开始探索将全生命周期管理思想延伸至建设工程项目管理领域,将整个项目的全过程集成起来,从传统的建设投资、进度和质量目标转变为全生命周期目标,建立全生命周期项目管理模式(Building Lifecycle Management,BLM)[1]。

1.2.1　全生命周期集成管理理论

英国皇家特许测量师学会(Royal Institution of Chartered Surveyors,RICS)将项目全生命周期定义为"包括整个建设项目的建造、使用以及最终清理的全过程"[2];1999 年,同济大学丁士昭教授将工程项目全生命周期管理的含义定义为:"为建设一个满足功能需求和经济上可行的项目,对其从项目前期策划,直至项目拆除的项目全生命的全过程进行策划、协调和控制以使得该项目在预定的建设期内,在计划的投资范围内,顺利完成建设任务,并达到所要求的工程质量标准,满足最终用户的要求;在运营期进行设施管理、空间管理、用户管理和运营维护管理,以使得该项目创造尽可能大的有形和无形效益。"[3]中国建设工程项目管理规范编写委员会对项目生命周期进行释义:"工程项目的生命周期包括项目的决策阶段,实施阶段和试用阶段,其中决策阶段又包括项目建议书和可行性研究,实施阶段包括设计、建设准备、建设工程及使用前竣工验收等。"[4]

作为建设运营一体化理念的重要理论基础之一,全生命周期集成管理的理论,致力于建立一个系统化的管理体系,这个管理体系提出了"运营导向建设"的管理理念,将项目全生命周期中的决策阶段、实施阶段和试用阶段进行整合,在项目前期以最终用户需求为导向,在建设全过程与运营者尽可能进行有效沟通,整合运营要求,根据运营需求合理确定项目总体目标及其价值;在项目的设计阶段,站在全生命周期的视角上,以运营单位和最终用户的需求为导向,不断优化设计成果;在项目的建设阶段,根据项目前期所确定的全生命周期目标,对建设全过程进行控制和监督,通过让运营单

[1]　丁士昭.建设工程信息化导论[M].北京:中国建筑工业出版社,2005.
[2]　周和生,尹贻林.政府投资项目全生命周期项目管理[M].天津:天津大学出版社,2010.
[3]　丁士昭.建设工程管理的内涵及其有关概念的分析[C]//中国建筑学会工程管理研究分会学术年会,上海普华科技发展有限公司,丁士昭.工程管理论文集 2006.北京:中国建设工业出版社,2006:1-14.
[4]　中华人民共和国住房和城乡建设部.建设工程项目管理规范:GB/T 50326—2017[S].北京:中国建筑工业出版社,2017.

位提前参与建设过程,从而使其对工程产品的需求得到充分体现,并使运营单位对工程实体和建设过程有全面深入的了解,以使工程的功能质量高度满足最终用户的需求,且实现建设过程向运营过程的无缝衔接平稳转移;在项目的运营阶段,对项目整体的建设和运行情况进行评价,并突出用户需求和实际使用效果变化对后续更新改造的重要性。这就要求在项目全生命周期的前期,从项目建成后的运营角度进行综合考虑分析,建立项目全生命周期目标,并将此目标作为整个项目建设和过程绩效评估的基础。

按照全生命周期集成管理理论,全生命周期集成管理系统由决策阶段的前期管理、实施阶段的项目管理和使用阶段的运营管理三者集成来实现,如图 1.4 所示。将前期管理、项目管理和运营管理三个彼此分离且各自独立的系统,通过建立一体化的目标系统和一体化的组织系统,形成统一的管理思想,并明确统一的管理语言,制订统一的管理规则,开发统一的信息处理系统,最终实现全生命周期一体化管理,如图 1.5 所示[1]。

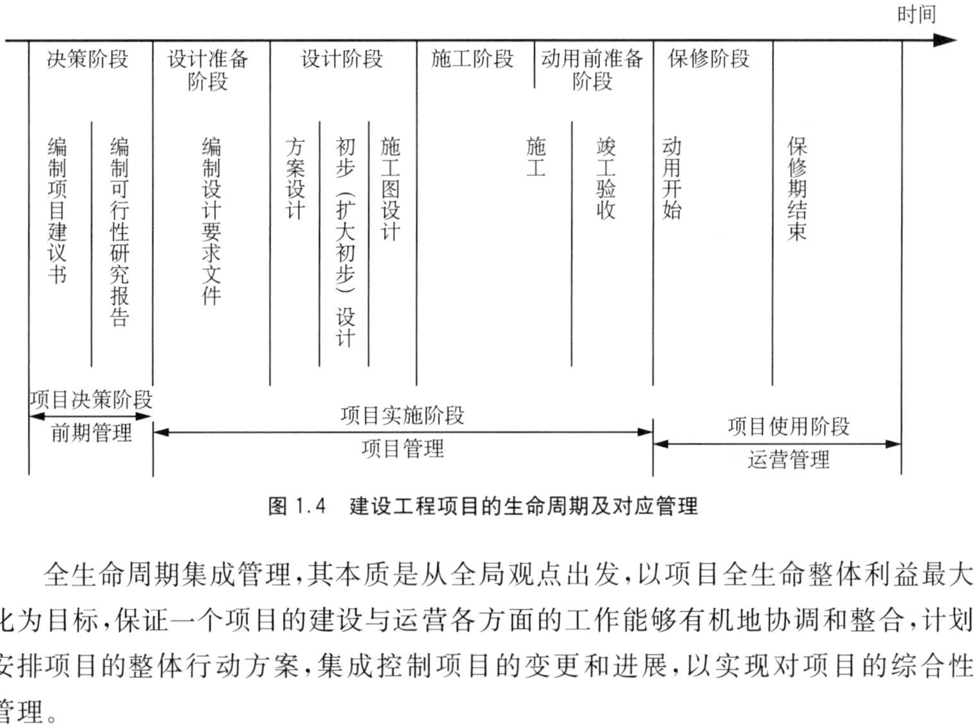

图 1.4　建设工程项目的生命周期及对应管理

全生命周期集成管理,其本质是从全局观点出发,以项目全生命整体利益最大化为目标,保证一个项目的建设与运营各方面的工作能够有机地协调和整合,计划安排项目的整体行动方案,集成控制项目的变更和进展,以实现对项目的综合性管理。

1.2.2　重大工程复杂系统管理理论

随着我国重大基础设施实践的不断发展,重大工程复杂整体性问题的涌现日趋频

---

[1]　丁士昭.建设工程信息化导论[M].北京:中国建筑工业出版社,2005.

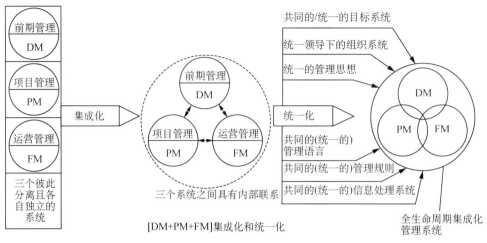

[DM+PM+FM]集成化和统一化

图1.5　项目全生命周期集成管理概念图

繁。作为一个现象级科学问题,工程复杂性问题研究从20世纪90年代开始起步,近年来逐渐发展成为当代重大工程管理研究的前沿性、原创性重大科学问题。

2021年,南京大学盛昭瀚教授提出,复杂系统管理已经形成管理学一个新的领域的基本雏形,复杂系统管理理论主要源于我国管理实践,是对复杂社会经济重大工程系统中一类"复杂整体性"问题的管理活动进行思考。如果是仅仅运用传统管理理论,把整体问题分解细化为各个相互独立的部分,一个个单独研究各个部分再简单汇总叠加,把问题各部分之间的复杂关联与结构切断、损伤了,原有的整体性机理也被破坏了,这样即使把每个部分都很好地解决了,还是解决不了整体性问题[1]。

复杂系统管理理论是建设运营一体化理念的另一个重要理论基础。该理论明确了解决该类问题的"复杂整体性"思维原则,以及从物理复杂性抽象到系统复杂性再转换为管理复杂性的"实体—虚体—实体"的基本范式。该理论基于钱学森的系统论思想,提出了解决该类复杂整体性问题"综合集成"的方法论。该方法论强调,在复杂系统管理实践中,需要建立一个由管理主体群体组成的管理组织来操作、运用具体的系统综合集成方法。该管理组织从系统整体性角度研究和解决管理活动的各个部分,各个部分的目标和解决方案都要从完成整体管理活动来考虑;管理组织对管理过程中的各个部分和问题之间的冲突,也都要在遵循整体性目标的原则下解决。

重大工程是典型的一类复杂系统。重大工程项目是为了适应和推动国民经济和区域经济发展,为了满足社会的文化和生活需要,以及出于政治和国力等因素的考虑,

---

[1]　盛昭瀚,于景元.复杂系统管理:一个具有中国特色的管理学新领域[J].管理世界,2021,37(6):36-50+2.

由政府主导投资兴建的固定资产投资项目。重大工程项目与一般项目存在较大的特征差别,但是长期以来仍然是沿用传统的项目管理理论进行管理。复杂系统管理理论的诞生给重大工程管理突破与创新带来了新的机遇。

作为复杂性最高的重大工程项目类别之一,机场工程的建设与运营管理是典型的复杂系统管理,而机场工程建设与运营一体化问题本质上是典型的复杂整体性问题。复杂系统管理理论能够为解决该问题提供重要的理论支撑,其综合集成的方法论也将为实现机场工程建设与运营两大子系统在目标、组织和功能上的融合给予重要的理论指导。

1.2.3　建设运营一体化的科学内涵

机场工程建设运营一体化理念的提出,直接面向机场工程实践界亟待回应的"痛点",既源于实践,又回归到实践,具有切实的实践引领性和前沿性;这一理念有深厚的理论基础,具有严谨的科学内涵。

基于大兴机场对建设运营一体化理念的实践,在项目全生命周期集成管理理论和重大工程复杂系统管理理论的指导下,可以对建设运营一体化的科学内涵归纳如下。

建设运营一体化是从全生命周期视角出发,应用复杂系统管理的综合集成方法论和方法体系,以运营需求为导向,统筹考虑建设规律,最大限度地实现各方利益的平衡融合及建设运营目标的协调统一,最终实现项目整体价值最大化。建设运营一体化既包括建设工作满足运营需求,服从运营规范,预见运营发展;又包括运营依托建设基础,释放建设产能,引领建设实施,二者辩证统一。

建设运营一体化基于复杂系统管理的方法论,在传统项目管理方法的基础上,通过整体性方案,有针对性地解决建设与运营分离的复杂性问题,这种复杂性不仅体现在长周期不同项目阶段下的过程复杂性,还体现在不同阶段下项目组织的多样性、组织间关系的复杂性,以及投资、进度、质量等目标的异质性、信息的多源、多向传播性,甚至体现在项目受外部政治、经济、社会和技术等环境影响大、变化快的开放性等[1]。

因此,建设运营一体化的科学内涵不仅涉及建设与运营不同阶段的过程要素集成,同时包含组织、目标、信息等要素的集成以及不同类要素之间的集成。

1.3　北京大兴国际机场一体化实践

政府主导的重大工程建设,具有社会影响大、项目构成多、投资总额高、建设周期

---

[1]　庞玉成.复杂建设项目的业主方集成管理研究[J].山东社会科学,2013(6):4.

长、涉及组织多以及相互之间影响因素复杂且受环境变化快影响大等特点,这些特点给大兴机场建设管理带来了巨大的挑战。

1.3.1 一体化实践的重要意义

在我国,重大基础设施项目建设往往是以政府为主导,这些项目的投资建设在经济发展中一直都起着非常重要的作用,如何提高政府投资项目的绩效水平,也一直是一个焦点和难点问题。传统项目管理理论和方法难以解决重大项目涌现出来的诸多复杂性问题。全生命周期集成管理是一种很好的思路和理论,但是如何真正将理论和实践结合起来,在实际工程中实现理论上所提出的预期效果,却不是一件十分容易的事情。复杂系统管理是基于整体性特征对项目进行的整合管理,更是对传统项目管理的颠覆性创新,在理论上还有许多机理和规律有待进一步充分地分析和论证,目前尚未形成对实践具有指导意义的完整的应用操作体系。

大兴机场在工程建设与运营管理实施过程中,面对极具挑战的复杂整体性问题,有针对性地进行了复杂整体性思维范式的转移和管理模式的变革,构建了一个由政府、行业以及二十多家投资主体相互协作、跨区域顶层协同的一体化体系。通过整体性计划重构、过程整体性控制以及集成化信息平台设计等一系列管理措施,有效地克服了复杂工程要素和子系统紧密关联、运作环境多元动态影响、以及还原论不可逆的系统性挑战,实现了从传统复杂项目管理到复杂系统管理的蜕变,创造了重大工程管理的奇迹。

大兴机场建设运营一体化所引发的思维范式转移与管理模式变更,是重大工程管理领域具有重要实践启迪的一个里程碑事件。它昭示了重大工程管理实践水平持续提升与不断发展、成熟的巨大可能性,同时也为重大工程管理理论研究与探索提供了一个重要的契机,让学者去总结和探索其隐含和孕育着的复杂系统管理论——一个有着中国特色的创新管理理论的逻辑思维、理论体系、方法手段和应用工具。

1.3.2 实践过程的基本脉络

从 2010 年首次提出并推动落实建设运营一体化理念,到 2020 年成立建设运营一体化协同委员会,大兴机场历经十余年时间,在机场建设与运营过程中努力践行一体化理念,用一体化理念指导各项工作的开展,为大兴机场的顺利建成与通航,以及投入使用后的高质量运行,起到了关键性作用。表 1.1 为北京大兴国际机场建设运营一体化实践主要事件时间表。

表 1.1 北京大兴国际机场建设运营一体化实践主要事件时间表

序号	时间	主要事件
1	2010 年 10 月	提出并推动落实建设运营一体化理念
2	2012 年 12 月	项目前期阶段一体化举措
3	2014 年	成立建设运营一体化课题研究组
4	2016 年	提前启动运营筹备工作
5	2018 年 3 月	成立民航北京新机场建设及运营筹备领导小组
6	2018 年 10 月	成立北京大兴国际机场投运总指挥部
7	2020 年 9 月	民航局发布总进度综合管控指南
8	2020 年 12 月	成立北京大兴国际机场建设运营一体化协同委员会

1) 提出一体化理念

2010 年 12 月 1 日,民航局正式批复成立北京新机场建设指挥部,时任首都机场集团总经理、首都机场股份公司董事长董志毅要求北京大兴国际机场要落实建设运营一体化战略。指挥部举全集团之力,从建设、运营以及专业公司三个板块精挑细选一批具有丰富机场建设和运营经验的骨干人员,组成核心领导团队,提前介入立项论证等前期工作。团队中建设与运营两类人才,全方位考虑建设与运营两方面的问题,对后来高品质建设大兴机场、避免建成后再大规模更新改造发挥了重要作用。

2) 项目前期阶段一体化举措

2012 年 12 月,大兴机场正式立项,并正式开启项目可行性研究和论证工作。在研究过程中,民航局组织开展了多次专家咨询会、技术论证会以及总体规划评审会等,致力于以运营为导向,对各类规划、设计以及建设方案进行持续地优化,以全面精细地把握机场未来功能需求和运营服务需求,逐步提升未来机场运营水平。譬如,以全流程的空地一体化仿真技术为手段,重点推进空域、跑滑系统、航站区构型优化,全面覆盖空域、飞行区以及陆侧交通等重点运营模块,实现从天到地、从内到外的一体化仿真,逐步细化优化大兴机场建设方案。

3) 成立建设运营一体化课题研究组

2014 年,首都机场集团机场建设部主持成立建设运营一体化课题研究组,聘请中国民航工程咨询公司作为技术支持单位,深入探索机场工程建设运营一体化研究。通过文献研究、案例访谈和案例分析等方法,于 2014 年 12 月大兴机场正式开工之际,及时地形成了《首都机场集团公司机场建设运营一体化内涵及工作模式研究报告》,并基于对该报告的凝练提升,于 2015 年 7 月正式发布《首都机场集团公司建设运营一体化指导纲要》。该纲要的发布,标志着我国民航领域首次系统性地提出建设运营一体化理念体系,为大兴机场在后续的建设与运营工作过程中,全面持续地践行建设运营一体化理念,并使其真正取得预期的效果,提供了重要的指导。

4)提前启动运营筹备工作

2016年年初,大兴机场运营筹备工作提前启动,与建设工作同步开展。首都机场集团随后成立大兴机场筹备办公室,统筹负责大兴机场运营筹备工作,积极协调引导航空公司、中国航空油料集团有限公司(以下简称"中航油")、空管局等其他运营单位共同开展运营筹备工作。运营筹备工作的提前启动和协同推进,是大兴机场建设运营一体化践行的重要举措,对后期实现建设与运营的无缝衔接与平稳过渡起到了重要作用。

5)运行模式优化研讨会

为进一步推动机场运行模式的优化,北京新机场建设指挥部组织了200多位中外专家,其中包括二三十位方面的专家,专题研讨在建设过程中如何优化运行流程、提高运行效率、更好地实现运营阶段人性化服务。这是我国民航史上首次大规模邀请专家专门研讨机场运营流程和模式。专家们从如何提升运营阶段运行效率和服务质量的角度,对建设过程中的各类工作全面把关,提出了关键问题和改进措施,为大兴机场投运后的高质量运营奠定了重要的基础。

6)成立民航北京新机场建设及运营筹备领导小组

2018年3月,民航局在原民航北京新机场建设领导小组基础上,成立民航北京新机场建设及运营筹备领导小组(简称"民航领导小组"),由时任民航局局长冯正霖担任组长,时任民航局副局长董志毅兼任常务副组长。领导小组下设安全空防、空管运输、综合协调三个工作组,聘请同济大学课题组编制了《北京大兴国际机场建设与运营筹备总进度计划》,以该计划为"抓手"全面组织统筹大兴机场建设运营筹备各项工作。该组织的成立标志着大兴机场建设工作进入最后的冲刺阶段,也标志着大兴机场运营筹备工作进入全力推进阶段,在两类工作协同推进密度最大、要求最高的关键时期发挥了重要作用。

7)成立北京大兴国际机场投运总指挥部

2018年8月,民航局发文成立北京大兴国际机场投运总指挥部(简称"投运总指挥部"),进一步加大最后阶段的建设与运营筹备工作的统筹与协调力度。在建设方面,投运总指挥部提前组织各运营单位进场参与设备设施单体调试及联调联试工作,有序分批开展飞行区工程、配套设施工程、航站区工程的竣工验收工作,并于2019年6月30日实现主体工程全面竣工验收;与之同步,在运营筹备工作方面,投运总指挥部积极推进校飞试飞、各类机场运营手续办理、人员招募培训等工作的开展,并组织各驻场单位在投运前最后两个月内密集地开展了七次大规模综合演练。所有演练均重点围绕提升运营阶段的旅客、航空公司以及各运营驻场单位的满意度,通过聘请第三方机构,对综合演练的工作进行整体性评价,从而指导面向运营价值最大化的系统改进和优化工作,有效保障了大兴机场按期顺利投运。

8) 民航局发布总进度综合管控指南

2020 年 9 月,在大兴机场投运一周年之际,民航局以行业标准的形式发布《民用机场工程建设与运营筹备总进度综合管控指南》。该指南重点阐释了机场工程建设与运营的关系、建设与运营筹备的关系以及建设运筹一体化的重要内涵,并以建设运筹一体化为指导思想,全面规定了建设与运营筹备总进度目标论证、计划编制、组织设计以及过程管控等内容。该指南的编制和发布,是对大兴机场建设运营一体化成功经验的重要总结,是对一体化理念在全国民航领域推广和应用的重要举措,有利于民航局继续全力推行机场建设运营一体化。

9) 成立北京大兴国际机场建设运营一体化协同委员会

2020 年 12 月,为进一步总结大兴机场建设运营一体化实践的成功经验,深化完善建设运营一体化理念与实践体系,大兴机场和北京新机场建设指挥部作为大兴机场的重要运营管理及建设管理单位,共同发起成立了大兴机场建设与运营一体化协同委员会,建立了大兴机场建设运营一体化长效工作机制,使一体化模式常态化,为建设运营一体化可持续发展打下了基础。

1.3.3 一体化指导纲要

2015 年 7 月,首都机场集团发布《首都机场集团公司建设运营一体化指导纲要》,在民航领域首次系统性地提出建设运营一体化理念体系。系统地提出了机场工程建设运营一体化理念的指导思想、基本原则、目标内容以及关键任务等[1],为破解建设与运营分离难题,切实推动和践行建设运营一体化理念,迈出了开拓性的一步。

以下是《首都机场集团公司建设运营一体化指导纲要》的主要内容:

1) 指导思想

以党的十八大、十八届三中、四中全会精神为引领,以集团公司发展战略、全面深化改革和依法治企的总体部署为导向,深入贯彻落实集团公司基本建设工作总体思路,坚持"安全、优质、高效、节约、环保、廉洁"的建设管理目标,践行"4-3-2-1"建设管理模式,积极发挥机场建设的战略主业作用,搭建建设与运营互动融合平台,实现建设与运营有效契合、并重并举,推进集团公司建设和运营管理能力的现代化。

2) 基本原则

(1) 战略优先、规划导向。建设项目应符合国家、行业、地区经济和集团公司发展战略与规划,符合已批准的机场总体规划和控制性详细规划。

(2) 目标协同、互动融合。建立目标协同管理机制,确保相关运营单位根据实际

---

[1] 首都机场集团公司.首都机场集团公司建设运营一体化指导纲要[R].2015.

需求充分参与项目实施,实现各相关方之间的高效沟通、信息共享和目标协同。

（3）依法依规、分级管理。建设和运营全过程应严格执行国家、行业、地方政府及集团公司相关法律、法规、程序和制度,全面推行项目法人责任制,确保建设过程安全和建设成品安全。基本建设项目由集团公司统一组织,分级实施。

（4）注重效益、科学决策。建设和运营全过程应统筹兼顾、权衡利弊、科学决策,先内部决策,后外部审批,确保具有良好的投资收益和社会效益。

3）目标内容

（1）建设运营成本低。以满足旅客、航空公司、货主、运营单位和驻场单位等各方需求为出发点,统筹考虑,努力降低项目建设成本和运营成本,确保投资收益。建设期精打细算,注重前瞻性和精细化,强化工程建设全过程的预算管理和投资控制,尽可能减少项目资金的重复投入,严禁超规模、超概算;运营期优化资源配置,严格预算执行管理,节约运营成本,努力实现设施资源成本最低、使用价值最大。

（2）运行效率高。将运行需求与建设需求紧密结合,统筹考虑并不断优化功能设施布局、流程流线设计等,降低设备系统能耗。提高机场飞行区和航空器运行效率（如缩短航空器地面保障时间,提高单位跑道起降架次、停机坪周转效率、平均机位利用率和航班放行正常率等）,提高旅客流程效率（如缩短步行距离和最短中转衔接时间（Minimum Connecting Time，MCT）,提高值机、安检、联检手续效率和单位航站楼旅客吞吐量等）,提高货运流程效率（如缩短货邮平均停场时间,提高单位货站货邮吞吐量等）以及机场应急响应效率等。

（3）服务品质优。以客户需求为导向,从建设初期入手,不断优化飞行区、航站区、货运物流区等服务设施布局,合理配置服务设施,简化旅客服务流程,优化跑滑、站坪系统以及航空器地面运行流程,致力打造安全顺畅、便捷高效、人性化的设施、流程、功能、文化氛围以及贴心愉悦的服务体验。

（4）经营效益好。对标国内外同类标杆机场的盈利能力,统筹考虑全过程投资收益和运营效益,积极推进投资主体多元化,推动完善 BOT 等特许经营模式,优化资产业务布局和经营管理模式,提高机场资源整体效率。

（5）产权关系明。创新机场土地资源管理模式,努力实现"统一征用、统一确权、统一规划、统一管理"的四统一目标,实施机场土地分类管理。有序开展建设项目的规划与建设,统筹考虑建设项目的规划、实施、收益所有权与经营模式的关系,及时将建设项目资产化并明确资产权属。建立产权清晰、权责明确、保护严格和流转顺畅的现代产权制度,为未来良好经营打下坚实基础。

（6）建设运营持续安全。严格落实安全生产责任制,建立完备的风险防控体系,确保建设过程（特别是严格不停航施工管理）和建设成品的两个安全;坚决杜绝重大质量与安全事故,保证建成后的设施设备安全运行;加快落实运行协同决策和保障机制,提高机场安全保障能力,实现机场建设和运营的持续安全。

(7)绿色协调可持续发展。全生命周期内贯彻低碳、环保、科技、人性化、资源节约、环境友好和运营高效等绿色理念,重点推广应用新材料、新技术、新能源,致力于打造精品工程、样板工程和绿色低碳机场,加强建设运营全过程的互动协调,高效利用各种资源,实现可持续发展。

4)关键任务

(1)高度重视质量安全管理。落实工程质量项目法人责任制,完善政府监督、监理单位监管、施工单位自检的三级质量控制体系。严守安全三个底线,完善管理制度与措施,建立完备的风险防控体系,严格落实安全生产责任制,实现施工组织与机场运行的良性协调和管控,坚决杜绝重大质量安全事故。

(2)加强建设运营团队融合。从前期建设团队的组建到后期与运营团队的衔接,随着项目的推进,不断优化项目团队的人员组成,并根据不同时期的工作重点和要求,合理、动态配置建设和运营人员的比例,推动项目全过程的建设和运营团队的有机融合。

(3)深化各类相关需求管理。根据项目相关方的影响程度及利益高低的不同,全面掌握各类相关需求,有效识别、分类管理,必要时聘请需求型专家对相关需求识别、管理与应用提供支持,努力做到科学选择、合理采纳。

(4)加大政策法规研究应用。机场作为公共基础设施,应主动将其协同与融合国家战略和地方经济社会发展,积极协调政府加大资本金投入比重,处理好自有资金与债务融资的比例关系问题,争取征地拆迁优惠、税费减免、贴息贷款等政策支持。

(5)优化完善机场运行服务。统筹考虑、持续优化和完善旅客、航空器、行李和货邮等各项运行流程,注重人性化的设施布局和文化体验,最大限度地提高运行服务效率和品质。

(6)做好商业设施专项规划。加强商业设施专项规划管理,适度超前策划商业设施的定位与布局,全面及时做好商业需求分析、具体区域规划及后期商业招商、装修等工作,确保商业设施布置与主体施工同步。

(7)落实绿色机场发展理念。遵循国家经济发展规律,坚持率先发展、安全发展和可持续发展思路,落实创新驱动、绿色环保的发展理念,并注重在项目各阶段的应用,特别是在绿色规划设计、节能环保材料选取、低碳高效运营等方面。

(8)建立全过程投资控制模式。科学选择投融资模式,遵循民航机场业发展规律,合理确定投资规模,做好工期间的科学计量、资金的高效利用,严格设计变更管理,严禁超规模、超概算,加强项目全过程的造价咨询、预算管理和跟踪审计。

1.3.4 一体化工作机制

2020年12月,大兴机场建设运营一体化协同委员会(以下简称"协同委")第一次会议在大兴机场办公楼召开。会议提出,大力推进建设运营一体化,是大兴机场实现顺利投运的宝贵经验,是大兴机场为行业发展树立的优秀标杆,是大兴机场和北京新机场建设指挥部管理理念的重要财富。会议强调,深化完善建设运营一体化,是大兴机场建设国际一流"四型机场"、持续引领"四个工程"建设的应有之义。

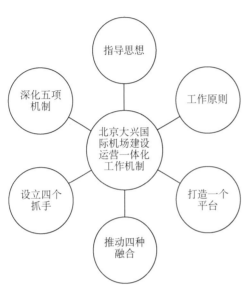

**图1.6　北京大兴国际机场建设运营一体化
工作机制内容框架**

会议建立了大兴机场建设运营一体化工作机制,并将其定位为"四个工程""四型机场"建设深度融合协同发展模式(图1.6)。该工作机制规定了协同委的工作原则,明确了协同委基本的协同平台性质和作用,并将推动"四种融合"作为协同委的发展路线。同时,会议通过了设立四个基本工作抓手的提案,以最终深化打造"四型机场"以及提升"四个工程"建设能力的五项重要机制[1]。

以下是《北京大兴国际机场建设运营一体化协同委员会工作机制》的主要内容。

1)工作原则

一是"同心同行、战略伙伴",强调在大兴机场建设与运营的不同阶段,大兴机场、北京新机场建设指挥部和各驻场单位虽承担不同的责任,但都应当基于共同的目标、理念去深化和完善建设运营一体化的工作机制;二是"聚焦重点、突出主题",要求协同委工作要聚焦在对习近平总书记视察大兴机场重要指示精神的贯彻落实,重点实现"四个工程"建设对大兴机场"四型机场"建设的支撑;三是"不断深化、协同融合",提出要努力贯彻新发展理念,在发展战略、核心竞争力、技术创新、党建文化等方面不断进行深度融合。

2)打造一个平台

协同委是由大兴机场、北京新机场建设指挥部共同倡议、发起成立的建设运营一体化协同平台,成立之初以大兴机场、指挥部和首都机场集团的相关成员单位为基础。基于协同委的协同平台功能,协同委主要负责研究审议,建设运营一体化工作模式的巩固和发展问题,本期已投运项目质保与维保的衔接和协调问题,在工程项目建设、投运准备和运营管理衔接中的协调问题,后续工程的立项、可研等前期工作和规划编制调整的协调问题,以及机场各期发展中涉及规划设计、功能流程及使用模式研究和确

[1]　首都机场集团公司.北京大兴国际机场建设运营一体化协同委员会工作机制[R].2020.

认的协调问题等。

3）推动四种融合

（1）发展战略融合。大兴机场、北京新机场建设指挥部将基于协同委平台深化战略层面的融合，充分汇聚协同委各委员单位的建议，切实将大兴机场后续工程建设及建设模式，与大兴机场发展战略、"十四五"规划紧密融合。

（2）核心竞争力融合。充分发挥北京新机场建设指挥部在"四个工程"建设中积累的多学科、跨领域的管理优势，以及在招标代理、造价咨询、工程设计、工程监理和总承包管理中的技术优势，与协同委各委员单位共同助力大兴机场打造核心竞争力。

（3）技术创新融合。协同委要认真贯彻首都机场集团技术创新工作思路，以大兴机场、北京新机场建设指挥部为表率，带动协同委各委员单位积极开展技术创新融合，不断探索将"新基建"要求、5G 技术应用等融入大兴机场的"四型机场"建设中。

（4）党建文化融合。以大兴机场党建联建工作平台为载体，联合开展"2·23""9·25"周年纪念活动，党委中心组（扩大）学习、基层党建联学联建等，不断增强"不忘初心、牢记使命"的政治意识，推进首都机场集团党建思路落地创新。通过联合举办培训班、挂职交流、成立专项小组等方式，积极探索和推进建设运营人才培养的融合。通过联合开展丰富多样的文体活动，不断增进员工交流，共同弘扬大兴机场精神。

4）设立四个抓手

协同委工作开展的四个抓手，亦即"四库"，包括建设项目库、课题标准库、复合人才库和问题督办库等，它们对协同委日常高效运作和解决建设与运营各类重难点问题具有重要作用。

（1）建设项目库。其主要包括：需协同委审议的"四型机场"建设项目，以及其他需协同委研究的建设、改造项目。根据有关规定或协同委认为需上报民航局、首都机场集团审批和备案的，在履行相关手续后进入建设项目库。根据实际制订项目综合管控计划，有效推动项目协同发展。

（2）课题标准库。主要包括：获得国家、地方、民航局和其他政府部门、首都机场集团立项批准的"四型机场""四个工程"相关的基础设施建设类课题；研究落实国家、民航局、首都机场集团关于大兴机场基础设施建设相关的重大政策导向和重要决策部署的课题；受委托编制的行业标准，以及引领机场业发展的企业标准；协同委认为有必要开展的其他课题。

（3）复合人才库。主要包括：以建设项目和研究课题为抓手，以建立既懂建设，又懂运营管理的复合人才库为目的，通过面向协同委委员单位举办专题培训、短期借调、挂职交流，抽调骨干成立专项小组等方式加强复合人才培养。

（4）问题督办库。主要包括：大兴机场、北京新机场建设指挥部以及相关委员单位提出需协同委推动解决的基础设施建设类问题，经协同委审议后纳入督办问题库，

进行动态跟踪管理。

5）深化五项机制

（1）平安机场的管控机制。充分发挥北京新机场建设指挥部在"平安工程"建设的先进经验，努力探索机场在建项目安全管理的新模式。共同开展在建项目安全隐患排查和整治，做好机场安全设施和安全系统运行的技术支持，共同开展安全运营新技术研究。

（2）绿色机场的共建机制。始终保持大兴机场在绿色机场中的领先优势，努力将大兴机场打造成为全球绿色机场的标杆和样板。共同做好绿色机场建设成果的总结，参与行业标准制定，形成知识产权；协同编制完成大兴机场可持续发展手册；共同开展绿色机场运营技术研究，提供绿色运营服务技术支持；共建绿色生态环保的科研教育基地。

（3）智慧机场的赋能机制。充分发挥大兴机场的示范引领作用。打造智慧机场高地。坚持以"用"为主，推动"产、学、研"深度融合的创新链条；深入开展课题研究，形成机场建设运营的创新成果和自主知识产权；共同开展"新基建"的研究与应用，共建以数字孪生机场、机场工程技术中心、"四型机场"重点实验室和博士后工作站为核心的创新技术体系和产业平台。

（4）人文机场的共享机制。坚持"以人民为中心"的发展理念，动员和号召协同委各委员单位，不断通过优化机场环境和提升公共设施配置标准，提高旅客和员工的满意度，为大兴机场建设国际一流的"四型机场"作出更大贡献。

（5）"四个工程"建设的提升机制。不断总结、固化"四个工程"建设的宝贵经验，在大兴机场卫星厅及配套设施等重大工程建设任务中，牢固树立"以客户为中心"的理念，紧密对接大兴机场"十四五"规划和"四型机场"建设需求，通过建设、运营团队的无缝衔接和专业协作，不断提高工程质量、安全、进度、资金、廉洁管理水平，着力展示既有民族精神又有现代化水平的大国工匠风范，持续打造世界一流水平的"四个工程"。

1.4　建设运营一体化理论阐释

大兴机场在项目建设和运营过程中，通过采取各种手段和举措，对传统的大型机场建设与运营管理模式进行优化，历经长时间的探索与思考，十年磨一剑，最终建立了"以运营为导向"的建设运营一体化管理模式。该模式以提高项目整体价值为目的，减少项目参与方之间的相互争执和冲突为手段，解决了机场建设管理中的诸多问题，最终实现了项目的整体目标，提升了项目建设与运营的整体绩效。

回顾历史，总结经验，对大兴机场的成功实践进行反思，将实践经验进行理论升华,对于丰富和创新全生命周期集成管理和复杂系统管理理论,进一步发挥理论对实践的指导作用,具有十分重要的现实意义。

1.4.1 实践经验的突出特点

归纳起来,大兴机场建设运营一体化实践主要呈现出以下特点。

1）努力实现建设运营过程一体化

在传统项目管理模式中,前期策划、建设实施和运营管理三者相互独立,在时间序列上相互分离,造成整体管理的种种弊端。大兴机场在项目前期策划阶段即贯彻建设运营一体化的理念。首先从项目进展全过程的角度,综合考虑上下游各个阶段的工作,充分把握不同阶段任务之间在时间和空间上的相互依赖、相互影响和相互制约,分析任务之间相互关系的高度敏感性,确保建设运营一体化理念贯彻项目管理始终。

由于项目建设周期较长,项目进展受到时间和环境的影响,任务和活动呈现多种多样的变化。大兴机场在项目建设过程中,充分认识到这种实施过程的不确定性和动态性,在项目整体目标指导下编制总进度计划,并根据实际进展情况,不断进行调整和实施变更,通过动态跟踪管控,实现建设运营过程一体化的优化。

2）努力实现建设运营目标一体化

传统建设项目随着复杂性增加,其目标往往具有多样性,特别是建设与运营目标相互独立,存在差异。大兴机场在践行建设运营一体化的过程中,充分认识到不同阶段、不同组织、不同类型的目标存在差异,并且各类目标的地位不同、权重不同、表述方式不同以及目标达成条件不同。大兴机场针对这些目标的多元性,建立了项目整体复杂性目标系统。其既要求在建设管理层面上实现进度、投资、质量和安全等目标,又要求在投运管理层面上满足功能要求,提高运行效率,提升服务质量,全面实现运营阶段的技术、经济和管理等目标,并进一步提出提升行业水平,助力社会经济发展,实现生态保护与可持续发展等社会目标等。

3）努力实现建设运营组织一体化

组织是为了实现项目目标而设立的对项目进行管理和控制的系统,不同的项目组织都具有其特定的管理模式,传统的项目管理模式由于分阶段管理,过分强调分工,造成了组织在结构构成上完全分离,相关建设管理组织和运营管理组织各自为其目标负责,各自有其不同的职能、权利和任务,并明确了不同的组织运行机制和运行规范。大兴机场在项目组织设计上,注重项目组织集成化管理,构建了一个由项目建设主体与运营主体共同组成的联合交叉的动态组织体系。在动态中加强整体联系、互动和沟通,降解过程界面复杂性和各阶段的分散性,实现强有力的建设运营组织一体化。

大兴机场建设运营一体化组织结构体系在纵向上具有不同管理层次。顶层组织是国家、行业和政府层面专门为项目设立的临时性领导组织,其组建的目的是统领和支持项目整体推进,运用其强大的有效资源的整合能力,协调项目建设与运营过程中人与人、人与物以及物与物之间的关系,驾驭项目宏观层面的各种复杂性,为建设运营一体化的实现提供顶层的组织保障。首都机场集团作为大兴机场最主要的投资主体之一,既负责项目主体的建设实施,又是机场运营主体管理单位。其自身的组织设计逻辑也体现了纵向分层的思想,由首都机场集团上层统领机场建设与运营,中间有专门设立的建设与运营一体化机构,下层虽然建设与运营机构分设,但其主要领导均由集团领导兼任,人员在项目全过程相互流动,不同单位之间建立了有效的沟通协调机制。

4)努力实现建设运营信息一体化

无数大型建设项目实践证明,有效的项目信息交流,是项目成功的关键因素之一。由于传统建设项目实施过程与实施组织的分离性,造成信息传递过程中的缺失和扭曲,直接影响工程项目在实施过程中的协同工作效率和项目决策质量。大兴机场在践行建设运营一体化的过程中,通过信息技术在建设运用中的开发运用,以及建设工程信息资源的开发和运用,积极改善传统的建设项目中落后的信息管理状况。

大兴机场应用最新的信息技术方法和手段,通过建立集成化信息平台,为信息的交流和利用提供有力的技术支持,弥补了传统工作手段和工具难以解决的信息管理缺陷,实现了项目全生命周期内不同组织之间的信息共享,使不同阶段逐渐积累起来的工程信息,能根据需要保持较高程度的准确性和完整性,极大提高建设与运营不同组织间的工作协调与沟通交流效率。

1.4.2　一体化实践的理论升华

从大兴机场的实践经验可以看出,重大工程建设运营一体化既不能仅仅从字面上理解为将建设和运营从时间过程上整合起来,也不能简单理解为将建设和运营管理从组织结构上整合起来,或者试图单方面通过信息集成就能实现一体化目标。建设运营一体化本身就是一个内涵丰富的复杂系统,任何简单的理解和单方面的措施都是片面的。

根据全生命周期集成管理和复杂系统管理理论,重大工程建设运营一体化,是指通过建设与运营组织一体化,构建一个动态的管理组织体系,从而在建设与运营过程中始终发挥引领项目交付的主导作用,并充分发掘对复杂项目系统的整体性要求,建立项目整体目标,实现项目所有时间阶段、参建组织以及管理要素的有效组合和高效运转,改变传统管理模式中以工程进展过程为主要对象,各组织要素分别介入建设与运营过程的阶段性与局限性。

建设运营一体化践行的根本目的主要是解决以下三个方面的问题:一是项目前期

过程、建设过程和运营过程三个阶段脱节的问题;二是组织分工和组织责任的细化造成整体目标缺失、各方相互制衡,从而导致管理效率降低的问题;三是管理要素之间的障碍和信息之间的断裂与信息孤岛问题。

建设运营一体化是一个有机的复杂系统。全生命周期各个阶段、不同组织方、项目各种目标以及各种管理要素等都是这个复杂系统下的子系统。建设运营一体化就是要通过对该复杂系统中各个子系统进行合理的集成和整合,通过不同子系统在时间与空间上的合作、结构与功能的调整与重组和相互之间的关系协调,使之产生一种远大于所有子系统之和的整体系统效益。

建设运营一体化整体模型应具有与集成管理密切相关的、内涵丰富的内容体系。如图1.7所示,其整体模型包括:全生命周期过程一体化、项目最终成果目标一体化、所有利益相关者组织一体化以及对集成管理起到基础性作用的全生命周期集成化管理信息系统。

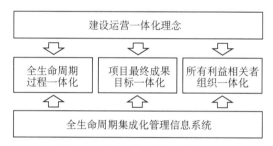

图1.7 建设运营一体化整体模型

建设运营信息一体化是项目全生命周期管理的基础和核心。信息一体化是在对项目全生命过程中各项目参与方产生的信息进行集中管理的基础上,为项目参与各方提供高效率信息交流和工作的环境。只有实现了信息一体化,才能真正实现过程一体化,将项目实施的整个周期从决策到建设、到运营筹备、到运营再到最后的后评价连贯起来。各阶段、各环节之间,通过充分的信息交流和传递,实现各阶段有效的搭接与过渡。

同时,也只有实现了信息一体化,才能够真正实现项目最终成果目标一体化,将整个项目目标管理工作,包括整体目标的提出、制订、调整、优化和控制等工作联系起来。通过对分阶段、分组织和分目标的协调和平衡,确保项目各个目标之间的均衡性和合理性,最终实现项目管理的总体效率的提升。

另外,也只有实现了信息一体化,才能够真正实现项目整体管理的组织一体化,将不同阶段具有不同任务、不同管理重心的各参与主体统一起来。通过建立开放式的、跨组织的各主体集成管理平台,对项目目标的实现进行协调管理,充分利用各方主体的优势,应对建设运营过程中的各种变化。

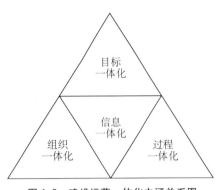

图 1.8　建设运营一体化内涵关系图

如图 1.8 所示,建设运营一体化信息平台的作用类似于整体项目组织的神经系统,目的在于解决全生命周期中的信息创建、管理和信息共享问题。以现代化信息手段,使各方主体整合成为一个一体化平台,通过数据共享来汇总全过程项目实施信息,实现项目不同阶段的信息存储、汇总和整合,最终实现不同阶段不同主体工作界面间的无缝衔接。

1.4.3　推广与应用展望

重大工程与生俱来的复杂系统特征以及越来越明显的复杂性特征,给建设运营一体化理念和方法带来了广泛的推行和应用空间,历史将会证明它在未来重大工程管理水平不断提升和发展中的作用和价值。

重大工程往往同时具有营利性和公益性双重属性。其目标复杂性决定了重大工程从宏观上来说必须兼顾经济和社会效益目标,无论是从建设还是运营角度考虑,都必须有适应社会和环境发展的目标考量。因此必须从全生命周期角度,在宏观上对各种微观目标进行集成统一,并使各主体目标均衡发展。

重大工程往往具有复杂系统特征,这种复杂性源于工程对象的物理复杂性,但又被实施的过程复杂性进一步放大,由于参与主体的增多以及工程主体与组织环境的交融所带来的复杂关系呈几何级增长,使重大工程管理不同于一般工程管理,难以通过对各局部问题的解决,来"叠加"解决全局问题。需通过全生命周期的任务工作统筹规划和不同阶段的衔接增效使问题得以解决。

重大工程具有明显的任务复杂性和技术复杂性,这就决定了其建设任务很难由一家单位或少数几家单位完成,因此对复杂项目中众多的参建单位来说,必须要在一个统一协调管理的组织下进行密切的沟通合作,方能在完成各自独立目标和任务的同时,实现复杂项目整体目标的最优化。

重大工程的建设与运营过程,不但是物质生产过程,而且是信息的生产、处理、传递以及应用过程。信息既是物质生产的依据,也是组织间联系的主要内容,是工作之间逻辑关系的桥梁。信息沟通的效率和有效性,对项目的成功实施起到重要的作用。建设运营一体化信息平台为建设工程跨越数字鸿沟提供了重要的机遇。通过改善建设工程中的有效沟通,实现信息化管理,推动建设工程信息资源及信息技术的全过程、全方位有效开发和利用,消除信息沟通障碍,提高项目管理效率。

1.5 本书主要内容

本书以大兴机场建设运营一体化的成功实践为主题,全面记录和回顾了大兴机场践行并持续深化建设运营一体化理念的全过程。本书将全生命周期集成管理、复杂系统管理等理论与工程实践相结合,系统研究和凝练了建设运营一体化的科学内涵和要素构成,深入分析并归纳了建设运营一体化的实施路径和详细举措,既为进一步探索大兴机场成功经验提供了丰富的素材,同时也为今后类似的大型机场工程以及其他重大基础设施工程的建设与运营管理提供了宝贵的理论与方法参考。

本书主要内容包括建设与运营目标一体化、建设与运营组织一体化、建设与运营过程一体化和建设与运营信息一体化。其中建设与运营过程一体化又将前期策划阶段、建设阶段、运营筹备阶段和运营阶段的一体化措施分别进行了分析和阐述。最后,对首都机场集团及其成员单位在大兴机场工程建设中的一体化实施亮点和典型案例资料进行了收集和总结。

1.5.1 建设与运营目标一体化

本书第 2 章分析了在传统管理模式中,建设与运营目标分离的表现和原因,提出了目标一体化是建设运营一体化的前提和核心,是保证一体化得以实现的思想基础和方向指引。借鉴国际上最新版的《项目管理 2.0》所提出的项目交付价值理念[1],对建设运营目标一体化的概念进行重新定义,并在此基础上结合大兴机场实践,对质量、投资、进度等目标的一体化措施进行了详细分析和总结。

1.5.2 建设与运营组织一体化

本书第 3 章首先分析了组织与目标的关系以及传统项目管理中组织分离的弊病,提出了组织一体化是实现建设运营一体化的决定性因素,是确保一体化实现的重要措施和途径。其次从理论上分析组织一体化的内涵、组织结构一体化、领导兼任、人员提前介入和组织协同机制等,并对大兴机场组织一体化在时间维度上的组织动态演化过程进行了全面深入的分析研究,包括项目前期阶段、建设阶段和运营筹备阶段等。最后在此基础上归纳提出了由组织结构、组织流程和组织制度整合所组成的完整的组织一体化体系。

1.5.3 建设与运营过程一体化

任何工程项目从客观上来说,其实施过程都是分离的,在时序上都是有先后的。

---

[1] 哈罗德·科兹纳.项目管理 2.0[M].北京:电子工业出版社,2016.

建设与运营过程一体化是指将工程项目的实施从全生命周期角度视为一个完整的整体，从项目前期策划到运营结束报废，将项目全生命视角贯穿这一漫长过程的始终，避免传统的单纯分阶段管理造成项目整体价值降低的弊病。

本书将建设与运营过程分为前期策划阶段、建设阶段、运营筹备阶段和运营阶段四个部分。其中前期策划阶段从项目立项研究到可研批复为止，主要实施任务包括可行性研究、项目总体规划等。建设阶段从初步设计到项目竣工验收为止，主要实施任务包括方案设计、初步设计、施工图设计与工程施工等。运营筹备阶段从开始开展运营筹备工作到机场正式通航为止，主要实施任务包括行业验收、人员招聘培训、试飞和校飞等。运营阶段从正式通航到将来停止使用项目报废为止，主要实施任务包括设施管理、运营服务、扩建改造等。

从客观上来说，以上四个阶段在发生时序上也不具有严格的先后关系，如运营筹备阶段并不是等建设阶段结束后才开始，建设阶段也不一定在运营阶段开始后就完全结束。四个阶段相互间存在平行搭接关系。

1）前期策划阶段一体化措施

本书第 4 章分析了前期策划阶段工作内容和特点，阐述了前期策划对运营导向下项目整体目标确定的重要意义，提出了建设运营一体化模式下前期策划的具体工作内容和方法，分析了用户需求分析、项目功能定位和机场规模策划等具体内容，并对大兴机场在可行性研究、项目总体规划等实施过程中以最终用户为导向，努力践行建设运营一体化的具体举措进行了回顾和总结。

2）建设阶段一体化措施

本书第 5 章回顾了大兴机场在建设阶段通过运营主体提前介入、建设与运营之间加强沟通与协调、从运营视角提出合理化建议进行设计持续优化等措施，努力践行建设运营一体化的相关举措，对大兴机场航站区、飞行区、公共区等在初步设计、工程施工等实施过程中的建设运营一体化措施进行了总结和凝练。

3）运营筹备阶段一体化措施

本书第 6 章分析了运营筹备阶段的特点和重要性，回顾了大兴机场从 2017 年 1 月成立运营筹备部，到 2019 年 9 月通航这一段时间内建设运营一体化的相关举措，包括校飞工作、设备验收、行业验收以及综合演练等。

4）运营阶段一体化措施

本书第 7 章介绍了大兴机场自 2019 年 9 月正式通航以后的建设运营一体化举措，这一阶段虽然工作重点转为以运营为主，但各类建设工作依然大量存在并持续推进，带来新的一体化挑战。重点回顾了大兴机场建设运营一体化协同委员会成立、一体化协同平台的主要内容，并分别对航站区、飞行区和公共区运营阶段的建设运营一体化措施进行了分析和总结。

1.5.4 建设与运营信息一体化

本书第 8 章阐述了信息管理是传统项目管理的重要组成部分,是全生命周期集成管理的前提,是复杂系统管理视角下建设运营一体化的基础。分析了建设运营一体化信息平台的概念、组成、功能和实现,回顾了大兴机场一体化信息平台的开发过程,分析了信息一体化平台的作用和效果。

1.5.5 典型项目实践

本书第 9 章介绍了首都机场集团成员单位在践行大兴机场建设运营一体化过程中的典型案例和关键举措,分析了动力能源系统项目、教育科研基地项目、行李、客桥、机电设备和配餐项目等一体化典型案例。

第2章
建设与运营目标一体化

在项目管理学中,目标是一个非常重要的基本概念。按项目管理学的基本理论,目标是组织在一定时期内通过努力争取达到的理想状态或期望获得的成果[1]。没有目标的建设工程不是项目管理的对象,每一个建设工程项目都有明确的目标,如进度目标、质量目标和投资目标等,每一个项目在不同的阶段也有各自明确的目标,如建设目标和运营目标。目标的作用是为管理工作指明方向,应是具体的,是可测量的,是可达到的,必须和其他目标相协调,必须有明确的截止期限。

2.1 建设与运营目标分离的弊病

2.1.1 目标的含义

目标是组织所期望得到的结果,也是客观活动努力的方向。组织目标明确了组织存在的理由,决定了组织发展的方向[2]。确定组织的目标是管理者的首要任务,而且贯穿于项目的整个管理过程。通过设定项目管理的目标,可以指明项目管理的方向,激发项目管理人员的潜力,明确项目团队的任务要求和考核标准,促进项目管理的绩效。

传统项目管理的时间范畴是从项目形成构思开始,到固定资产形成并投入使用为止,将项目建设看作是一次性过程,而运营是长期性的。对项目管理的定义是不含运营的,建设与运营被视为完全独立的两个系统,各自有不同的任务和目标体系。

按照传统的项目管理理论,建设工程项目管理的主要目标包括质量目标、进度目标和投资目标。

---

[1] 丁士昭.工程项目管理[M].北京:高等教育出版社,2017.
[2] 乐云.建设工程项目管理[M].北京:科学出版社,2013.

1）质量目标

建设工程质量目标主要是指工程实体质量应符合设计文件、承包合同以及国家法律法规、技术规范的要求，不仅涉及施工质量，还包括设计质量、材料质量、设备质量和影响项目运行或运营的环境质量等。

2）进度目标

建设工程进度目标是指建设的周期应控制在预期的时间范围以内，并在保证质量目标和投资目标的前提下尽量缩短建设周期。

3）投资目标

建设工程投资目标是指建设项目的投资额控制在预期的资金范围以内，并在保证质量目标和进度目标的前提下尽量节约工程投资额。

如图 2.1 所示，建设工程的质量、进度和投资目标相互之间是对立统一的辩证关系，在管理过程中应注意三者之间的内在平衡与统一，避免单纯追求某一方面而导致整体项目目标失控。

图 2.1　建设工程目标

2.1.2　质量目标分离

机场项目建设期的质量目标是按照设计图纸施工，符合竣工验收和行业验收标准；而运营期的质量目标涉及维修、安全、运营管理和可持续发展等问题，包括保证旅客交通、飞行跑道、空管和地下管线等正常运行，杜绝由于违章操作引起的重大责任事故，杜绝由于人为原因引起的重大伤亡事故，杜绝公共安全事故等。

建设目标和运营目标的分离常常体现在机场定位不准确、缺乏统筹规划、在项目整体性和完整性方面考虑不足，从而导致部分机场存在规划设计指标考虑不足，没有从一体化角度进行系统设计，缺乏对商业、行李、信息和消防等专项规划，或专项规划与运营需求不匹配，人性化考虑少，造成无法满足实际要求，旅客满意度低，经济效益和社会效益不高等问题[1]。

由于工程质量的变动性大，工程项目在施工过程中，工序交接多、中间产品多、隐蔽工程多，很多时候并不能及时检查出存在的质量问题，容易造成质量隐患，事后只能看表面质量，误将不合格的产品认定为合格产品。并且工程项目的检验局限性较大，项目建成后，无法像某些工业产品，通过拆卸或解体来检查内在的质量，工程项目最终验收时难以发现工程内在的、隐蔽的质量缺陷。如果仅仅按照建筑竣工验收、行业验收标准进行建设，很多的隐蔽项目无法检测出来，只能在运营阶段暴露，由此造成工程

[1]　首都机场集团公司机场建设部.建设运营一体化内涵及工作模式研究报告[R].2014.

的质量问题。

此外,建设运营质量目标分离往往还会影响旅客服务。从旅客需求分布来看,机场航站楼外长期以来至少存在长时间中转换乘的旅客、短期商务会议停留的旅客、接客人员和机场办公区域客户的住宿、会议、商业、餐饮及文化等服务需求,而机场对除住宿以外的其他不同类型服务需求考虑较少,导致上述在机场区域内就可被满足的服务需求被抑制或无法得到满足,上述服务诉求不得不向航站楼、周边城区甚至中心城区扩散,导致航站楼旅客服务设施承压过重、机场周边路网和公交设施承压过重而出现长时间拥堵,使得机场旅客的旅程时间被拉长和服务体验恶化,导致旅客与城市的效率双双降低。因此在建设阶段就应该以一切为了运营,以运营质量优先为目标,尽可能提高建设阶段的质量目标,实现建设运营目标一体化的同时,提升项目总价值。

2.1.3 进度目标分离

建设期的进度目标是实现项目竣工验收,至于验收后的工程是否符合运营单位的要求,这不在建设单位的考虑范围内;而运营期的进度目标则追求项目顺利开航运行,二者的目标并不相同。

建设与运营进度目标的分离主要体现在运营单位在项目建设期没有提前介入,或者建设单位也没有征求运营单位的需求意见,造成建设和运营两阶段交接不顺。由于机场运行所需设备、仪器的购置和安装需要时间,运行人员也需要接受培训,如果在建设阶段忽视运营筹备阶段的工作,容易造成建设向运营的过渡期延长,最终影响机场开航运行目标的实现。

建设与运营进度目标的分离是由建设运营过程分离造成的。从项目建设到项目运营这一完整周期中,建设和运营处于两个阶段。建设期和运营期长期以来的过程分离产生了大量的问题,在正式运营阶段大量爆发。由于建设阶段和运营阶段的沟通不充分,配合不到位,导致建设阶段和运营阶段的目标衔接脱节、断档,建设阶段对需求的合理性甄别不到位,隐性需求挖掘不够等,建成后的机场并不符合运营阶段的使用需求;建设阶段对项目整体性和完整性方面考虑不足,没有从一体化角度进行系统设计,仅仅为了项目竣工验收的目标,缺乏对商业、行李、信息和消防等专项规划的考虑,人性化考虑较少,这与运营阶段考虑的旅客满意度、经济效益和社会效益的目标分离,因此造成无法满足实际运营要求。由于前期建设缺少对后期运营需求的细致研究,尽管建筑完成竣工验收,但并不符合运营单位的功能需求,可能需要翻修整改,使得项目运营时间后延。

2.1.4 投资目标分离

建设期和运营期的投资目标不同,建设期追求在保证质量和进度基础上的最低费用,而运营期追求最低经营性成本。所谓建设费用,是指进行一个工程项目建造所需要花费的全部费用,即从工程项目确定建设意向直至建成竣工验收为止的整个建设期所支出的总费用,主要包括建筑工程费用、安装工程费用、设备及工器具购置费用和工程建设其他费用。而经营性成本是指为维持项目使用或生产经营占用的全部周转资金,例如能源费用、清洁费用、保养费用和维修费用等。

在通常情况下,建设期的投资和运营期的经营性成本存在密切的关系,建设阶段的项目投资费用少量增加会使得项目运营成本大量减少,但由于两阶段的投资目标分离,很难寻求二者较好的结合点从而实现工程项目全生命周期费用最低。

建设与运营投资目标分离,原因在于对全生命周期管理理念认识不足,在工程建设期只考虑建设的费用,忽略了项目运营期的经营性成本。特别是项目管理者只注重建设目标的实现,对运营效率、效益的兼顾和考虑较少,而运营单位在建设期因为没有有效参与,在建设中无法充分体现运行管理的实际需求,可能会使某些重要功能未能充分实现,以至出现"工程接收后即开始整改"的情况,导致建设与运营的衔接不畅,全生命周期内建设运营成本效益不平衡,成本压力过大,长期处于亏损状态。

因此,投资目标不能只着眼于建设期间产生的费用,更需要从建设工程项目全生命周期内产生费用的角度审视投资控制的问题。投资控制,不仅仅是对工程项目建设直接投资的控制,还需要从项目建成以后使用和运行过程中可能发生的相关费用考虑。机场等大型公共交通基础设施在使用过程中的能源费用、清洁费用和维修保养费用往往是一笔巨大的开销,进行项目全生命周期的经济分析,在建设时增加一些投资以提高或改进相关的标准和设计,则可以大大减少这些费用的产生,成为节约型的建设项目,使建设工程项目在整个生命周期内的总投资最小。因此,在机场项目的建设过程中,建设阶段和运营阶段的投资目标应该是统一的,即追求合理投资,使建设工程项目在全生命周期内的使用和管理经济合理。

2.2 建设与运营目标一体化的理论探索

2.2.1 一体化体系下的目标复杂性特征

1) 一体化体系复杂性带来目标复杂性特征

所谓复杂建设项目,是指处于变化的社会和自然环境下的,具有多重目标约束的,有较多参建单位的,受多重影响因素的,有一定不确定性的,在时间、空间上具有明显的复杂系统特征的建设项目[1]。

一个建设项目的目标往往具有多样性,而随着复杂建设项目的子项目增多,项目

---

[1] 庞玉成.复杂建设项目的业主方集成管理[M].北京:科学出版社,2016.

利益相关方增多,其目标体系也更为复杂。在这一目标体系中,各类目标的地位不同,权重不同,表述方式不同,目标达成条件不同,目标之间还存在着相互矛盾、相互制约和相互冲突。目标体系的复杂也导致了建设项目的评价难度增大,传统建设项目成功与否往往只看质量是否优良,是否按时或提前竣工,投资是否有"三超"现象,而越来越多的建设项目在满足了三重约束之后却往往在社会影响、生态环境等方面带来了不利影响。这不能不说是在设置建设项目目标体系时没有充分认识到其复杂性的缘故。

随着社会经济的发展,建设项目目标越来越呈现多元化的趋势。既要在管理层面上实现进度、质量、投资和安全等目标,又要在功能层面上实现技术、经济等目标,同时还要满足社会经济发展、生态保护等与外部环境相适应的目标。不同层面的目标在项目实施过程中相互交错作用,使得建设项目存在多个"可行解",而很难实现"最优解"。整体目标体系无论多么复杂,对建设项目复杂性的应对过程,都可以看作是追求利益相关者都满意的过程,因为每一个分目标都蕴含着某类利益相关者的期望。

2)项目整体目标体系的扩大

传统的建设项目目标大多集中在质量、投资、进度三大目标的实现上,但越来越多的建设项目在建成后出现各种各样的问题,表明一个验收时质量符合要求、投资未超预算、按计划顺利竣工的建设项目未必是一个成功的项目。从项目整体的角度来看,随着社会经济的发展,以及人们对系统科学的认识不断深化,建设项目目标体系的内容也呈不断增加之势。

从项目利益相关方的角度来看,除了质量、投资、进度之外,不同利益相关方对建设项目提出了不同的目标和要求,共同构成了建设项目的目标体系。而对于复杂建设项目,如前文所述,其复杂性的重要表现之一就是目标的复杂性。在这一复杂的目标体系中,存在着诸多相互矛盾、相互影响的子目标,建设项目目标集成就需要考虑如何整合、优化建设项目的目标体系,使之能够达到一个均衡的整体优化效果,即实现项目目标的最大化和利益相关方满意度之间的最优解。

3)目标一体化在一体化体系中的意义

项目管理遵循的是目标管理方法,项目管理目标是一个项目实施最终成果的核心表述,在复杂建设项目中,这也是项目方的核心工作。项目目标管理主要包括项目目标的制订、执行、评价和控制等工作,通过项目范围的管理来实现,用以保证项目能按要求的范围完成所涉及的所有过程,形成其他相关性子目标并综合组成项目的整体目标。

在目标维度上,复杂建设项目集成管理的核心就是要突出一体化的整合思路,追求的不是项目单个目标的最优,而是要在项目多个目标同时优化的基础上,寻求项目目标之间的协调和平衡,从而最终实现项目管理活动的总体效率的提高。因此,业主方在制订项目目标时,必须保证项目各个目标间结构关系的均衡性和合理性,在全过程、多主体、全要素中实现目标一体化。

4）目标一体化的定义

建设项目的目标一体化强调项目的总体目标和长远目标，而不是局部目标和短期目标实现。目标一体化可以这样定义：从建设项目全生命周期的角度出发，充分考虑项目从决策期到运营期全过程的成本、质量、可持续发展等要求，结合项目利益相关者对项目的各种需求，对项目目标体系进行准确的识别与构建。通过业主方的目标集成管理，尽可能消除不同目标间的冲突，从而在整体上最大程度实现项目目标体系。

根据目标一体化的定义，可将复杂建设项目的目标概括为三个层次：系统目标、子目标和可执行目标。系统目标为项目利益相关者均得到最大程度满意，由各个层次的子目标构成，包括：质量、投资、进度、健康、安全、环境、资源节约、社会经济发展及全生命周期成本等，其中考虑到多数建设项目仍然把项目竣工结算价格作为投资目标的一个重要指标，因此将投资目标和考虑了运营期成本的全生命周期成本目标区分开来。而通过进一步的分解，可将子目标分解为具体可控的可执行目标，如将投资目标分解为每个单项工程、单位工程、分部工程和分项工程的造价控制目标，或者按照合同划分分解为每个标段合同的合同金额执行目标。

在项目的决策期和准备期，是项目目标体系形成和分解的主要阶段，通过对项目目标的识别、扩展、解释和量化，逐步将项目目标细分，再与建设期的项目实施控制关联，从而达到项目目标与项目管理要素、项目利益相关者、项目全生命周期的一体化。

2.2.2 项目价值交付理论

"项目价值交付体系"（Project Value Delivery System）是项目管理国际著名专家科兹纳博士于2015年在其面向未来项目管理的重要著作《项目管理2.0》中提出的。他对项目及项目成功作了新的定义：项目是计划实现的一组可持续的商业价值；项目成功则是在竞争性制因素下实现预期的商业价值[1]。

传统项目管理的相关定义为：项目是指为创造独特的产品、服务或成果而进行的临时性工作；项目成功是指在时间、成本和范围的三重制约下完成项目。二者比较，差别甚大。

科兹纳博士从根本上颠覆了传统意义上的项目与三重制约下的项目成功的定义。项目管理协会（Project Management Institute，PMI）于2021年7月出版的《项目管理知识体系指南（第7版）》强调了项目是为了实现交付价值，而不仅仅是交付物，把价值交付体系直接表达了出来。传统项目管理的核心任务是以投资、进度、质量作为目标控制，以确保投资计划任务的完成，是计划（目标）驱动型项目管理，而这样的目标已经

[1] 哈罗德·科兹纳.项目管理2.0[M].北京：电子工业出版社，2016.

不符合社会发展的规律[1]。

而以项目交付体系为核心的项目管理 2.0 则是价值驱动型项目管理。项目成功与否并不在于成果是否交付、是否得到相关方验收,而在于项目交付时相关方对可交付成果的价值感知与价值认同,以及项目投入运营后可交付成果为组织和社会创造的价值。如果一个项目在投资、进度、质量都达标的情况下,使用后效益很差,但项目交付价值并不高,则该项目按价值驱动型项目管理的标准是失败的。

科兹纳博士在其所著《项目管理 2.0》中比较了价值观的变化,他指出:"如果没有创造商业价值,项目是否完成不再重要。"他表示,时间和成本不再是价值的仅有特征,客户要想创造商业价值的可交付成果,质量可能只是价值的组成部分之一。

《项目管理 2.0》通过多样化的度量指标来具体体现价值是否达成,包括实现价值的时间、关键假设条件变化的比例、关键制约因素的数量和净营业利润等。同时科兹纳博士指出,价值有很多表现形式,如:经济价值、理论价值、社会价值和政治价值等,但在《项目管理 2.0》中只有经济价值才被考虑。更多时候,项目是一项战略努力,项目存在的意义和价值并不局限于项目收尾时的可交付成果,更在于交付后的整个生命周期内,一个项目仍可能会创造未来的价值。

2.2.3　对建设运营一体化目标的重新定义

项目目标是实施项目所要达到的期望结果,即项目所能交付的成果或服务。项目的实施过程实际就是一种追求预定目标的过程,因此,从一定意义上讲,项目目标应该是被清楚定义,并且是可以最终实现的。目前并没有形成通用的建设项目目标体系,达成共识的是项目目标应从满足投资、进度、质量要求向满足相关者的需求转变。因为不同建设项目的技术特点、所处地域、社会影响均不相同,所以其目标体系也应各不相同。对于建设项目全生命周期集成管理来说,需要强调的是在业主全过程控制之下,保证项目目标、组织、过程和责任体系的连续性和整体性。因此,在任何情况下,根据项目管理 2.0 的定义,建设运营一体化的最终目标是实现项目价值最大化。

对复杂建设项目来说,目标体系至少应包括:质量目标、投资目标、进度目标、安全目标、环境目标和可持续发展目标等。其中质量目标要追求建设管理质量、工程质量的统一性,着眼于项目交付物的整体功能、技术标准和安全性等,子目标包括设计质量、施工质量、运营管理质量等;投资目标需要考虑分解为总投资目标、建设投资目标、运营成本目标、社会成本目标及环境成本目标等,子目标包括咨询投资目标、管理成本目标、工程类造价目标和设备材料类成本目标等。

---

[1]　美国项目管理协会.项目管理知识体系指南[M].7 版.北京:电子工业出版社,2021.

1）质量目标

美国著名的质量管理专家朱兰博士从顾客的角度出发,提出了产品质量就是产品的适用性,即产品在使用时能成功地满足用户需要的程度。从上述定义可以看出,质量就其本质来说是一种客观事物具有某种能力的属性,由于客观事物具备了某种能力,才可能满足人们的需要,人们的需要由两个层次构成。第一层次是产品或服务必须满足规定或潜在的需要,这种"需要"可以是技术规范中规定的要求,也可能是技术规范中未注明,但用户在使用过程中实际存在的需要。因此,这里的"需要"实质上就是产品或服务的"适用性"。"质量"定义的第二个层次实质上就是产品的"符合性",是产品特征和特性的总和。

建设工程项目管理的质量目标是指工程实体满足使用者需求和能力的特征的总和。描述工程实体满足使用者需求的文件主要包括三个方面,即工程设计文件、施工承包合同、国家有关技术规范,因此建设工程项目管理的质量目标可以表述为工程实体符合工程设计文件、施工承包合同、国家有关技术规范的程度。工程设计文件的根本特征是描述项目特征,是工程质量目标在实施以前的载体。

2）进度目标

项目管理的进度目标,是指管理者对工程建设工作开展的速度水平的期望,对于同一工程建设而言,工程建设工作开展的速度水平与工程建设的时间周期成反比关系,即工程建设工作开展的速度水平越高,工程建设的时间周期越短。因此,可以用建设工期的长短来反映进度水平。在建设工程项目管理实践中,进度目标一般反映为建设周期目标,以时间的形式表达,即从项目投资意向的形成,至项目竣工投产,整个项目生命周期所经历的全部时间。

3）投资目标

建设工程项目管理的投资目标,不同于传统的项目生命周期基于费用的角度来看,而是从效益的角度来看,投资的概念包含了形成固定资产的总成本、固定资产的经济收益能力以及盈利能力,内涵更加广泛。可以定义为:从项目的长期经济效益出发,全面考虑项目或系统的规划、设计、购置、安装、运行、维修、更新及改造直至报废的全过程,使全生命周期内的总投资最优。

2.3 北京大兴国际机场目标一体化实践探索

机场建设离不开运营需求的引导,机场运营离不开建设的支撑。机场建设应以运营为导向,与机场运营筹备相融合,建设目标和运营目标保持一致。从实践角度来看,建设运营目标一体化有利于克服机场建设中普遍存在的组织分离、过程脱节带来的问题,从而实现"项目价值最大化"的总目标。

大兴机场从建设一开始就确定了"始终为机场运营服务"的目标。2014年大兴机场召开筹备建设会议,提出大兴机场的建设运营应按照"引领世界机场建设,打造全球空港标杆"的目标,充分体现以人为本、运营安全、方便旅客、高效便捷、节能环保和绿色低碳的理念,把大兴机场建成代表中国的标志性建筑,为京津冀协同发展乃至全国的发展作出贡献。

2.3.1　"建设运营一体化指导纲要"对目标的确定

2015年,《首都机场集团公司建设运营一体化指导纲要》对大兴机场一体化目标进行了确定。

其第三部分提出,机场建设与运营要建立项目全生命周期的思维,统筹兼顾,科学规划,持续发展。以运营需求为导向,以优化资源配置为前提,以建设运营成本低、运行效率高、服务品质优、经营效益好、产权关系明、建设运营持续安全及绿色协调可持续发展为目标,以深化项目前期研究为抓手,以强化建设过程管理为手段,最大限度地实现建设运营一体化目标的协调统一和资源效益最大化。大兴机场制订目标时分别从成本维度、质量维度和进度维度反映组织从建设到运营的全过程参与,体现了全生命周期集成管理理念,深刻诠释了建设运营项目价值最大化的总目标。以大兴机场航站楼工程的设计目标为例:

（1）高效的空侧机位布置。航站楼机位布置应该最有效地利用站坪空间,提供数量充足的近机位,提高航空器地面运作和滑行的效率。

（2）便捷的陆侧交通联系。航站楼与各种交通模式的整合设计,突出与公共交通的顺畅衔接,方便各种出行方式的旅客出入航站楼。

（3）简洁合理的旅客流程。平面布局和室内空间尺度适宜,空间导向性好,避免不必要的楼层转换,尽量减少旅客的步行距离。

（4）满足枢纽运行的功能要求。航站楼整体运行高效,为中转功能的实现提供合理的硬件条件,满足旅客中转的衔接及联盟运作的需求,尽可能缩短中转时间,建立世界级的枢纽机场。

（5）创新的机场商业规划。在不影响旅客流程的前提下,充分挖掘航站楼的商业价值,结合大兴机场的特殊背景,提出全球领先的零售、餐饮、休闲和娱乐等综合性商业规划,注重提升旅客体验、促进消费需求,使大兴机场非航空性收入达到世界先进水平。

（6）功能具备良好的适应性。由于市场预测与实际必然存在差异,未来发展具有一定的不确定性,航站楼的功能应体现资源配置的弹性以及调整的灵活性,如:国际国内比例、机型组合等变化要求。

（7）适宜的服务标准。航站楼旅客服务水平指标按照国际航空运输协会（IATA）的服务标准确定。其中,普通旅客应达到C级标准;贵宾、高舱位、持卡旅客应达到A

级标准。此外应满足无障碍设计要求,充分体现人性化。

(8)采用绿色节能技术。强调可持续发展,充分体现航站楼绿色发展的主题,建筑应适应当地的自然生态条件,充分利用可再生资源,采用适宜的技术尽可能减少能源消耗,做到节能减排,以达到降低运营成本的目的。

(9)造型上应尺度适宜,简洁明快,具有鲜明的建筑特点。

(10)结构体系经济合理,技术可行,保证合理的投资建设。

(11)高效、合理、集约使用土地的原则,尽可能地实现空陆侧容量的平衡、分期建设的实现、灵活弹性的发展。

航站楼的设计目标源于建设阶段对运营的考虑,也来自运营单位对前期设计的需求,目标在追求经济效益的同时,也满足了旅客出行、航班起落以及区域发展等需求,充分践行了建设运营一体化的理念。

2.3.2 "四型机场"对目标的阐释

2019年9月25日,习近平总书记出席大兴机场投运仪式,强调要把大兴国际机场打造成为国际一流的平安机场、绿色机场、智慧机场、人文机场,打造世界级航空枢纽,向世界展示中国人民的智慧和力量,展示中国开放包容和平合作的博大胸怀。平安机场是指安全生产基础牢固,安全保障体系完备,安全运行平稳可控的机场;绿色机场是在全生命周期内实现资源集约节约、低碳运行、环境友好的机场;智慧机场是生产要素全面物联、数据共享、协同高效、智能运行的机场;人文机场是秉持以人为本,富有文化底蕴,体现时代精神和当代民航精神,弘扬社会主义核心价值观的机场。四型机场的理念自始至终落实在大兴机场的建设和运营过程中。四型机场不仅仅局限在建设的目标,而是结合了建设和运营统一的目标,作为大兴机场建设运营一体化的目标指导。这是"创新、协调、绿色、开放、共享"五大发展理念在民航机场领域的具体实践,开启了民航机场创新发展的新时代、新篇章。

1)平安机场目标

大兴机场从建设至运营的全过程始终以安全第一为宗旨,科学统筹安全、质量、进度,保持安全生产"零事故",建设绿色文明、质量过硬的"平安工程"。以《首都机场集团公司平安机场建设指导纲要》为指导,牢固树立"安全隐患零容忍"的核心思想,大力推行"科技兴安",采用"人防 + 物防 + 技防 + 源防"一体化管理理念,有效构筑平安机场安全防线。

成员企业坚持从建设至运营全过程践行"平安机场"的理念,如贵宾公司提出要在运营阶段实现平安机场的目标,坚守安全底线,助力平安机场建设,具体目标如下[1]。

---

[1] 北京首都机场商贸有限公司.北京首都机场商贸有限公司2020年工作报告[R].2020.

（1）圆满完成 70 周年大庆等重大保障工作。深入贯彻首都机场集团要求，成立专项领导小组，制订落实保障方案和应急预案，实现"零事故、零失误、零投诉"目标。

（2）构建"四个底线"指标体系。针对机场安全"四个底线"中 66 项指标和公司业务链条中 23 项重大风险点，构建三级风险防控与预警的"四个底线"指标体系，形成 400 余个管控指标。

（3）深入推进安全隐患排查治理。推进实现班组级安全隐患排查治理常态化、专业化，借助专业机构开展隐患排查治理，全年累计排查安全隐患 300 余项，整改完成率达 100%，保证项目投运后安全平稳运行。

（4）不断夯实"三基"建设。修订完成《人员安全资质管理办法》《相关方安全管理规定》等制度；强化公司总值班中心职能作用，推进安全管理向一线岗位下沉；梳理完善不同经营模式下的班组级标准化管理手册；开展各类业务技能提升演练和培训，全面加强项目安全运维能力。

2）绿色机场目标

大兴机场在建设和运营阶段提出要始终树立打造"绿色机场"的目标，始终保持大兴机场在绿色机场中的领先优势，努力将大兴机场打造成为全球绿色机场的标杆和样板。共同做好绿色机场建设成果的总结，参与行业标准制定，形成知识产权；协同编制完成大兴机场可持续发展手册；共同开展绿色机场运营技术研究，提供绿色运营服务技术支持；共建绿色生态环保的科研教育基地[1]。要全面贯彻落实《首都机场集团公司绿色机场建设指导纲要》管理模式和指导思想，在机场全生命期中实现资源节约、环境友好、运行高效、绿色发展，将大兴机场建设成达到全球标杆地位的绿色国际枢纽机场，成为全国绿色机场建设的先行者和典范。

3）智慧机场目标

大兴机场提出打造"智慧机场样板"的目标。建设和运营过程要始终全面贯彻落实《首都机场集团公司智慧机场建设指导纲要》要求，将大兴机场打造成为全球超大型机场、智慧机场的标杆。全面应用云计算、大数据技术，搭建基础云平台和智能分析平台；践行"互联网＋机场"理念，广泛开发各类应用，提升服务质量、旅客体验，以及商业资源价值。

大兴机场建设信息化样板。国内首次实现飞行区数字化施工与质量管理信息化；国内首次实现航站楼大规模应用 BIM 设计与施工技术。在使用智慧技术的基础上，大兴机场采用街区式城市设计样板。同时引入"开放式"城市设计理念，落实"小街区、密路网"，适当提高核心区开发强度，合理利用土地资源。

[1]　首都机场集团公司.北京大兴国际机场建设运营一体化协同委员会工作机制[R].2020.

4）人文机场目标

大兴机场以《首都机场集团公司人文机场建设指导纲要》为指导,提出坚持以人为本、文化引领,以提升航班正常、改善服务品质、打造文化机场及增强员工幸福感为目标,为航空公司、旅客、货主提供全流程、多元化、个性化和高品质的服务产品和服务体验,将大兴机场打造成为践行真情服务、弘扬人文精神、打造城市名片、彰显文化自信的新国门。

机场始终遵循人文机场的共享机制。坚持"以人民为中心"的发展理念,动员和号召协同委各委员单位,不断通过优化机场环境和提升公共设施配置标准,提高旅客和员工的满意度。

在人文机场建设方面,机场航站楼和飞行区树立"人文样板工程"的目标。航站楼中心到最远端登机口步行距离不超过 600 m,优于世界同等规模机场航站楼;具有国际竞争力的旅客中转时间,4 项中转枢纽时间均居于世界前列;首件进港行李 13 min内达到,优于国际大型机场优质服务水平;全面满足 2022 年冬奥会和残奥会关于无障碍和人性化设施的要求;坚持"人文机场"的建设与运营目标,打造大兴特色的行李运输服务。为实现"打造世界一流便捷高效新国门,提升大兴机场服务品质,优化旅客出行体验"的目标,大兴机场航站楼管理部通过对不同性质进港航班行李运输效率监察、行李效率分析、超时原因调查、整改措施跟进、定期开会讲评以及成立行李课题小组等多措并举的方式对行李运输作业全链条、多环节地完善与提升,进而持续不断地提升行李服务品质,提高大兴机场竞争力。

2.4 北京大兴国际机场质量目标一体化实践

大兴机场某部门负责人谈道:"建设质量目标的确定要充分考虑运营的质量,二者的一致性保障运营阶段的顺利投运。质量问题并不局限于工程竣工验收的合格与否,质量问题是一个百年问题,因此需要在运营阶段进行长时间的检验,经得起岁月的考核。"

《首都机场集团公司建设运营一体化指导纲要》中提出建设运营目标一体化包括运营成本低、运行效率高、服务品质优、经营效益好、产权关系明、建设运营持续安全和绿色协调可持续发展等七个目标。同时,大兴机场提出要按照"引领世界机场建设,打造全球空港标杆"的建设目标和"节能、环保、高效、人性化、可持续发展"的建设理念,着眼于未来新机场的运行效率,加强沟通协调,不断优化设计、施工方案,打造"高效、绿色、人本、融合"的精品工程。

根据前文对质量目标的重新定义,建设运营一体化中的质量目标应综合考虑建设期和运营期的需求,结合大兴机场实践,梳理出大兴机场质量目标一体化的子目标:以高效率运行为导向的质量目标,以服务品质优为导向的质量目标,以机场区域发展为导向的质量目标,以绿色可持续为导向的质量目标,以安全运营为导向的质量目标。

2.4.1　以高效率运行为导向的质量目标

运行效率高是建设运营一体化目标之一,大兴机场在建设期就明确了"运行效率高"的目标,将运行需求与建设需求紧密结合,统筹考虑并不断优化功能设施布局、流程流线设计等,降低设备系统能耗。包括提高机场飞行区和航空器运行效率,如缩短航空器地面保障时间,提高单位跑道起降架次、停机坪周转效率、平均机位利用率和航班放行正常率等;提高旅客流程效率,如缩短步行距离和MCT[1],提高值机、安检、联检手续效率和单位面积航站楼旅客吞吐量等;提高货运流程效率及机场应急响应效率,如缩短货邮平均停场时间,提高单位货站货邮吞吐量等[2]。

高质量的工程建设是高效率高品质运行的基础,工程验收目标的确立必须考虑运营目标。为了在运营阶段实现运行效率高的目标,在建设阶段就贯彻高质量的建设,严格遵循质量标准,甚至苛刻一点,为了运行需求而提升质量标准。避免因为建设目标和运营目标不统一,造成运营阶段质量出现问题而返工或者是重修等问题。

1)运行模式优化研讨

为实现"机场运行效率高"共同目标,首都机场集团在大兴机场建设过程中特别注重运行模式的优化。北京新机场建设指挥部组织200多位中外专家,研讨在建设过程中如何优化运行流程,提高运行效率,更好地实现服务的人性化。过去,中国民航有邀请中外专家论证机场总规方案和航站楼建设方案的先例,但大规模邀请专家(其中包括二三十位国际机场运营方面的专家)专门研讨机场运营流程和模式,这在民航历史上尚属第一次。这些专家对建设过程中的各类工作全面把关,综合提出建设性意见。

2)"高运行效率"目标下的公共区实践

公共区交通规划是"运行效率高"目标在建设和运营阶段的集中体现。在设计机场周边交通网络的时候,建设期已经初步考虑了机场离市区较远、旅客出行不便的问题。为了提高运营效率,实现大兴机场与中心城区的快速联系,为机场的主要客流方向提供高速、直达、准时的高水平交通服务,大兴机场提出建设大兴机场快线,速度高于北京市目前已有的城市轨道交通线路。开航初期,最后一班航班晚上十点抵达大兴机场,机场快线最晚的一班线路是晚上十点半,因此能够解决夜间运输的问题。但是随着转场换季和旅客量的增多,很多航班抵达时间延长到凌晨两点半,这对于旅客出行是一个巨大的难题。为了解决这种情况,机场运营单位将机场快线晚间时间延长到

---

[1]　机场MCT全程Minimum Connecting Time,是指旅客和其行李在特定范围内完成上一段航班行程后,能够顺利搭乘下一段衔接航班所需要的最短时间间隔。

[2]　首都机场集团公司.首都机场集团公司建设运营一体化指导纲要[R].2015.

两点半,并且雇佣爱心巴士,送旅客去市里面的交通枢纽等地进行中转。

公共区的标志标识从建设到运营阶段持续优化,以实现"运营效率高"的目标。机场从建设期就开始研究公共区的路面和路牌标识,从旅客出行便捷的需求出发,并与交通管理局协调。运营初期,建设阶段的大部分标识都能满足运营需求,较好地实现了效率高的运营目标。后期运营从细节上对引导标识完善加工,优化改进,例如装在架子上的引导牌在大雾天气下并不适用,后来运营部门将其换成自发光的引导牌以提升识别度。

3)"运行效率高"目标下的动力能源单位实践

动力能源公司在"运行效率高"的目标下进行前期阶段建设,设计优化变更后使效率得到显著提高。例如,制冷站运行过程中使用的乙二醇溶液具有一定的腐蚀性,在长期使用之后可能出现锈渣和不溶性气体,影响乙二醇的性能。设计优化后在乙二醇主管路上安装螺旋脱气出渣装置,巧妙地解决了这个问题。再如,设计伊始,航站楼内供风模式为树状供风,即由几十台大型空调机组供风。此模式能源损耗大,调节不灵敏,且温度覆盖不均匀。设计优化后改为网状供风,由几百台小空调进行供风,温度调节灵敏,温度过低的地方可以通过关闭小空调节约能源[1]。

2.4.2 以服务品质优为导向的质量目标

建设运营目标一体化包括"服务品质优",要"以客户需求为导向,从建设初期入手,不断优化飞行区、航站区、货运物流区等服务设施布局,合理配置服务设施,简化旅客服务流程,优化跑滑、站坪系统以及航空器地面运行流程,致力打造安全顺畅、便捷高效、人性化的设施、流程、功能、文化氛围以及贴心愉悦的服务体验。"

大兴机场从建设到运营始终秉持"服务品质优"的理念,以客户需求为导向,从建设初期入手,不断优化服务设施布局,合理配置服务设施,简化旅客服务流程,缩短步行距离,并将当地的文化融入机场规划设计中,通过机场展示出当地的文化特色,同时为旅客营造舒适、愉悦、高品位的出行环境。从建设到运营始终致力打造安全顺畅、便捷高效、人性化的设施、流程、功能、文化氛围以及贴心愉悦的服务体验,彰显"爱人如己爱己达人"的服务文化、秉持旅客"乘兴而来 尽兴而归"的服务追求,实现机场服务范围从"家门"向"舱门"拓展,大兴机场让"中国服务"的品牌形象更加闪亮。

大兴机场在建设和运营中都秉持"把困难留给自己,把方便和关怀留给旅客"理念,统一服务标准,提升服务标准。建设期在航站楼服务标准的确定上,按照国际航空运输协会(IATA)的建议,航站楼应达到"C级"以上的服务标准,即具有较高的服务水平,流程稳定,延误在可接受的范围内,较好的舒适度。其中两舱贵宾及要客等区域

[1] 北京首都机场动力能源有限公司.大兴机场能源系统"建设运营一体化"之路[R].2020.

需达到"A 级"标准,即优良的服务等级,流程通畅,高度舒适。此外,应该实现在可预见的极端高峰产生时航站楼系统不至于陷入崩溃,即不低于"E 级"。运营期各单位开展统一安检标准,旅客通过出租车、机场大巴、轨道交通和高速铁路等各种交通方式抵达,在航站楼内完成值机、安检、登机等各项流程,减少重复安检,延伸标志标识以方便旅客辨识,设置城市航站楼等多项尝试,从以上每一个环节去提升旅客的出行体验。各单位要互相学习、互相借鉴、互相促进,尽量统一服务标准,补齐服务短板,提高服务人员素质及服务理念,打造中国服务的品牌。

机场运营期间,始终提倡"注重细节"的服务标准。这些服务设施的布置正是源于建设期间的规划和设计,很好体现了以服务品质优为导向的建设运营质量目标一体化的理念。大兴机场对诸多细节问题的处理让人印象深刻。例如,到大兴机场的高铁票,均预留在靠近航站楼一侧的车厢,旅客下车后可以很快步行至电扶梯处;旅客通过列车抵达大兴机场后,并未直接用直梯提升到玻璃幕墙外的各层车道边,而是通过电扶梯到达楼内,再提升到各层大厅里,整个流程对旅客更加友好;旅客从 B2 层到达 B1 层后,可进行办票和行李托运,充分体现了对旅客的关怀。

2.4.3 以机场区域发展为导向的质量目标

大兴机场在前期策划阶段提出战略目标——以服务北京为主,同时考虑京津冀经济走廊和城市密集带的发展,与首都机场分工协作,形成对细分市场的全面覆盖,构建功能互补、协调联动的多机场系统,成为拉动区域经济一体化发展的强劲引擎,这一目标贯穿机场建设与运营全过程。

1)"区域发展"目标下的机场综合交通规划实践

机场综合交通规划是践行以机场区域发展为导向的质量目标的生动案例。

国内很多机场在规划机场综合交通系统时,并没有考虑运行期旅客对公共交通的出行需求以及交通对区域发展的带动作用,所以机场周边的交通只有简单的快速路,一些机场也没有规划高铁站。这导致机场在运行时期,私家车的比例过高,造成机场附近交通拥堵,严重影响机场的运行效率,不仅没有为机场周边的经济发展起到带动作用,反而带来负面效应。

吸取以上经验教训,为满足机场运营的需求,大兴机场在建设初期就提出了"构建以大容量公共交通为主导的可持续发展模式,建立多交通方式整合协调并具有强大区域辐射能力的陆侧综合交通体系"的总目标。综合交通的总体目标是大兴机场完成战略目标的重要支撑。目标可以具体细分为:

(1)轨道交通(机场快轨,城际铁路,高铁)出行比例达到 30%;

(2)道路公共交通(机场巴士,省际巴士,公交)出行比例达到 20%;

(3)建设城市航站楼,迁移机场航站楼功能;

（4）开展空铁联运，扩大机场腹地；

（5）提高道路的服务水平及通行能力，保证专用快速通道连接机场与市区。

为了实现上述可持续发展的目标，交通政策趋向于鼓励使用轨道交通并发展互补的多式联运，而不是在不同方式之间展开竞争，具体措施如下。

公交优先，引导机场客流形成合理的出行结构；推行公共交通出行鼓励方案，用出租车和火车联票向旅客提供完全的门对门服务；强化区域辐射能力，积极发展空铁联运；建立全方位、多层次交通服务，提升轨道交通服务水平；加强道路网建设，确保旅客及货物快捷而安全地进出机场；合理规划内部交通设施布局，构筑无缝畅达的交通衔接体系；首都机场与大兴机场之间应主要通过轨道交通连接；在大兴机场专线的换乘站上建立城市航站楼；开通铁路客运专线，依托高速发展的客专和高速铁路网络，为旅客出行提供多种选择；发挥航空运输和铁路运输各自优势，促进周边区域经济的大发展和产业结构调整，创造新的商机。

2）"区域发展"目标下的地区协同

机场投运以来，大兴机场不仅开启了建设现代综合交通体系的新篇章，更撬动了京津冀协同发展新引擎，重塑发展新格局。2019年8月底，中国（河北）自由贸易试验区北京大兴国际机场片区正式挂牌。2023年12月18日，大兴机场为助力京津冀交通一体化发展，正式开通运营津兴城际铁路。临空经济区、自贸试验区和综合保税区围绕大兴机场布局，在空间和政策上实现"三区叠加"，重点发展航空物流、航空科创、生命健康和数字经济四大产业，用好"双自贸"制度红利，已成为"动力源"释放的重要载体。

2.4.4 以绿色可持续为导向的质量目标

建设运营一体化应实现"绿色协调可持续发展"目标，具体而言，即"全生命周期内贯彻低碳、环保、科技、人性化、资源节约、环境友好、运营高效等绿色理念，重点推广应用新材料、新技术、新能源，致力打造精品工程、样板工程和绿色低碳机场，加强建设运营全过程的互动协调，高效利用各种资源，实现可持续发展"。

大兴机场在建设和运营全过程都设立了绿色可持续的目标，分析建设期和运营期机场节能、节水、噪声防治和固体废弃物防治等问题，并根据相应的影响制订措施，同时提出要"实施创新跑道构型设计，引领国内飞行区设计新方向；打造首个获得绿色建筑三星级、节能建筑3A级的航站楼样板；实现绿色建筑100%、可再生能源利用率达到16%以上、空侧通用清洁能源车比例100%和特种车辆清洁能源车比例力争20%等领先性指标；实现生态建设样板，海绵机场试点示范，实现雨、污分离率100%，处理率100%；非传统水源利用率30%；垃圾分类及无害化处理率100%；航空器除冰液收集及预处理率100%"等具体目标。

1）充电桩系统

大兴机场全场分布智能快速充电桩系统，由充电机、通信服务、数据库和 Web 组成，可以实现查看实时充电信息、充电站管理、客户查询、记录查询和统计分析等功能。目前，大兴机场飞行区内共配备有 414 个快速直流公用充电桩，可提供 520 个充电点位。为便于保障车辆就近充电，飞行区公用充电桩分散布置在近机位幕墙侧、机位侧、远机位和各通道口。

2）除冰液收集系统

大兴机场是国内首个实施除冰废液收集、废液再生和废水无害化排放全链条管理的机场。通过特别设计专用除冰坪排水坡度、废液回收管路与雨水系统隔离运行以及除冰废液再生设施的实际运用等多种方式，在避免除冰废液污染机场周边水体的同时，实现了除冰废液再生处理达到二次使用标准的突破性进展，以"绿色除冰"助力"绿色机场"。

2.4.5 以安全运营为导向的质量目标

建设运营持续安全也是建设运营一体化目标之一，目标包含"严格落实安全生产责任制，建立完备的风险防控体系，确保建设过程（特别是严格不停航施工管理）和建设成品的两个安全；坚决杜绝重大质量与安全事故，保证建成后的设施设备安全运行；加大落实运行协同决策和保障机制，提高机场安全保障能力，实现机场建设和运营的持续安全"等内容。

安全目标不但要消除建筑物施工作业时期的安全隐患，还要考虑本工程在运营期间存在的主要劳动卫生危害，即噪声对人体健康的伤害。在工程建设阶段，大型建筑物中所设有的柴油发电机房和空调机房，启动时存在一定噪声污染；极端天气对工作和健康也存在影响，过冷或过热天气带来的工作环境不舒适，不但影响作业效率、产生安全隐患，而且也影响人的健康。北京冬季较冷，夏季也存在极端高温天气，即便在室内设有采暖、通风、空调等设施，也不能满足工作舒适和设备正常运行的需要。货运仓库和航站楼中的行李分拣厅，由于功能需要，门较大并且经常开启；登机桥由于围护结构简单通透，这两个位置的工作温度受到室外气候条件影响很大。常年在机坪上工作的人员在极端天气下，如没有必要的防护设施，也将对工作人员的身体造成伤害。

以保障机场工作人员安全为例，大兴机场制订了如下相关劳动卫生防护措施。

（1）机场内靠近停机坪的建筑采用双层窗，减少跑道和机坪的噪声影响。柴油发电机房与空调机房等噪音较大的设备机房，采用机组消声及机房吸声、隔声等综合治理措施。

（2）航站楼公共空间与办公用房设置舒适性空调系统与采暖系统，改善夏季与冬季旅客和工作人员的周围环境。货运仓库和行李分拣厅和登架桥与航站楼的衔接处加装热风幕，减少冬季开门时室外冷风的入侵。

（3）在航站楼一层设置必要的站坪工作人员候班、休息、洗澡的房间,供在站坪工作人员使用,其他驻场单位站坪工作人员也可以租用。

（4）飞行区试车坪设防吹篱设施,减少噪声对周围的影响。

（5）应急救援中心设置必要的应急救援设施,作为对劳动卫生防护的支持。

（6）为站坪现场工作人员分发防寒、防暑的劳动保护用品。

在大兴机场建设期间,要求各施工单位严格遵守国家关于建筑工程劳动卫生、安全的相关法律法规,切实保护施工人员的劳动卫生和安全。在建筑设计过程中,不但要考虑旅客候机有舒适、良好的环境,还要充分考虑运行人员的劳动卫生和安全。对工作人员常年工作的场所,要做好隔音降噪、换气通风、采暖降温等措施,为工作人员提供舒适、良好的工作环境。建设一个环境友好、以人为本、绿色低碳的新机场,实现"建设运营全过程安全"的目标。

2.5　北京大兴国际机场投资目标一体化实践

大型机场工程在使用过程中的能源费用、清洁费用和维修保养费用往往是一笔巨大的开支,如果在建设时增加一些投资以提高相关标准和设计,可以大大减少这些费用的发生。机场项目的投资目标应该追求全生命周期内的使用和管理的经济性,贯彻低碳、环保、科技、人性化、资源节约、环境友好和运营高效等绿色理念,重点推广应用新材料、新技术、新能源,在满足工程项目质量、功能和使用要求的前提下,使项目全生命周期内投资最合理。另外,机场建设阶段很少会考虑运营期间的非航业务收入和机场周边产业开发,对项目投融资成本重视不够,投融资成本和项目效益测算衔接不紧密。由于项目融资模式单一、渠道狭窄,未能根据机场设施的不同特点选择适合的融资模式,机场在未来的运营过程中会面临较大的债务偿还和盈亏平衡的压力。

大兴机场在上述投资问题的基础上进行分析、梳理、归纳,总结出投资目标一体化的四个子目标:全生命周期低成本、提高非航业务收入、投融资模式多元化和绿色技术降本增效。

2.5.1　全生命周期低成本

《首都机场集团公司建设运营一体化指导纲要》中指出,应实现建设运营全过程低成本目标,"以满足旅客、航空公司、货主、运营单位和驻场单位等各方需求为出发点,统筹考虑,努力降低项目建设成本和运营成本,确保投资收益"。

大兴机场在跑道设计阶段也在继续践行目标一体化。在机场北跑道道面材料选择中,综合考虑了建设投资和运营投资,从全生命周期经济性的角度来决定选取哪种材料,实现了"全生命周期低成本"的目标。

大兴机场北跑道长 3 800 m，宽 60 m，经初步结构计算，对于跑道端部采用水泥混凝土道面时，其结构层综合造价约 505 元/m^2；采用沥青混凝土道面时，其结构层综合造价约 682 元/m^2，水泥混凝土道面初期建设费用较低。水泥混凝土道面的使用寿命约为 30 年，沥青混凝土道面的使用寿命约为 15 年。但为防止道面反射裂缝，水泥混凝土道面在达到使用寿命时的加盖厚度较厚，加盖费用也较大，假定水泥混凝土道面使用 30 年后需要加盖，加盖费用约 300 元/m^2。而采用沥青混凝土道面，道面使用大约 15 年需要大修，而 30 年后又要大修一次，局部可能需要翻修，估计其费用为 140 元/m^2。另外，假定两种道面的其他维修费用相当，表 2.1 为基准收益率取 5% 时两种道面每平方米费用比较。

表 2.1　机场跑道道面经济性比较表　　　　　　　　　　　单位：元/m^2

费用名称	水泥混凝土道面	沥青混凝土道面	水泥混凝土费用-沥青混凝土费用
初期建设费	505	682	−177
15 年后的大修费	0	110	—
30 年后的大修费	300	140	—
总费用现值	574.4	768.3	−192.9

一条跑道（3 800 m×60 m）造价比较：水泥混凝土道面初期建设费 13 096 万元，沥青混凝土道面初期建设费 17 495 万元，水泥混凝土道面节约 4 399 万元。采用沥青混凝土道面的初期建设费用以及全生命周期投资均较高，采用水泥混凝土道面更为经济。

2.5.2　提高非航业务收入

要实现建设运营目标一体化，大兴机场在投资目标方面应对标国内外同类标杆机场非航业务开展水平，制订并优化商业设施规划原则，并进行多轮次招商需求分析，优化资产业务布局和经营管理模式，提高机场资源整体效率，实现资产负债率低，营业收入、经营利润、利润总额持续增长等目标。

1）对标国外非航业务

为探索建设运营投资目标一体化的实施路径和工作模式，首都机场集团于 2014 年对国内外机场建设运营发展情况进行深入调研，发现国际上大型机场在提高非航业务经营效益方面积累了丰富的经验：新加坡机场在发展航空运输的同时，非常重视非航业务的发展，该机场的航空收入和非航收入各占一半，其中特许经营占非航收入的 75%；日韩机场从航站楼设计开始就充分考虑商业资源和航空流程的匹配，使商业资源价值得到最大限度的发挥；希思罗机场零售服务组合与乘客情况相匹配，为旅客带来良好的服务体验，并通过合理的商业规划，增加了旅客停留时间和零售空间，提高了旅客购物转换率,为机场提高了非航业务收入资源和航空流程的匹配,使商业资源价值得到最大限度的发挥。非航业务收入作为建设与运营合理衔接和有效融合的重要手段,为我国的机场建设和运营提供了较好的借鉴。

2)商业设施规划原则

大兴机场通过捕捉客户需求、创新提供多层次的服务项目、广泛应用新技术和新设备等方式来满足客户需求,增加非航业务收入。对各运营方和旅客的需求,大兴机场在建设期就制订了商业规划的全过程目标"在满足旅客及各单位需求的基础上,确保项目尽快收回初始投资成本并实现可持续发展",并拟定商业的设计应该遵循如下原则。

(1)商业区域在机场流程中的位置。机场商业零售不只是最大限度地发挥商业空间,还要紧跟需求的步伐,按照旅客流程体会旅客的购物心情,更加细心地安排场地空间比例。为了最大化地优化商业潜力,零售、餐饮的商业区布局,应有策略地以适当的比例安排在机场运行流程中最适当的位置。

(2)旅客途经必经通道的商业区域。理想的情况下,商业区域应该设置在旅客自然途经的路线上,明显可见。

(3)零售点的多样化。设计中最具挑战性的方面就是要能规划出足够数量的店面。设计商店时可考虑不同的进深来满足不同规模的商铺,以减少空间浪费。

(4)创造优质的零售环境。空侧零售区域应该成为机场中最有生气、最吸引人的一部分,在设计规划时,应尽量使之成为能让旅客尽情消费、舒适逗留的美好场所。

(5)高效利用候机大厅的座位。候机大厅座位可连接到商业区域来鼓励旅客在那里休息和花时间消费,同时也能减少旅客为寻找座位和同伴离开商业区域的机会。

(6)尽量促进客流量。利用每一个机会来增加经过零售区域的客流量,这些机会包括主要零售区的设置、垂直交通、到登机门的路线,甚至洗手间里的设施。

3)招商需求分析

在建设期招商规划的目标和原则下,运营期的招商业务取得了较好的成绩。在大兴机场餐饮资源项目中,开展了多次全面分析、市场调研、方案评估论证和项目推介,从市场环境、旅客需求和品牌品质三方面入手,深入研究餐饮市场发展趋势、行业动态,确定了"品牌多元化、正餐简餐化、简餐正餐化、饮食健康化、经营智慧化"的规划基调;研究旅客年龄层次、餐饮需求、消费能力和航司航班特点等影响消费行为的关键因素,精准定位由刚性满足型消费向愉悦型消费转变的设计导向;通过对机场餐饮品牌经营的针对性分析,明确了同时满足"航空出行快捷化"刚性需求和"隐性需求显性化"弹性需求的品类需求。

2.5.3　投融资模式多元化

大兴机场"建设运营一体化"的研究工作主要通过两条主线进行,其中一条为投融资层面,主要研究内容是经营管理模式创新、引入社会化融资渠道等课题,实现"创新落实建设融资模式"的目标。大型机场工程在建设前期应重视创新融资模式,尽力减少机场建设成本和后期偿债压力。

可以借鉴国内某机场集团对机场的设施融资模式进行分类,针对不同的设施,采用不同融资模式。如,跑道设施可由政府直接投资,航站楼设施可以通过成立股份公司并以上市或发行债券等方式完成融资;货站、航空配餐、机务维修和宾馆等可采取成立合资公司、转让出租经营权及 BOT 模式等形式完成融资,如图 2.2 所示。同时合理选择专业化金融机构,聘请专业的融资服务机构对融资活动展开全程的跟踪服务,通过专业的金融服务机构运作项目,使得项目在全生命周期中达到价值最大化。

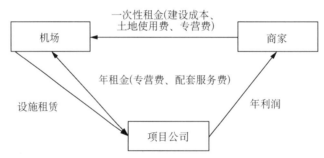

图 2.2　国内某机场集团土地开发融资模式

2014 年 11 月,首都机场集团批复设立"大兴机场社会化招商办公室",作为首都机场集团直属单位,招商办具体负责招商项目识别、招商方案策划、招商合作洽谈及投资人选择等招商工作,并对项目运营期进行全程跟踪监督。通过研究分析,首都机场集团在当时的政策环境下引入的社会资本可分为两种情况:一是"吸引社会资本参与(招商项目投资建设)",也就是实现了以社会资本作为项目法人进行项目投资,类似于政府推出的 PPP 项目;二是社会资本无法实现固定资产投资,而是通过交易对价换取项目的经营权。第二种情况引入的资金属于首都机场集团通过多元化渠道解决资本金以外的资金需求。

在现有政策条件下首都机场集团优化招商合作模式,采取经营权转让的"类BOT"模式进行合作,尽可能发挥社会资本的专业优势和主观能动性,大力引入社会资本,完成了大兴机场停车楼、综合服务楼、旅客过夜用房等项目的招商。与此同时,在个别不涉及土地问题的项目上,实现了社会资本自主投资。航班离港控制系统包括硬件部分、软件部分,由于不涉及土地等制约条件,因此采取了"带案设计、带资建设、特许经营"的合作模式,项目由中标方中国民航信息网络股份有限公司(以下简称"中航信")自主投资建设并运营。相当于大兴机场可研报告当中的离港系统完全改由中航信投资建设。首都机场集团的上述努力为社会资本投资机场项目经营创造了空间，同时也为国家节约了资本金投入。

2.5.4 绿色技术降本增效

绿色可持续是建设运营投资目标一体化的关键一环。在前期策划和设计阶段选择更加环保绿色的材料和技术，能够降低机场在运营期的能源费用、维修费用和保养费用等，从而实现项目全生命周期投资最低。大兴机场在全生命周期内贯彻低碳、节约、环保、科技、人性化、资源节约、环境友好、运营高效等绿色理念，加强建设运营全过程的互动协调，高效率地利用各种资源，使得对环境的影响达到最低限度，将工程建设和日后运营综合起来考虑，实现最佳的绿色低碳目标。

大兴机场绿色可持续的总目标可以细分为节约用地、节能、节水和节材四个目标，本质是为了实现全生命周期的成本最低，这里的成本不局限于建设工程成本和日常经营性费用，也涵盖环保效益、绿色效益等无形价值。

1）注重集约用地措施

运用新手段开展对噪声、净空、电磁等与土地相容性的控制工作；就地取材，促进土石方量填挖平衡；合理开发利用地下空间，降低噪声、大气、水文和搬迁等负面环境影响。

2）注重节能技术应用

在工程设计及设备选型等过程中，注重节能技术的应用。如缩短能源中心与航站楼的距离，采取节能中空玻璃降低能耗、合理优化临时用电，选用 400 Hz 地面电源和地面空调等新型节能机械设备。合理设计建筑配置、外形、朝向，充分利用自然通风和自然采光等被动式节能技术；选用主动式节能的系统设备；采取智能化的调控措施；选择适宜的能源品种和结构，扩大可再生能源和清洁能源的使用。

3）注重节材技术应用

优先选用本地建材，做好建筑装修一体化设计，尽量使用环保建材，如选用高强高性能的混凝土、高效钢筋节约水泥和钢材；采取加气混凝土砌块取代烧结黏土砖，临时施工用房采取可拆卸的活动板房，周转使用等。

4）注重节水措施方案

充分考虑区域水资源条件，充分利用雨水、中水等非传统水源；统筹规划供水系统、排水系统、雨水收集及污废水的循环、综合利用，最大限度地减少市政水的使用量；根据用途不同合理分类，坚持高质高用、低质低用；全面推广采用节水器具和设备，实现水资源综合利用。

2.6　北京大兴国际机场进度目标一体化实践

对于机场项目,应避免由于建设进度滞后而影响运营时点或项目在运营期建设影响运行效率的情况发生。从全生命周期集成管理视角出发,要实现机场的顺利开航运行,建设运营进度目标一体化是必要的。

在机场工程进度目标一体化实践中,应将建设运营一体化理念贯穿于总进度目标确定、总进度计划编制、过程跟踪管控与管控机制建设等方面,构建按照一定秩序和内部联系组合而成的超越组织边界、超越项目边界的实施总进度综合管控的运行系统[1]。同济大学课题组通过系统集成机场建设全过程的工程建设活动和运营筹备活动,全面贯彻建设运营一体化理念,高质量开展总进度综合管控工作,实现机场建设与运营筹备工作的整体优化。

2.6.1　以"建设运营一体化"为指导确立总进度目标

机场工程建设应将项目建设完成后正式投入运营的日期确定为总进度目标。机场工程的建设及其总进度计划的编制,首先必须确定项目总进度目标,目标应充分以运营为导向,根据运营需求、工程实际情况和现实条件,运用科学的方法通过论证来合理确定。

2018年7月6日,民航局在大兴机场施工建设现场召开大兴机场工程竣工倒计时一周年建设与运营筹备攻坚动员会。会上,时任民航局局长冯正霖为大兴机场建设及运营总进度综合管控计划"攻坚路线图"揭幕并作动员讲话,明确了大兴机场及其配套工程将在2019年6月30日竣工验收,2019年9月30日前投入运营的总目标。

为了使总进度目标落地,投运总指挥部针对大兴机场多主体、多项目、多工序的系统复杂性,构建了多层级、多平面、多维度的进度计划体系,使得建设运营进度一体化有了具体抓手,为进度管控方提供了管控工具,为进度督查方建立了监察标准,为进度执行方明确了工作方向,使得整个工程的进度管控工作"有抓手、有依据、有重点",也让各层级的组织成员对于总进度目标的实现"有底气、有信心、有方向",全面推动了总进度综合管控工作的开展,有效保障了总进度目标的实现。

大兴机场总进度目标的确立从始至终都坚持"以顺利投运为导向"的理念,将工程建设和运营筹备阶段深度结合,经细化的子目标也是以工程顺利运行为导向确立,例如:

---

[1]　中国民用航空局.民用机场工程建设与运营筹备总进度综合管控指南[M].北京:中国民航出版社,2020.

在 2019 年 9 月开航前,应实现"大兴机场北线高速公路工程于 2019 年 6 月具备通车条件;大兴机场高速公路工程于 2019 年 6 月具备通车条件;地面加油设施工程于 2019 年 7 月具备投入使用条件"等目标。

在 2019 年 9 月开航时,应实现"大兴机场主体工程正式投入运营;大兴机场西塔台、北京终端管制中心和大兴机场仪表着陆系统、甚高频台、场面监视雷达、气象自观系统、人工气象观测站及其配套工程正式投入运行;场内供油工程正式投入使用;津京第二输油管道工程正式投入使用;京雄城际铁路正式投入使用;轨道交通大兴机场线、大兴机场高速公路和北线高速公路工程正式投入使用;地面道路、外围市政道路、水系、消防、绿化、环卫、上水、雨水、供电和燃气等相关配套系统相应按需投入使用"等目标。

2.6.2 以"目标一体化"为指导编制总进度计划

总进度目标明确后,为了将项目整体的目标分解至具有高度可实施性的具体目标,要进行计划工作。工程项目总进度计划是一种将工程从开始建设到运营筹备再到最终实现总进度目标的过程分解为具有先后顺序且有搭接关系的各项工作,并给出每项工作开始和完成时间的系统安排。机场建设和运营筹备同属于机场工程系统的重要组成部分,二者互相关联相互作用,机场运营筹备工作融合于机场工程建设全过程。因此,机场工程总进度计划必须基于建设运营一体化理念进行编制。

编制总进度计划时,同济大学进度课题组对机场工程系统从建设与运营筹备角度进行系统分析,包含系统多维分解、多项目集群分析、资源合理分配、利益相关者综合分析、关键元素确定、重点关系分析和系统环境分析等。同时,为充分了解各运营单位的需求,同济大学管控课题组在编制总进度计划之前进行了 19 场访谈,涉及民航内部的机场、中国东方航空集团有限公司(以下简称"东航")、中国南方航空集团有限公司(以下简称"南航")、空管和航空油料各建设指挥部,北京市、河北省的水、电、气、轨道交通和高速等大市政配套,以及边检、海关、武警等共 56 家单位,访谈期间针对不同单位计划编制现状,现场提出共 324 条点评及建议,协助指导各单位进度计划编制工作。

大兴机场总进度计划可以分为机场主体工程工作计划、民航配套工程工作计划和场外配套工程工作计划。以机场主体工程中的飞行区工程工作计划为例,在建设期制订计划时就已经考虑运营的各项进度计划。该计划共有 41 个关键节点,其中节点 1~21 为建设工作,节点 22~24 为验收工作,节点 25~41 为运营准备工作,建设节点占比 51%,验收和运筹节点占比 49%。2019 年 4 月和 5 月完成飞行区工程验收,需要为机场在 9 月顺利开航投运做准备,计划在 6—8 月主要完成运营准备的节点,例如人员招聘和培训演练等,这正是建设运营进度一体化在工作计划中的体现。

2.6.3 总进度综合管控措施保障"建设运营一体化"落地

大兴机场的总进度综合管控保障体系基于建设运营一体化理念,构建了合理高效的总进度综合管控系统结构及其运行机制,形成了多层级、多维度的机场工程总进度综合管控保障体系。

机场建设是为运营服务的,运营需求的复杂也决定了工程的复杂性,北京大兴国际机场建设以运营为导向,以满足高质量的运营为要求,展开建设筹备总进度综合管控工作。总进度综合管控机制的建立,充分体现了"以运营为导向"思想。

1)专项进度计划

专项进度计划涵盖机场工程建设与运营筹备的各责任主体、各项目阶段,帮助梳理厘清责任主体、各阶段间、各项目间的界面问题,支撑工作推进过程中的无缝衔接。其中,以设备安装调试计划为例讲述专项进度计划如何践行"建设运营进度目标一体化"的理念。

2019 年 1 月 8 日,民航局以明传电报下发通知,要求各建设及运营筹备单位补充专项计划,包括交叉作业专项计划、验收专项计划、设备纵向投运专项计划及其他重要专项计划[1]。

相关单位按照 2019 年 9 月 30 日前顺利开航的总进度目标,以运营为导向,以安装—调试—培训—验收—移交为纵轴,融入设计培训、厂家培训、移交等时间安排,及时细化各类硬件设施和软件系统安装调试验收计划,进一步梳理各类问题,确保投用后系统功效稳定。例如,根据北京新机场建设指挥部设备纵向投运计划,指挥部于 2 月份开始调试机场核心区电梯及监控系统,与项目验收同步进行,期间运营单位全过程参与[2]。同时,北京新机场建设指挥部与大兴机场及设备供应商对接,并在安装完成后由供应商为航站楼管理部的运营人员培训,保证设备在机场开航时顺利运行。

2)管控机制保证一体化理念落地

在运营筹备阶段前期,投运总指挥部的成立实现了从建设阶段向运营筹备阶段的组织过渡。在此基础上,投运总指挥部以《北京大兴国际机场投运总指挥部建设与运营筹备总进度综合管控计划》为牵引,对剩余建设工作、竣工与验收移交工作以及运营筹备工作实施统筹控制。为确保"建设运营一体化"理念落地实施,投运总指挥部制订了完善的控制机制,如专班专员机制、联席会议机制、工作月报机制、关键问题库机制和内外协同机制等工作机制,将不同的参与主体协同起来,将各个建设及运营筹备交界面问题暴露出来,将各路资源统筹调配起来;并且在运营筹备期间开展七次综合演

[1] 中国民用航空局.关于进一步加强 2019 年北京大兴国际机场总进度综合管控工作的通知[R].2019.
[2] 北京新机场建设指挥部.北京大兴国际机场工程建设与运营筹备专项进度计划[R].2019.

练,将演练暴露出来的问题通过强有力的管控和多方单位的共同努力最终全部顺利解决,确保了大兴机场按时高质量投运,狠抓关键性控制节点完成情况,建设与运营筹备工作协同推进,确保总进度目标的实现。投运总指挥部将各项工作所包含的任务指派给相应的责任主体,制订相应的监督机制和奖惩机制,确保责任的履行,保障建设及运筹工作协同推进的可行性,进而推动建设运营进度目标一体化的落地。

第3章
建设与运营组织一体化

组织是在一定的环境中,为实现某种共同的目标,按照一定的结构形式、活动规律结合起来的,具有特定功能的开放系统。在项目管理中,组织是为了实现项目目标而设立的对项目进行管理和控制的系统。项目目标决定了项目的组织,而项目的组织则是项目目标能否实现的决定性因素[1]。

3.1 建设与运营组织分离的弊病

3.1.1 传统的工程项目管理组织分离的弊病

(1)传统的工程项目管理是指从项目建设到竣工阶段的质量、成本、进度等目标的管理。可以看到,传统的工程项目管理内容不包含运营管理,其管理组织也不包含运营管理组织。在传统的工程项目管理下,建设管理组织和运营管理组织是完全独立的两套系统。然而,不同于其他生产和使用可以分离的行业,如汽车行业,市场上有各种功能配置的汽车,只要确定了功能要求,就可以在市场上选购到现成的产品。但建筑行业由于具有定制化、一次性等特征,业主方买不到符合特定功能要求的现成的建筑物,必须先委托,再建设,随后交接并投入运营。传统项目管理不包含运营管理的范畴,使其无法解决这种工程项目建设运营不可分离的本质特征。

(2)传统的工程项目管理的组织设计原则基于还原论。项目管理的第一步就是进行工作任务分解,并对应工作任务分解进行组织结构分解。在传统项目管理理论中,项目目标、工作任务、组织责任均需基于还原论进行分解,但还原论具有不可逆的特性。那么,谁对总体目标负责?谁承担总体协调的责任?谁又来处理分目标、分系统之间的矛盾?传统项目管理方法和思维都无法解决。

(3)随着项目规模越来越大,项目任务分工越来越复杂,组织复杂性也随之涌现。

---

[1] 丁士昭.工程项目管理[M].北京:高等教育出版社,2017.

项目组织一般分为三大类,包括业主方、项目参建方和其他相关组织。其中,参建方属于生产组织,项目越复杂,参建方的组织复杂性也随之提升,业主方对生产组织的管理也就越来越困难。管理对象的增加,合同关系、指令关系、沟通关系也越来越复杂,传统的项目管理手段和方法已然无法解决。

（4）从管理对象的角度来看,建设与运营的管理对象是完全不同的。建设的管理对象通常包括设计、施工等单位,而运营的管理对象通常包括航空公司、海关、边检等。建设管理的组织和运营管理的组织不得不为了不同的管理目标进行不同的组织设计。例如,建设管理组织一般包括规划设计、招标采购、安全质量及工程施工管理等职能和相应组织部门;而运营管理组织一般包括运行管理、商业管理等职能和相应组织部门。建设管理组织和运营管理组织管理的物理载体是相同的,但从组织系统来看,它们有不同的管理目标和不同的组织设计,传统工程项目管理无法解决。

3.1.2　全生命周期管理实现组织集成的困难

按照目标决定组织的基本原理,全生命周期的目标理应决定组织是全生命周期整体的,但实际上真正实现是有困难的。

（1）全生命周期被定义为包括整个建设项目的建造、使用以及最终清理的全过程,其管理目标包含运营,组织构成也应当包含运营。但还原论的分解思路没有变化,只是包含运营,而非建设和运营合并。即在全生命周期系统的组织构成中,既包含建设管理组织,也包含运营管理组织,这反而使得组织系统更加复杂。

（2）全生命周期管理在时间维度上更加延长。全生命周期管理理念将传统项目管理的时间维度从单纯建设阶段,延长到运营甚至项目报废阶段,但其基本管理思路没有变化,仍是采用项目管理分解的思路,将不同时间阶段分解、工作任务分解。建设阶段和运营阶段有不同的管理任务,建设管理组织围绕项目成本、进度、质量的管理控制目标,而运营管理组织围绕客户满意度等运营目标。

（3）全生命周期管理与传统项目管理的不同之处在于组织属于同一系统内,这为组织协同带来了更大的可能性。传统项目管理中建设管理组织和运营管理组织是两个完全独立的系统,而全生命周期管理中,这两个组织同属于一个系统框架内,但同时,这也必将导致二者之间的关系更加复杂。

（4）由于全生命周期管理在时间维度上的延长,其组织的动态性和变化性也随之增加。全生命周期的组织不得不分阶段,然后进行阶段间的调整。

3.2　建设与运营组织一体化的理论探索

3.2.1　从项目管理到复杂系统管理

根据系统科学基本思想,任何重大工程本质都是一类人造复杂系统。尽管重大工程是一类复杂系统,但重大工程的管理一直以复杂项目管理理论作为指导。从管理思维范式来看,解决这些问题的思维本质上是还原论思维,主要以美国项目管理学会自2000年以来颁布的第2～5版《项目管理知识体系指南》为指导,将项目、工作、组织进行分解,对工程管理现场"做什么"和"怎么做"提供标准化、流程化的指引。

在大兴机场项目建设中,面对众多参建单位和运营单位,大兴机场按照复杂项目管理方法进行任务分解,对应组织分解,将不同任务分配给相应组织以降解复杂性。但大兴机场工程参建单位、运营单位庞杂,涉及专业超过50种,工作任务分解达3万项,是一个涉及多主体、多专业、多任务的综合系统。建设、运营各主体、各专业根据自己的需求及计划进行建设和运营筹备活动,这不可避免地形成了多元价值观和多元利益并存的格局,进一步地导致信息不对称、界面接口衔接不顺畅等问题,而复杂项目管理难以解决这类问题。不仅如此,由于多主体、多专业之间的广泛联系,不同问题的决策和实施也会对其他问题产生影响,进而可能产生系统的整体涌现性。所以单纯地运用还原论对任务和组织进行拆解与细分无法应对建设和运营的分离困境,还需要从整体的角度对相关问题进行系统性分析与把握,以降解这类具有"还原论不可逆"特征的复杂整体性问题[1]。

与复杂项目管理相比,复杂系统管理则是基于系统性思维和系统论方法,其管理对象就是这类复杂整体性问题。复杂整体性问题的数量可能不多,可能只占整个工程复杂性问题总量的10%～20%。但这一类问题不能单纯用还原论方法解决,需要借助系统论,用超越局部的理解来引领,采用整体性手段和方法来解决。

故复杂系统管理是建设与运营组织一体化的理论基础。复杂系统管理可以将系统性思维渗透到复杂项目管理拆分的每个项目阶段中去,使建设和运营建立起一体化的结构体系和功能体系[2]。

3.2.2　建设与运营组织一体化方法探索

2014年,为学习国内外机场建设运营一体化经验,首都机场集团通过对有关机场调研,并完成《建设运营一体化内涵及工作模式研究报告》,阐述了其他大型机场建设与运营组织一体化的实践。

重庆机场、上海机场建立了组织协调机制,在规划建设过程中广泛征求运营单位的意见,邀请运营部门参加竣工和行业验收,及时有效地整改影响运营的问题。

上海机场建立了"两块牌子,一套人马"的组织结构。上海机场集团下设机场建设

[1]　盛昭瀚,于景元.复杂系统管理:一个具有中国特色的管理学新领域[J].管理世界,2021,37(06):36-50＋2.
[2]　盛昭瀚.重大工程管理基础理论[M].南京:南京大学出版社,2020.

指挥部、建设开发公司,指挥部和建设公司为两块牌子一套人马,从组织结构上保障了建设与运营的一体化。

香港机场、重庆机场、湖北机场建立了岗位轮换机制。从运营部门抽调有专业特长的工程管理人员补充到指挥部。机场建成后,施工技术人员留守现场,以便及时解决运行中的故障和问题,并优化完善。

《建设运营一体化内涵及工作模式研究报告》结论中提出了运营单位提前有效参与建设、产权关系明确、建设运营团队融合沟通和专业人员有序流动的建设运营组织一体化工作模式及策略。

3.3 北京大兴国际机场建设运营组织一体化实践

3.3.1 一体化顶层组织设计

建立北京新机场建设领导小组、民航领导小组的顶层协调决策机构,提升整个组织模式的系统整体性,克服跨区域、跨部门、跨阶段等外部制度复杂性带来的不利影响。一体化的顶层组织设计是机场建设与运营一体化的根本保障。

1)北京新机场建设领导小组

2013年2月26日,国家发展和改革委员会牵头成立了北京新机场建设领导小组,时任国家发改委副主任任第一届领导小组组长。小组成员包括大兴机场规划、建设、运营涉及的相关政府部门,包括国土资源部、环境保护部、水利部、民航局、京津冀三地政府、海关总署和质检总局等。

2013年2月26日,北京新机场建设领导小组第一次会议讨论了前期工作中的重点难点事项,审议了机场建设工作总体方案、2013年工作计划和航站楼初步方案,并就后续工作作出部署。2013年7月4日,北京新机场建设领导小组第二次会议议定了航站楼建筑方案、投融资方案和航空公司进驻方案、综合交通方案、南苑机场迁建工程、建立定期协商机制、勘察设计招标、临空经济区规划等事项。2014年1月29日,北京新机场建设领导小组第三次会议议定了2014年工作计划、航站楼建筑方案、跑道构型方案、综合交通方案、项目用地、噪声影响搬迁及环评公审工作、蓄滞洪区调整、终端区空域规划、投融资方案、项目报建程序、临空经济区规划等事项。2014年5月29日,北京新机场建设领导小组第四次会议议定了可研报告报批、航站楼建筑方案、环境影响评价、用地预审、防洪取水、节能审查、社会稳定风险评估、拆改配套项目、军事设施迁建、投融资方案、临空经济区规划等事项。2014年10月30日,北京新机场建设领导小组第五次会议议定了机场工程总体进度计划、开工前重点工作、投资计划安排、航站楼建筑方案、项目征地拆迁、综合交通建设、拆改配套项目、空军新机场、终端区空域方案、航空公司基地方案、场外航油项目及噪声影响防治等事项。2015 年 7 月 30 日，北京新机场建设领导小组第六次会议议定了综合交通换乘中心和综合交通系统、跨地域建设管理、项目用地、航空公司基地方案等事项。2016 年 7 月 28 日，北京新机场建设领导小组第七次会议议定了综合交通系统、场外电源工程、场外供油工程、城市航站楼、南苑新机场建设等事项。2017 年 3 月 24 日，北京新机场建设领导小组第八次会议议定了南苑新机场建设、综合交通系统建设、机场配套工程和机场主体工程建设等事项。2017 年 12 月 20 日，北京新机场建设领导小组第九次会议议定了卫星厅局部地下工程、施工扬尘排污费、国检设施建设用地、综合交通系统、终端管制区空域规划方案及正式用地手续等事项。2018 年 9 月 27 日，北京新机场建设领导小组第十次会议议定了正式用地手续办理、轨道交通建设、场外供油工程建设和跨地域运营管理等事项。2019 年 3 月 12 日，国家发展改革委副主任、北京新机场建设领导小组组长赴大兴机场调研，协调解决机场建设、运营面临的相关问题，他强调在运营筹备工作方面，各单位要在细实上下功夫，根据各单位情况对标目标、完成任务，要进一步加强各方面统筹对接，尽早解决现存问题，并做到机场运行演练方案早准备、流程早确定，问题早发现、早解决，全力确保大兴机场 6 月 30 日竣工、9 月 30 日前如期通航。

2）民航北京新机场建设及运营筹备领导小组

2018 年 3 月 13 日，民航局在原"民航北京新机场建设领导小组"基础上成立"民航北京新机场建设及运营筹备领导小组"，由时任民航局局长冯正霖担任组长，全面负责组织、协调地方政府、相关部委以及民航局机关各部门及局属相关单位，全力做好大兴机场建设和运营筹备等各项工作，确保大兴机场如期顺利投入运营。

在民航领导小组的协调下，民航局各司也分工协作，密切配合。机场司作为领导小组办公室，负责领导小组日常工作，发挥协调平台作用，协助各单位与两地政府和相关部委密切沟通；民航局综合司为大兴机场提供了一系列对内、对外的组织与协调保障；人教司积极协调推进设立大兴机场相关运行监管机构和空管机构；计划司积极协调国家发改委基础司和投资司增加大兴机场资本金比例，批复航站楼卫星厅局部地下工程等 6 个新增项目；财务司积极协调对接财政部，争取增加大兴机场资本金比例；国际司积极为大兴机场提供航权支持；运输司建立科学合理的国际航权资源配置和使用长效管理机制；飞标司明确了飞行程序设计的责任主体、技术关键点及推进方法。

在民航领导小组的领导下，各投资主体积极加强领导机构建设，为大兴机场建设及运营筹备工作提供强有力的组织保障。其中，民航华北局成立了"民航华北地区管理局协调推进北京新机场建设及运营筹备工作组"，主要负责协助落实民航领导小组工作部署，协调、推进大兴机场建设及运营筹备相关工作。华北空中交通管理局成立了"北京新机场空管过渡运行保障工程建设领导小组"和"专项工程建设小组",组织人员对大兴机场过渡期空管运行方案进行专项研讨。东航成立了由集团主要领导担任领导小组组长的"北京新机场建设及运营筹备联合推进办公室",并建立了定期例会制度,统筹协调推进相关建设及运营筹备工作。南航成立了以集团公司主要领导为组长的"雄安航空筹建与北京新机场基地筹备运营联合工作领导小组",统筹协调推进相关建设及运营筹备工作。2016 年 3 月至 7 月,中航油完成航油工程三个项目运营公司注册,从全国各地调集精兵强将补充到三家公司,支撑大兴机场航油工程建设及运营筹备工作,并着手开展运营筹备方案编制;2018 年 4 月 18 日,中航油成立北京新机场建设及运营筹备领导小组。各单位以民航局总进度管控计划为牵引,紧紧围绕"6·30""9·30前"两个时间节点目标,全力推进运营筹备各项事宜。至此,机场、供油、空管、航空公司运营筹备工程全面启动。

3.3.2 主体一致化

在大兴机场实践中,建设和运营管理组织是在同一个永久性组织的框架内设立的,从而实现了业主内部的交付。具体来说,首都机场集团是大兴机场项目的法人单位,它成立了北京新机场建设指挥部和大兴机场,授权它们分别进行项目建设管理和运营管理。首都机场集团利用其强大的内部能力、广泛的产业链,同时扮演了业主、项目管理方、运营管理方,以及建设运营系统集成者的角色。这是一种源自创新组织设计的系统化交付模式,能够实现项目管理和运营管理职能的内部化。

1) 首都机场集团

为加快启动大兴机场建设,2009 年 11 月,民航局联合北京市联合致函国家发展改革委,建议由首都机场集团作为北京新机场的项目法人单位。2010 年 3 月,国家发展改革委正式批复同意。同月,民航局任命董志毅同志担任首都机场集团总经理。新班子成立后,为了推动落实建设运营一体化的机场建设新理念,举全集团之力,从建设、运营以及专业公司三个板块精挑细选一批具有丰富机场建设和运营经验的骨干人员,为大兴机场建设运营一体化理念的落实打下了坚实的基础。

北京新机场建设指挥部和大兴机场均为首都机场集团的成员单位,它们分别负责大兴机场的建设管理和运营管理,实现了建设运营在首都机场集团内部的过渡和交接。

2) 北京新机场建设指挥部

2010 年 12 月 1 日,中共民航局党组发布《关于成立北京新机场建设指挥部的批复》,同意首都机场集团成立北京新机场建设指挥部。2010 年 12 月 23 日,首都机场集团成立了北京新机场建设指挥部,并设立相应的领导班子和临时党委,任命时任首都机场集团总经理董志毅为总指挥,时任首都机场集团副总经理姚亚波为执行指挥长。北京新机场建设指挥部受首都机场集团领导,在项目可行性研究及论证阶段,主要负责大兴机场的征地拆迁问题与组织协调问题。在机场项目开工后,对内负责与规划设计单位、运营单位等沟通,发挥桥梁纽带作用;对外负责与政府、航空公司、联检单位和投资商等单位的沟通,听取各方意见和建议,构建协调沟通平台,全面支持大兴机场项目建设各方面的协调工作。

北京新机场建设指挥部选用了矩阵式组织结构,将专业职能部门与项目任务部门有机结合,采用纵向与横向相结合的办法,有利于项目管理职权下移,形成精干高效的项目管理团队。为了提高施工单位间的协作水平,根据施工范围和职能范畴分别成立了航站区工程部、飞行区工程部、配套工程部、弱电信息部以及机电设备部等属地部门,党群工作部、行政办公室、规划设计部、计划合同部、招标采购部、财务部、安全质量部、人力资源部、审计监察部、保卫部等职能部门,形成了矩阵式的指挥部组织结构,组织结构如图3.1所示。大兴机场工程涉及专业超过50种,通过将这样的组织分解与工作分解相对应,建立了责任分配矩阵,将资源调度与各分工程对接起来,这些部门对相应施工区域及职能范畴内的相关方和各专业进行管理,协调各区域、模块和各施工单位的具体实施。

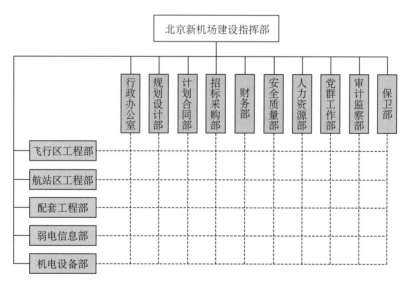

图 3.1　北京新机场建设指挥部矩阵式组织结构

3)北京大兴国际机场

2018年7月,首都机场集团公司北京新机场管理中心[1]正式成立,时任首都机场集团副总经理姚亚波任管理中心总经理。2019年2月2日,首都机场集团发

---

[1] 2019年11月29日,"首都机场集团公司北京新机场管理中心"名称变更为"首都机场集团公司北京大兴国际机场",为方便读者阅读,简称"管理中心"。

布了《首都机场集团有限公司北京新机场管理中心运营管理授权体系方案》,明确首都机场集团与管理中心的关系定位,划分二者权责界面,为管理中心在授权范围内代表首都机场集团履行机场管理职能,运营管理大兴机场奠定了法律基础。

大兴机场的组织结构如图3.2所示。其职能部门包括行政事务部、规划发展部、人力资源部、财务部、党群工作部、审计监察部、安全质量部、航空安保管理部、服务品质部、商业管理部及国际科技部。其属地部门包括飞行区管理部、航站楼管理部、公共区管理部、运行管理部、采购工程部、信息管理部和消防管理部。

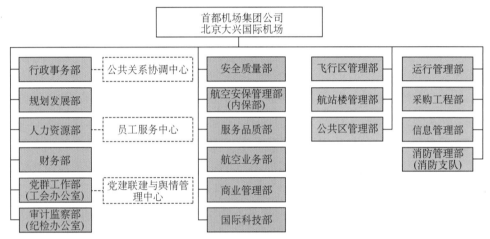

图 3.2　北京大兴国际机场组织结构

3.3.3　专门的一体化组织设置

在大兴机场建设运营过渡实践中,建设和运营组织被纳入特设的整合组织作为协调和整体决策的平台。在首都机场集团层面,在运营准备阶段,首都机场集团联合其他投资主体和运营主体成立了投运总指挥部,作为一个综合平台,协调运营准备的具体工作(如交付和验收、运营演练、投运仪式等)。在运营阶段,首都机场集团与北京新机场建设指挥部和大兴机场联合成立了建设运营一体化协同委员会,该委员会负责协调对已交付项目的维护,以及协调扩建项目工程的建设和北京大兴国际机场的持续运营。通过建立这样一系列一体化整合组织,项目和运营管理组织被整合在一起。

1）投运总指挥部

为充分发挥首都机场集团在大兴机场建设及运营筹备过程中的主体责任和总协调作用,以及各建设及运营筹备单位的主体责任和配合作用,经民航局研究,2018年10月11日成立了投运总指挥部。投运总指挥部由首都机场集团、北京新机场建设指挥部(管理中心)、东航、中联航、南航、华北空管局、中航油、海关和边检等单位组成,总指挥由首都机场集团主要领导担任，执行总指挥由北京新机场建设指挥部(管理中心)主要领导担任。

投运总指挥部的主要职责包括统筹规划、组织实施大兴机场投运工作；负责大兴机场投运期间重大事项的统筹协调以及重大突发事件的处置；组织制订大兴机场投运方案，督促相关单位编制投运工作方案；定期对各单位落实大兴机场投运方案和各单位投运工作方案的执行情况进行检查，及时督促解决发现的问题；统筹协调、制订各阶段的调试、测(调)试和运行及应急演练工作计划；组织对大兴机场校飞、试飞、航空资料发布、飞行程序设计、机坪管制运行、低能见度运行、航空器除冰、场道除雪、绕行滑行道使用、跑道防侵入、组合机位运行、军民航同场运行、净空排查治理、民航运行数据共享与系统对接及航空器运行和大面积航班延误保障等重点工作的研究，并制订保障方案等。

投运总指挥部累计召开投总联席会 10 次，集中会商决策环境整治提升行动计划、综合演练实施方案等投运议题 52 项，协调解决交叉施工、双环路供电、投运首航等一系列急重事项。首都机场集团作为投运总指挥部的牵头单位，负责"抓总"，切实履行主体责任和总协调作用。投运总指挥部联合办公室负责落实日常事务及协调具体工作，各分指挥部分别在本单位的领导下，落实主体职责。

为充分发挥投运总指挥部的主体责任和跨组织综合协调平台作用，投运总指挥部制订了联席会议机制、工作月报机制、关键问题库机制和内外协同机制等工作机制。在此基础上，随着运营筹备工作的不断推进，为了更好地应对运筹推进过程中出现的新问题、新情况，在原有机制的基础上又增加制订了投运总指挥部例行联席会解决问题机制、对接工作组解决问题机制、投运总指挥部联席会解决问题机制、投运总指挥部成员单位间信息沟通机制和投运总指挥部督办机制等，这些机制的制订为运筹过程中各项工作的开展树立了标准，规定了审查验收程序，固定了各分部分项工程接口，区分了组织管理界面，在运筹工作的顺利推进中发挥了基础性的保障作用。

2) 大兴机场建设运营一体化协同委员会

为进一步深化完善建设运营一体化，促进发展战略融合，充分发挥大兴机场的动力源作用，由大兴机场、北京新机场建设指挥部共同倡议，于 2020 年 12 月 3 日，成立了大兴机场建设运营一体化协同委员会。协同委员会主任由首都机场集团副总经理(正职级)、大兴机场总经理、北京新机场建设指挥部总指挥姚亚波担任。协同委委员单位包括与大兴机场建设、运营协同相关的驻场单位，包括北京新机场建设指挥部、大兴机场、北京建设项目管理总指挥部、首都机场集团招商办和首都机场集团设备运维管理有限公司(以下简称"首维公司")等 13 家单位。

建设运营一体化协同委员会的职责包括建设运营一体化工作模式的巩固和发展；

本期已投运项目质保与维保的衔接和协调；在施工程项目建设、投运准备和运营管理衔接中问题的协调；后续工程的立项、可研等前期工作和规划编制调整的协调；机场各期发展中涉及规划设计、功能流程及使用模式研究和确认的协调；协同委内部机构设置、工作规则和人员管理等。

建设运营一体化协同委员会制订了《北京大兴国际机场建设运营一体化协同工作机制》《北京大兴国际机场建设运营一体化协同委员会工作规则》。协同委设立了促进建设运营一体化的四个抓手。一是建设项目库，包括需协同委审议的"四型机场"建设项目以及其他需协同委研究的建设项目。二是建立课题标准库，主要包括获得国家、地方、民航局和其他政府部门、首都机场集团立项批准的"四型机场""四个工程"相关的基础设施建设类课题；研究落实国家、民航局、首都机场集团关于大兴机场基础设施建设相关的重大政策导向和重要决策部署的课题；受委托编制的行业标准，以及引领机场业发展的企业标准；协同委认为有必要开展的其他课题。三是建立复合人才库，主要包括以建设项目和研究课题为抓手，以建立既懂建设，又懂运营管理的复合人才库为目的，通过面向协同委委员单位举办专题培训、短期借调、挂职交流，抽调骨干成立专项小组等方式加强复合人才培养。四是建立问题督办库，主要包括相关委员单位提出需协同委推动解决的基础设施建设类问题，经协同委审议后纳入督办问题库，进行动态跟踪管理。

3.3.4　组织过程延伸机制

双向组织流程的延伸（运营管理组织向前延伸，建设管理组织向前向后延伸）促进了大兴机场从建设到运营的平稳过渡。

一方面，运营单位提前有效参与工程前期、建设、设备安装与调试及试运行等阶段，将使得运行接收更为顺畅、系统设备功能更为完备、流程布局更为合理，并有效减少了接收后的整改工作，实现运行平稳交接和过渡。特别是一些运维单位提前介入，成立了如运筹办、投运指挥部等的临时性组织。可以发现，一些运营单位，如 2015 年 3 月，北京首都机场动力能源有限公司成立动力能源公司大兴机场工作领导小组及办公室；2015 年 5 月，贵宾公司成立了大兴机场建设规划运营项目组；2015 年 9 月北京博维航空设施管理有限公司成立了大兴机场运行筹备领导小组；2017 年 1 月成立了北京博维航空设施管理有限公司北京大兴国际机场运筹办；2017 年 1 月，物业公司正式启动了大兴机场业务对接工作，成立了物业公司北京大兴国际机场运筹办公室；2018 年 8 月，地服公司成立了大兴机场筹备领导小组；2018 年 9 月，配餐公司成立大兴机场配餐筹备办公室；2019 年 2 月，安保公司成立安保公司北京大兴国际机场投运指挥部。这些运营单位从运营视角对方案设计、具体建设等提意见，沟通变更，避免了大量由于建设运营割裂而导致的问题发生。

另一方面,建设管理组织向前延伸,承担运营规划的任务。在项目立项前,首都机场集团组建专业化项目管理单位——北京新机场建设指挥部,代表项目法人首都机场集团统一指挥工程实施,对项目策划、建设实施、运营对接和资产管理等负责。首都机场集团从集团内部选拔精通工程建设管理和生产运营的各类人才充实到指挥部中去,形成同时涵盖建设和运营管理人才的团队。北京新机场建设指挥部被赋予研究制订运营目标、任务、要求的职能,被赋予统一协调建设的管理职能,协调管理航空运输企业及其他驻场单位等运营主体的设施建设。

同时,北京新机场建设指挥部又向后延伸到运营阶段,至今没有解散。项目完成后,它主要负责已交付项目的质保和维保工作,也为大兴机场的后续建设开展规划工作。这样一来,建设和运营组织流程的延伸使得两个系统重叠,促进了建设和运营之间的组织一体化。

3.3.5 组织协调机制

首都机场集团始终以建设运营一体化思想为指导,全面展开大兴机场的建设工作。事实上,建设运营一体化思想贯穿于大兴机场规划、设计、施工、验收及移交的全过程。正因为大兴机场建设有专业性强、技术复杂、协调难度大等突出特点,而北京新机场建设指挥部作为临时性组织,不可能同时囊括所有相关方面人力,也不可能同时兼备所有功能,所以跨组织边界的、外部关系的顺畅沟通协调显得非常重要。北京新机场建设指挥部主动邀请运营单位提前介入参与制订并落实施工过程中的运行安全、空防安全、施工安全等安全保障措施,参与设备系统的安装、调试、试验和试运行工作。运营单位也积极提前参与工程前期、建设、设备安装与调试及试运行等阶段。这使得运行接收更为顺畅、系统设备功能更为完备、流程布局更为合理,并有效减少了接收后的整改工作,实现建设运营的平稳交接和过渡。通过建设和运营管理组织建立的一系列的组织协调机制,两个系统之间形成协同联动的反馈回路。

北京新机场建设指挥部建立了一系列协调机制,涵盖设备设施采购、安装调试、竣工验收、问题处置、资源调度、运行演练等。定期组织召开协调会,确保指挥部掌握运营主体的需求,最大限度地实现项目建设与运营需求的紧密性甚至重合性。在协调会中,各运营方将需求、意见和建议反馈给指挥部;指挥部再将需要配合的工作向各运营方作出说明,共同将问题列举穷尽、将所有系统研究透彻;然后,指挥部将这些意见进行汇总、梳理,经各方充分沟通和确认后,按照功能、价值相匹配的原则统一决策,使决策方案既能够切实满足当前的硬性约束条件,又能满足机场未来的运营需求。

管理中心分层次配备运营人员参与安装调试、竣工验收、交接准备等每一环节,协助北京新机场建设指挥部厘清和细化运营需求。另外,管理中心和北京新机场建设指挥部还建立了日常工作机制,动态协调沟通,通过函件沟通,解决了运筹阶段中出现的一系列问题。此外，2018年7月31日，管理中心组织召开专业公司建设及运营筹备工作沟通会第一次会议。截至2019年9月初，沟通会共计召开五次，有效推进了工程建设与运营筹备相关问题的解决。

其他运营单位也积极主动与项目建设指挥部进行协调和沟通。例如，贵宾公司为了避免设计方案与实际需求脱节、施工建设与设计方案出入较大的情况，从方案设计到施工建设，主动参与沟通、详细说明需求，小到操作间垃圾桶的款式与位置，大到天花板高度、休息室隔断布局等。首维公司的行李系统、客桥系统、机电设备、弱电信息系统及特种车辆维维保等业务全流程参与系统设计、安装、调试、验收和设备交接等全过程，熟知设备设施的设计思想、施工情况、运行维保需求情况，为设施设备的运维工作打下了坚实的基础。首维公司编制运维服务方案/开航分方案，包括各系统作业手册39项、各系统运维服务方案8项、安全管控制度11项。秉承建设运营一体化理念，从设计、建设、运营全生命周期制订设施设备的运维方案，与大兴机场、设备厂商共同成立设备全生命周期、预防性维护等课题组，建立维保工单、备件库存管理、系统故障库等多个系统支撑进行保障。动力能源公司也通过提早介入，为主要驻场单位提供基本建设项目中有关能源系统的设计优化、设备选型、安装调试、接收运行和系统节能等全过程一揽子解决方案的服务创新模式，并借助信息化手段，建立能源系统建设、运营、管理的统一标准和流程，实现对大兴机场能源干线网络和重要设施设备的集中统一管理，并通过"综合管控、智能生产、联合检修、一体化管理"新模式的创新实践，推动大兴机场综合能源使用效率、管控效能、经济效益的整体提升。

3.3.6 领导双跨机制

2010年3月，国家发展改革委批复同意首都机场集团作为北京新机场项目法人单位。同月，民航局调整首都机场集团领导班子，要求新班子将北京新机场建设纳入重要议事日程，首都机场集团按照建设运营一体化理念，从首都机场集团建设、运营及专业公司三个板块中广泛考察、精挑细选一批具有丰富机场建设和运营经验的骨干人员，谋划启动立项论证等前期工作。2010年12月，民航局批复成立北京新机场建设指挥部，任命首都机场集团总经理董志毅担任总指挥，管理团队中以从事工程建设人才为主体，同时吸纳了一部分有机场运营管理经验的人才。这是首都机场集团推动落实"建设运营一体化"理念实施的人才战略，即建设和运营两套班子成员高度重合，建设管理人才和运营人才你中有我、我中有你，全方位考虑建设和运营两个问题，为高品质建设大兴机场，节约投资，避免将来大规模的更新改造对运行产生影响发挥了积极作用。

北京新机场建设指挥部组建时，遴选一批精通机场工程建设管理（主要源于中国民航机场建设集团公司，中国民航工程咨询公司，以及具有北京、天津等大机场改扩建经验的骨干)、运营管理(主要源于首都机场集团总部及其下属专业化公司,北京首都国际机场等单位)的专业人才。

北京新机场建设指挥部成立后,在运行前期阶段,人员构成以"建设为主,运营为辅",后期设备安装调试和试运行阶段则以"运营为主,建设为辅"。2016 年 8 月 3 日,首都机场集团大兴机场工作委员会第十五次会议决定,以北京新机场建设指挥部为运营筹备工作主体,加挂"大兴机场运营筹备办公室"牌子,实现"一个机构、两个牌子"运作,统筹负责大兴机场建设与运营筹备工作,实行在首都机场集团大兴机场工作委员会领导下的指挥长负责制,北京新机场建设指挥部总指挥兼任大兴机场运营筹备办公室主任,北京新机场建设指挥部规划设计部总经理兼任大兴机场规划发展部总经理,北京新机场建设指挥部和大兴机场的行政事务部、人力资源部和财务部负责人均为兼任。

这种双跨机制使得同一个体同时承担了建设和运营管理组织的领导角色,双重角色迫使他们要兼顾两个角色带来的一系列责任,从而完成了两个组织的协调工作。双跨机制不仅是一种创新的组织设计模式,还是一种重要的组织资源。

3.3.7 岗位轮换机制

大兴机场建设周期跨度较长,每个建设阶段对人才有不同的需求,首都机场集团精心配置了北京新机场建设指挥部和大兴机场的领导岗位,并对设计、施工、设备采购、安装、验收及运营等各岗位进行预测,并根据不同时期的工作重点和要求,合理、动态配置建设和运营人员的比例,推动项目全过程的建设和运营团队的有机融合,为建设运营一体化提供了坚实的后盾。

一方面,北京新机场建设指挥部的职能不仅涉及施工管理,还包括制订运营目标,协调其他运营主体的设施建设。为此,首都机场集团在集团内部进行了广泛调研,精心挑选了一批具有丰富机场建设和运营经验的骨干人员组成指挥部。从人员配置的角度看,从北京新机场建设指挥部领导到各职能部门部长至一般管理人员有相当一部分人员具有机场运营管理经验。

另一方面,在项目完成后,参与项目的很大一部分员工轮岗到大兴机场进行运营管理。实践证明,凡是参与过建设后到运营部门的人员,由于他们最熟悉系统、了解设备性能和建设功能,均成为了运营单位的核心业务骨干和管理干部。

特别值得一提的是,首都机场集团自身规模大,拥有很多从事机场建设与运营的人员,为北京新机场建设指挥部和大兴机场的人员配置提供了基础。2017 年 6 月,北京新机场建设指挥部在首都机场集团第一批选调 40 名人员基础上,在北京新机场建设指挥部成立运营筹备部,专职开展运筹相关工作,并持续补充人员。2019 年 3 月 1 日,首都机场集团从集团范围内选调的 50 名运营管理业务骨干正式开始在大兴机场为期两年的挂职,支持大兴机场顺利投运。大兴机场科技含量高、运营管理复杂难度系数大,首都机场集团专门设置了"新机场人才库",动员所属成员企业为大兴机场做战略人才储备。截至 2020 年 7 月,累计为大兴机场补充各类人才总计 297 人。工程全面竣工后,首都机场集团从 13 家成员单位派出 20 个岗位 84 人的一线管理人员及技术业务骨干到大兴机场开展陪伴运行工作,为大兴机场开航前期平稳运行奠定了人才基础。

岗位轮换机制使得管理人员和技术骨干在首都机场集团、北京新机场建设指挥部和大兴机场之间流动,促进了建设管理知识和运营管理知识的融合,实现了项目间知识的"重复经济"。

3.4 建设运营一体化组织的动态演变

随着项目的推进,大兴机场的组织结构在不断演化。2010 年 12 月 1 日,首都机场集团成立了大兴机场建设指挥部,并授权其开展大兴机场的建设管理工作。2016 年 10 月 20 日,首都机场集团成立了大兴机场运营筹备办公室,机构设在北京新机场建设指挥部,以统筹负责大兴机场运营筹备工作。2018 年 7 月,行政主管部门批准运营筹备部变更为北京新机场管理中心,按照首都机场集团成员单位的标准进行管理,与北京新机场建设指挥部同级。2019 年 11 月 29 日,管理中心更名为北京大兴国际机场,被授权开展大兴机场的运营管理工作。

大兴机场的实践表明,项目与运营之间的过渡涉及组织边界的跨越,伴随着组织结构的演变和职责的转移。以下将介绍大兴机场从项目前期阶段、项目建设阶段和运营阶段组织结构的具体演化,及各阶段建设和运营组织的一体化程度和状态。

3.4.1 项目前期阶段

2008 年 3 月 4 日,由发改委牵头,会同民航局、北京市、天津市、河北省,抽调人员成立了北京新机场选址工作协调小组,由时任发改委副主任担任协调小组组长。2008 年 11 月 28 日,《北京新机场选址报告》通过了由国家发改委组织的专家评审会评审。2010 年 12 月 1 日,中共民航局党组发布《关于成立北京新机场建设指挥部的批复》,同意成立北京新机场建设指挥部,标志着大兴机场筹建工作正式启动。2013 年 2 月 26 日,北京新机场建设领导小组正式成立,由时任国家发改委副主任担任领导小组组长。2013 年 12 月 19 日,民航局成立民航北京新机场建设领导小组及其办公室,由时任民航局局长担任领导小组组长,领导小组办公室设在民航局机场司。2014 年 11 月 22 日,北京新机场可行性研究报告获得国家发展和改革委员会批复。

大兴机场选址阶段、可研与前期准备阶段的组织结构如图 3.3 所示。可以发现,在项目前期阶段,顶层组织已经逐步建立,这一阶段建设管理组织和运营管理组织在组织形态上是一体化的。

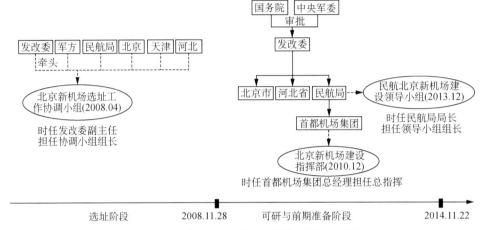

图 3.3　北京大兴国际机场项目前期阶段组织结构

3.4.2　项目建设阶段

2014 年 12 月 26 日,大兴机场建设正式开工。建设阶段组织结构包括国家层面、民航局和两地政府层面、首都机场集团层面和实施主体层面。

（1）国家层面。由发改委牵头,会同国土资源部、民航局,北京市和河北省人民政府、海关总署和质检总局等建设和运营相关部门成立了"北京新机场建设领导小组",作为最高层的管理决策主体,重点决策并协调解决有关综合交通、跨地域建设和运营管理、用地手续办理和提高机场工程资本金比例等跨部门、跨行业、跨地域的重点难点问题。

（2）民航局和两地政府层面。民航局成立了民航北京新机场建设领导小组,全面负责组织、协调地方政府、相关部委以及民航局机关各部门及局属相关单位,统筹做好大兴机场建设运营筹备等各项工作。2018 年 3 月 5 日,民航局在原民航北京新机场建设领导小组的基础上成立了民航北京新机场建设及运营筹备领导小组,由时任民航局局长冯正霖担任领导小组组长、时任民航局副局长董志毅兼任常务副组长,领导小组下设安全空防、空管运输、综合协调三个工作组落实大兴机场建设和运营筹备各项工作。大兴机场地域上跨北京、河北两个省级行政区,部分工程位于两行政区分界线上,涉及两地的规划、土地、建设、运营、治安及交通等管理权和行政执法权问题,为此,北京市政府成立了"北京市协调推进北京大兴国际机场建设工作办公室",河北省政府成立了"河北省北京新机场及临空经济区建设指挥部办公室",分别负责本区域内大兴机场外围配套交通基础设施及能源基础设施的建设。

（3）首都机场集团层面。首都机场集团成立的北京新机场建设指挥部主要负责机场主体项目现场的管理规划与跨地区、跨部门的组织协调，全面支持大兴机场项目建设各方面的协调工作。2016 年 10 月 20 日，首都机场集团成立大兴机场运营筹备办公室，机构设在北京新机场建设指挥部，以统筹负责大兴机场运营筹备工作，以运营需求为导向，按照建设运营一体化的思路，实现"一个机构、两个牌子"运作，统筹负责大兴机场建设与运营筹备工作，加大了建设运营融合力度，为实现建设、运营一体化提供组织上的保证。2018 年 7 月，根据民航局对大兴机场建设和运营筹备工作的总体部署，经北京市工商行政管理部门批准，首都机场集团北京新机场管理中心成立，同时，大兴机场运营筹备办公室撤销，标志着大兴机场工程建设和运营筹备进入新的阶段。管理中心作为首都机场集团分支机构，全面负责大兴机场运营筹备和管理相关工作。2018 年 8 月 27 日，民航局召开民航领导小组第二次会议，研究决定成立大兴机场投运总指挥部。此外，首都机场集团的各成员单位，如物业公司、动力能源公司等，也分别设立了运筹办、领导小组等运营筹备组织。

（4）实施主体层面。如北京新机场建设指挥部委托巴黎机场工程公司（ADPI）、扎哈·哈迪德建筑事务所（ZAHA）设计团队等进行设计，中国建筑集团、北京建工集团、北京城建集团等又分别承包不同标段。数以千计的设计、施工、咨询等实施单位参与大兴机场的建设，大兴机场在建设高峰期时参建人数达 7.4 万人。

大兴机场建设阶段的组织结构如图 3.4 所示。可以发现，在项目建设阶段，建设管理组织和运营筹备组织分别设立，虽然这些组织是独立的，但又互相渗透，相互关联。

3.4.3　运营阶段

2019 年 6 月 30 日，大兴机场主体工程全部通过竣工验收，各参建单位如期完成"决战 6·30"的任务，工作重心转向准备通航投运阶段。9 月 25 日，大兴机场投运仪式在北京隆重举行。中共中央总书记、国家主席、中央军委主席习近平出席投运仪式，宣布大兴机场正式投运。11 月 29 日"首都机场集团公司北京新机场管理中心"名称变更为"首都机场集团公司北京大兴国际机场"。

首都机场集团成立的北京新机场建设指挥部仍然保留，用于统筹管理大兴机场的后续建设，与首都机场集团公司大兴机场形成了建设和运营的两套班子。2020 年 12 月 3 日，由大兴机场、指挥部共同倡议、发起成立大兴机场建设运营一体化协同委员会。

大兴机场运营阶段的组织结构如图 3.5 所示。可以发现，在运营阶段，建设管理组织、运营管理组织和其他运营管理组织同属首都机场集团的成员单位，建设运营组织是一体化的。

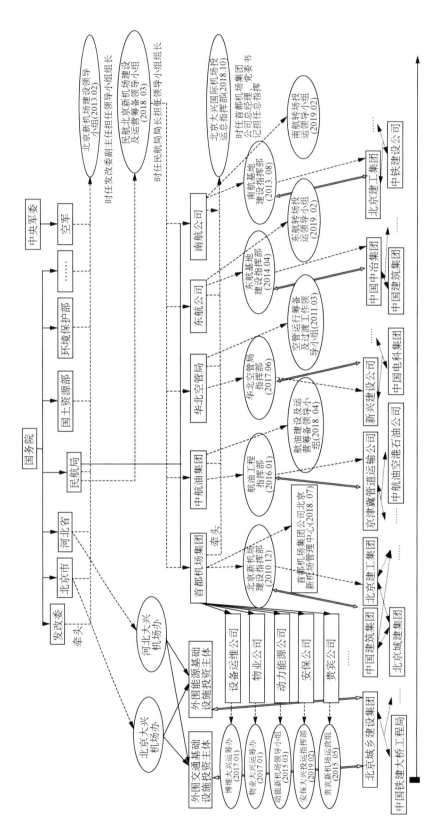

图 3.4　北京大兴国际机场建设阶段组织结构

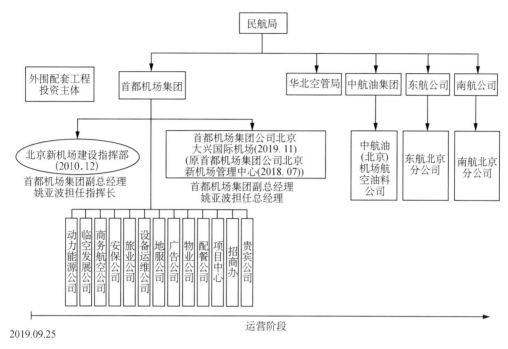

图 3.5 北京大兴国际机场运营阶段组织结构

3.5 建设运营组织一体化经验总结

　　大型机场项目的完成有赖于不同阶段的整合,以及众多异质组织的协调。而项目以时间为中心的临时性和与任务相关的相互依赖性,往往导致跨阶段、异质组织之间的目标、任务分配和优先事项的冲突,从而产生复杂的跨阶段、跨组织整合挑战。大兴机场贯彻"建设运营一体化"理念,创造性地实践了一体化顶层组织设计、产权一体化、专门的一体化组织设置、组织过程延伸机制、组织协调机制、领导双跨机制和岗位轮换机制,实现了时间边界和组织边界的跨越,颠覆了传统大型机场建设运营模式,更好地促进了大兴机场工程建设与运营的融合,这些经验为行业发展树立了标杆。

　　(1)一体化顶层组织设计。北京新机场建设领导小组和民航领导小组统筹协调建设和运营相关的各政府部门和相关单位,从顶层组织设计角度保障了建设运营一体化。

　　(2)主体一致化。建设管理组织(北京新机场建设指挥部)和运营管理组织(北京大兴国际机场)同属于一个永久性组织框架(首都机场集团)。主体一致化主要有赖于首都机场集团强大的内部能力、广泛的产业链。这是一种源自创新组织设计的系统化交付模式,能够实现建设管理和运营管理职能的内部化。

（3）专门的一体化组织设置。将建设和运营组织纳入特设的整合组织（投运总指挥部、建设运营一体化协同委员会），为建设和运营的协调和整体决策提供整体性平台。

（4）组织过程延伸机制。运营管理组织向前延伸到建设、规划阶段中,建设管理组织向前延伸到规划阶段,向后延伸到运营阶段。建设和运营管理组织过程的延伸使得两个系统重叠,促进了建设和运营之间的组织一体化。

（5）组织协调机制。北京新机场建设指挥部、大兴机场及其他运营单位间建立了一系列协调机制,在建设管理组织和运营管理组织之间形成协同联动的动态反馈回路,将项目建设和运营需求连接成一个整体的系统。

（6）领导双跨机制。"一个机构、两个牌子"的运作,指挥长和部门领导在建设管理组织和运营管理组织间兼任,这不仅是一种创新的组织设计模式,还是一种促进建设运营一体化的重要组织资源。

（7）岗位轮换机制。首都机场集团提出"建设运营一体化"的人才战略,通过岗位轮换机制使得管理人员和技术骨干在首都机场集团、北京新机场建设指挥部和大兴机场之间流动,推动项目全过程的建设和运营团队知识和经验的有机融合。

第4章
前期策划阶段一体化措施

项目前期策划是项目全生命周期管理的首要任务,是项目全生命周期的起点。具体来说,前期策划指在项目前期,通过收集资料和调查研究,在充分占有信息的基础上,针对项目的决策和实施,在组织、管理、经济和技术等方面进行科学分析和论证。这将使项目建设有正确的方向和明确的目的,其根本目的是为项目建设的决策和实施增值,是项目管理的重要组成部分。众多项目的实践证明,科学严谨的项目前期策划是项目管理决策和实施增值的基础。

4.1 前期策划阶段的特点

4.1.1 前期策划概述

根据项目管理基本理论,工程项目建设从总体上看是一个有明确目标的复杂系统,项目管理过程就是在项目实施过程中,以项目目标管理为中心,由项目组织来协调控制整个系统的有机运行,从而最终实现项目目标。而项目的前期策划阶段是项目目标的提出、分析、论证以及优化的最为关键阶段[1]。

工程项目前期策划的核心思想是根据系统论的原理,通过对项目目标开展多系统、多层次的分析和论证,逐步实现对项目目标的有计划、有步骤地优化和确定。包括对项目目标进行由粗到细、由宏观到具体的分析;对影响项目目标的环境要素及其影响过程进行分析,预测项目实施过程的发展变化趋势;对项目构成要素进行分析,分析各要素的功能、与项目的关系以及项目整体的功能和定位;对项目风险进行分析,预判过程中的种种渐变和突变并主动采取管理措施等。这构成了项目策划的基本框架,是项目策划的重要思想依据。

---

[1] 乐云,李永奎.工程项目前期策划[M].北京:中国建筑工业出版社,2011.

4.1.2　本书对前期策划阶段的界定

按照传统项目管理理论,对每个工程建设项目而言,其全生命周期通常包括决策阶段、设计准备阶段、设计阶段、施工阶段、动工前准备阶段及使用和保修阶段,如图4.1所示,归纳起来可分为三个主要阶段,即项目的策划阶段、实施阶段和使用阶段(也称运营阶段)[1]。而其中最开始的策划阶段,作为全生命至关重要的一个环节,是实现建设运营一体化的初始阶段,其工作成效很大程度上影响了整个项目的成败,起着非常关键的作用。因此,本书将项目前期策划阶段作为单独一节,说明前期策划阶段的一体化措施。

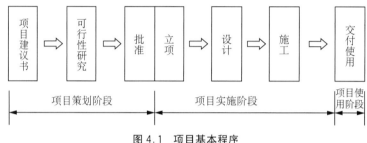

图 4.1　项目基本程序

按照我国工程项目的基本建设程序,项目策划阶段自编制项目建议书开始,至项目立项后结束,主要包括两项工作内容,即编制项目建议书和可行性研究报告。

2008 年《北京新机场选址报告》通过了国家发改委组织的专家评审会的评审;2010 年,民航局启动了《北京新机场预可研报告》的编制工作;2013 年 7 月,民航局向国家发展改革委报送《北京新机场可行性研究报告》;2014 年 11 月 22 日,国家发展改革委批复北京新机场工程可行性研究报告。大兴机场的项目前期策划阶段自机场选址开始,至可研报告获批结束,主要包括机场选址研究、预可行性研究报告编制、项目立项和可行性研究报告编制等工作。

4.1.3　前期策划的主要工作内容

工程项目前期策划包括四个主要方面内容:环境调查与分析、项目定义与项目目标论证、项目经济策划和项目产业策划。

项目前期策划的根本目的是进行项目的准确定位,对整个项目进行全面、系统的定义,将业主的建设意图和功能需求反映到项目结构中,并提出总体功能的定位,主要内容包括:项目定义概述,用户需求分析,项目功能分析,面积分析,以及项目总体定位。根据前文对前期策划阶段的界定,本书参考《北京新机场可行性研究报告》,分别

---

[1]　丁士昭.工程项目管理[M].北京:高等教育出版社,2017.

从机场需求和规模策划、机场功能与布局策划、机场选址和区域发展策划，以及机场绿色可持续四方面阐述前期策划阶段落实"建设运营一体化"的具体措施。具体内容包括：机场需求与规模策划；航站区功能与布局策划、飞行区功能与布局策划、公共区功能与布局策划；机场选址与区域发展策划以及机场绿色可持续策划。

4.2 机场需求与规模策划

项目需求策划和规模策划是建设工程项目前期策划的重要内容。前者是解决"做什么"的问题，全面理解并准确地表达用户的各项要求，强调以最终用户需求为导向；后者是结合潜在用户的需求分析，将项目功能、内容和项目标准细化，以满足项目投资者或项目使用者的要求。

4.2.1 机场用户需求分析

机场用户需求分析指对潜在的最终用户进行分类，归纳出每一类最终用户的主导需求，并就项目的功能与客户需求达成一致，最终形成项目开发目标的过程。

在大兴机场前期策划阶段，建设单位充分注重对运营单位需求的征集，通过分析论证，判断需求的科学性和合理性，以指导机场的规划设计。北京新机场建设指挥部相关部门负责人谈道："每一项设计的来源都是有根的，都是根据需求作出的，而非凭空想象，建设单位人员应该主动了解运营团队的需求。以运营单位需求为导向进行规划设计可以提高机场运营效率、节约运营成本。"机场建设团队将运营需求分为以下三类。

（1）以航空公司需求为导向进行设施布局规划设计。航空公司作为机场主要服务对象，航站楼和飞行区的设计应着重考虑其需求。航站楼的设计应考虑不同航空公司的运营模式对航站楼的布局需求；飞行区跑滑系统设计应考虑航空公司运行意见，尽量缩短航空器的地面滑行时间，提高运营效率。

（2）以旅客需求为导向进行旅客流程规划设计。旅客作为机场和航空公司的最终服务对象，旅客流程设计需以旅客需求为导向。航站楼设计要简化旅客流程，缩短旅客步行距离，同时还需考虑旅客对自助值机、自助行李交运等设施的需求，提升旅客体验。以航站楼里面的扶手栏杆为例，参照机场航站楼的建设标准是 1.2 m，大兴机场结合运行经验，进一步保障旅客安全，将栏杆高度在 1.2 m 的基础上再加高。

（3）以货主需求为导向进行货运区规划设计。加强对货运区的统一规划与开发，加强对中型货站的规划设计与建设实施，做好货运区衍生业务建设模式与经营方式的规划设计，探索设计国际转运中心。

大兴机场在建设过程中实行一体化的需求管理模式，指明了建设运营各阶段所需进行的工作内容和前期研究阶段应该满足的系统功能及规模等指标。建设单位在前期策划阶段践行建设运营一体化的理念,确保前期工作的质量和投资效益,建设者、运营者共同参与前期工作,密切配合,集思广益。运营单位在项目前期介入研究,能够保证项目可行性方案实用有效,同时在功能布局、设备设施规格标准、服务流程等方面契合机场运行实际。

4.2.2　机场运量规模策划

1) 北京地区航空市场需求预测

为预测北京地区民用航空运输需求,以确定机场合理运量规模,大兴机场在进行航空规模策划时,首先分析与航空市场息息相关的社会经济发展环境。其次,将整个北京地区的航空运输市场作为一个整体,在将运量规模近似看作运输需求的前提下,通过对北京地区航空业务量的历史发展情况进行统计分析,探索北京地区民航运输需求的发展变化规律。预测采用了趋势外推法、计量经济法、灰色系统模型和综合分析判断法。这四种方法都是将北京地区机场历年旅客吞吐量的数据整理拟合,构建预测模型,将预测数据输入公式得到 2020 年、2025 年和 2040 年北京地区航空旅客运输需求人次平均约为 14 700 万、18 000 万和 24 500 万。科学严谨的预测方法考虑了运营期北京地区航空市场的需求量,为机场建设规模的确定提供了科学依据。

2) 大兴机场运量规模分析

针对机场未来高效率运行的需求,应结合首都机场增容潜力,在建设阶段确定大兴机场的运量规模。2014 年,首都机场有 3 条远距平行跑道,飞机起降架次 56.8 万,旅客吞吐量 8 371 万人次。如首都机场增建两条近距跑道,参考美国联邦航空局的《容量与延误》等相关资料,结合首都机场 2007 年双跑道高负荷运行的实践,借鉴世界大型机场运行经验,在仪表运行为主的情况下,预计首都机场 5 条跑道最大容量约 70万～75 万架次/年。适当考虑北京地区空域环境复杂,大兴机场建成后北京终端区内三大机场同时大容量运行,各机场运行难免有一定相互干扰,跑道容量将会有一定折减,预计首都机场近期可满足年起降 65 万～70 万架次的需求;远期随着空域条件的改善,可满足年起降 70 万～75 万架次的需求。考虑一定的货机、公务机等非客运航班架次,年客运航班架次容量如按近期 65 万、远期 70 万计算,结合首都机场每机载客数的展望,假设未来如增建第四、第五跑道,首都机场近期每年可承担的旅客运输需求大约为 9 600 万人次,最终达到 10 500 万人次。

根据北京地区航空运输需求预测,为适当降低投资规模、控制投资风险,并考虑到航站区及配套设施资源短期闲置的成本比飞行区跑道、滑行道系统要高得多,而且跑道的论证和建设周期较长,涉及的因素更为复杂,需求更为刚性,建议飞行区建设规模按照满足 2025 年飞行架次的需求量一次建成,航站区及其他配套设施满足年旅客吞吐量 4 500 万人次、年货邮运量 150 万 t 的要求。

    大兴机场远期运量规模按照基本适应需求、兼顾效率的原则来确定。为保留适应市场变化的灵活性,维持较高的安全裕度,建议对周边地区做好国土空间规划控制及资源预留,为长远发展留有灵活选择的余地。综上分析,大兴机场各期运量规模如表4.1 所示。

表 4.1 北京大兴国际机场运量规模预测

年份	旅客运量/万人次	货邮运量/万 t
2020 年	4 500	150
2025 年(本期)	7 200	200

    通过预测运营阶段北京地区航空运输需求,结合首都机场增容潜力,分析周边地区机场分流的可能性,考虑市场培育期,综合分析确定大兴机场运营期的旅客人数,从而为后续建设规模和设施布置提供支持。

4.2.3 航站楼规模策划

    参照预测的运营期旅客量,根据相关文件标准,建设规模按满足年旅客量 4 500 万人次实施,其中主楼规模按照年旅客量 7 200 万人次实施。航站楼规模为 700 000 m²,此面积含预留 APM(自动旅客捷运系统)站厅层及附属用房,不含 APM 轨道所占用的地下通道面积,航站楼范围内 APM 轨道长度约 600 m;航站楼地下为设备预留的地下管廊面积及投资单列。

    按照旅客运量确定航站楼建设规模,一定程度上可以解决运营期机场容量不足或机场空间资源浪费的问题,提升了机场未来的运行效率,满足旅客出行需求。

4.3 机场功能与布局策划

    项目功能分析是指在总体构思和项目总体定位的基础上,在不违背对项目性质、项目规模以及开发战略等定位的前提下,结合潜在用户的需求分析,将项目功能、项目内容、项目规模和项目标准等进行细化,以满足项目投资者或项目使用的要求。大兴机场在前期策划阶段贯彻"建设运营一体化"理念,始终以运营需求为导向,对航站区、飞行区和公共区进行功能与布局策划,以实现机场高质量运营和高效率运行。本节以大兴机场航站楼功能与布局策划为例进行分析。

4.3.1 航站楼功能与布局策划

    首都机场集团始终遵循以需求为导向,在前期策划阶段征询运营单位、航空公司、旅客和联检单位的需求,明确航站楼的功能定位,提出航站楼的设计应充分考虑以下原则。

(1)航站楼的构型设计应高效、合理、集约使用土地,实现空陆侧容量的平衡、满足分期建设的需要。

(2)航站楼空侧机位布置应该最有效地利用站坪空间,提供数量充足的近机位,提高航空器地面运作和滑行的效率。

(3)航站楼与各种交通模式的整合设计应突出与公共交通的顺畅衔接,方便各种出行方式的旅客出入航站楼。

(4)旅客流程应简洁合理,平面布局和室内空间尺度适宜,空间导向性好,避免不必要的楼层转换,尽量减少旅客的步行距离。

(5)航站楼应满足枢纽运行的功能要求,整体运行高效,为中转功能的实现提供合理的硬件条件,满足旅客中转的衔接及联盟运作的需求,尽可能缩短中转时间,建立世界级的枢纽机场。

(6)航站楼应实现机场商业规划创新,在不影响旅客流程的前提下,充分挖掘航站楼的商业价值,结合大兴机场的特殊背景,提出全球领先的零售、餐饮、休闲和娱乐等综合性商业规划,注重提升旅客体验、促进消费需求,使大兴机场非航空性收入达到世界先进水平。

(7)航站楼的功能应具备良好的适应性,由于市场预测与实际必然存在差异,未来发展具有一定的不确定性,航站楼的功能应体现资源配置的弹性以及调整的灵活性,如:国际国内比例、机型组合等变化要求。

(8)航站楼旅客服务水平指标按照国际航空运输协会(IATA)的服务标准确定。其中,普通旅客应达到C级标准;贵宾、高舱位、持卡旅客应达到A级标准。此外应满足无障碍设计要求,充分体现人性化。

(9)航站楼的设计应采用绿色节能技术,强调可持续发展,充分体现航站楼绿色发展的主题,建筑应适应当地的自然生态条件,充分利用可再生资源,采用适宜的技术尽可能减少能源消耗,做到节能减排,以达到降低运营成本的目的。

在前期策划阶段收集各运营方的需求,以指导航站楼的设计,为旅客提供方便的设施、便捷的乘机流程和良好的乘机环境,突出机场对旅客的人性化服务,实现机场高效率运行。

4.3.2 以需求为导向的航站楼流程设计原则

机场团队考虑不同旅客的出行需求,提出以下航站楼流程设计原则:

(1)针对旅客出行效率的需求,航站楼流程设计尽可能做到减少旅客换乘,旅客主要流线不应出现大于90°方向的改变,且不应在短距离内出现多次90°转弯,不应做反流程走向。中转流程应采用集中与分散结合的方式,在缩短旅客步行距离与减少中转现场数量之间实现平衡。

(2)针对旅客安全出行的需求,航站楼旅客流程设计应该做到国内与国际旅客分开,国际进、出港旅客分流,入境的国际、地区中转旅客再登机时应该经过安检。航站楼根据安全级别的不同进行分区,各区域之间应该有效隔离,出入口在合理分布的原则下尽可能减少,并实施出入控制。以国际出港旅客流程为例,陆侧车道边(交通中心)→出港厅→交运行李报关→办理登机手续、托运行李→旅客及携带物检验检疫→海关检查→边防检查→人身及手提行李安全检查→候机→检查登机牌→登机。

(3)针对老龄化旅客和存在行为障碍旅客的需求,为新航站楼无障碍化设计提出了更高的要求,主要流程上应该形成完整的无障碍体系,包括:室外盲道、无障碍停车位、无障碍出入口、无障碍通道、低位服务设施、无障碍电梯、无障碍卫生间、无障碍标识系统及轮椅席位等。

航站楼流程设计应根据不同旅客的需求,制订差异化的航站楼流程,为机场旅客出行提供高效、顺畅、可靠的运营保障,充分体现"以运营为导向"的理念。

4.3.3 以需求为导向的商业设施布局策划

商业餐饮等非航空性业务收入占比不断提高,与航空性业务相比具有更高的盈利能力,非航空性业务将逐渐替代航空性业务成为枢纽机场可持续发展的主要来源。可研报告指出,为提升旅客出行体验,提升机场的服务品质,实现旅客、商家及机场三方的共赢,商业的设计应充分考虑旅客需求,在航站楼不同区域设置不同的商业设施。

(1)设置公共购物中心。办理完登机手续后,乘客不再受行李的拖累。考虑到出发之前他们与家人可能有不少空闲时间,因此,在登机手续大厅设立公共购物中心。店铺呈梯形分层分布,以便乘客对所有店铺一目了然。餐馆和咖啡厅在购物中心的顶端,可饱览出发层全景。航站楼上夹层同样会提供各种服务设施,如商业中心及会议厅等,同时可以看到所有出发楼层,以及窗外飞机和停机坪的动人风景。

(2)设置国内航班商业街。在国内旅客安检区之后,设置购物街中央广场,集中醒目、盈利性强的商店,以及主要餐饮区。将乘客去往指廊的通路置于购物街末端,以便使乘客乘飞机之前走过所有商店。高端品牌店将置于头等舱和商务舱休息室附近,以方便高收入乘客购买奢华商品。由于国内旅客流程采用进出港混流,商业布局需要考虑双向人流的因素,以便最大程度提升商业效益。

(3)设置国际航班免税店。国际旅客过安检后进入免税店区。由于国际旅客在登机之前有足够的空闲时间,通道宽度又足以保证双向走动,在此提供分散的店铺,且不设置自动步道,使乘客继续步行,以便增加其在商业区逗留的时间。免税商店街与登机休息室分开,以避免购物的乘客和等待登机的乘客相互干扰。头等舱和商务舱的休息室位于同一楼层高端免税店旁边，以促进高收入乘客购买奢华商品。

（4）设置国际到达厅内商业。国际旅客在行李提取厅前，将经过到港免税店，从目前的趋势来看，到港提货的便利性吸引了越来越多的旅客在此购物。在过完海关后，进入到达大厅，同样设置有酒店、银行、汽车租赁等服务设施。

（5）设置国内到达厅内商业。国内乘客一旦到达出口大厅，将通过通道到达他们需要的区域，以及餐厅和休息间，让乘客能有休息空间，等待同事及家人。

根据不同旅客的出行流程，确定商业区域在机场流程中的位置，设置不同类型的高水平服务设施，使机场在满足旅客需求的同时，最大化地优化商业潜力，提高非航业务收入。

4.4　机场选址与产业策划

项目选址和产业发展策划是项目前期策划阶段的重要内容，项目选址是基于整个宏观经济、区域经济、地域总体规划和项目产业一般特征作出的宏观定位；产业策划是立足项目所在地以及项目自身的特点，根据当前城市经济和产业发展趋势，以及项目所在地周边市场需求，从资源、能力分析方面入手，选择确定发展的主导产业。在项目前期策划阶段，对大兴机场的选址展开规划研究，希望带动京津冀地区城市化进程，促进区域经济快速发展；同时作为机场及主要运营单位的所在地，该区域的合理开发也是保障大兴机场安全高效运营的必要条件，是推进大兴机场合理发展，达到目标规模的有益保障。

4.4.1　机场选址分析

大兴机场选址涉及面广，制约因素多，涉及空域运行、地面保障、服务便捷、区域协同和军地协调等多方面因素。考虑机场建成后高效运行的需求，同时实现科学选址、综合最优，民航局会同北京市先后组织开展了 3 个阶段的摸排与比选论证。按照国务院要求，2008 年 3 月国家发展改革委牵头成立了北京新机场选址工作协调小组，全面开展机场选址工作。

在机场选址过程中，相比位于北京市东南方向，民航方面大多倾向于在正南方向建设新机场。北京正南方向的选址在空域规划方面的矛盾最小。当时京津冀地区已有的机场包括首都机场、滨海机场等，而北京正南方向只有南苑机场，相比而言正南方向的空域条件最好。

2009 年 1 月，民航局确定大兴南各庄场址为首选场址。位于永定河北岸大兴区南各庄，距天安门直线距离 46 km。综合考虑与北京空中禁区、首都机场及周边机场的空域关系，至北京主城区的地面交通距离，外部配套条件，征地拆迁及环境噪声影响等因素,大兴南优于其他比选场址,可作为新机场的建设场址。选址确定后,民航局会同国家发展改革委、国土资源部、生态环境部和水利部分别开展了项目节能评估、社会稳定风险评估、土地预审、地质灾害危险性评估、环境影响评价、洪水影响评价、水资源利用评价以及水土保持方案等工作;会同北京市、河北省确定了天堂河改道、白家务水源地迁建、安固 500 kV 高压线迁改、永潘天然气管道迁移等拆改方案,以及场外市政配套建设方案,为项目实施创造了必要条件。

大兴机场选址阶段不仅考虑与建设阶段密切相关的因素,例如地质、地貌、气象和水文等,更注重选址对机场运营的影响,包括区域经济与城乡规划、空域规划、综合交通系统规划(高速城铁、高速公路)、市政配套和土地与环境保护等因素,为机场后期运营提供了巨大便利。

4.4.2 机场产业策划

在项目前期策划阶段,建设团队就已考虑运营时机场周边区域的建设和经济发展措施,同时统筹考虑京津冀区域综合运输能力,提出大兴机场应加强内外联系,实现机场运营与公路、铁路、城轨等各种运输方式的衔接配套。大兴机场弥补了北京市南部地区缺乏对外物流渠道的短板,均衡了北京南北部地区航空物流市场,为北京南部地区、北京市乃至环渤海经济圈的物流发展提供了难得的历史机遇。大兴机场在运营阶段,将充分利用机场资源,吸引航空公司、快递公司、邮政企业入驻,开拓货运航线,打造一流的航空货运枢纽,带动物流仓储、配送及相关产业的聚集。与首都机场相比,大兴机场紧邻津、冀两地,通过京开、京台高速可与周边省市快速连接,且空域资源丰富,货运用地广阔,配套设施齐备,具有广阔的市场和发展航空货运的条件。

1) 机场区域货运需求策划

机场建设团队综合考虑各运营方的货物运输需求,提出机场货运发展需要发挥政府及机场的引导促进作用,通过政策优惠和土地资源吸引物流企业入驻,同时需要驻场航空公司积极发挥作用,全力打造货运基地。北京地理位置优越,空中 3 h 交通圈可覆盖东北亚地区大多数城市,具有发展转运枢纽的优良条件。大兴机场可大力吸引航空快递企业发展航空快件及邮件转运业务,弥补首都机场航空快递设施及资源不足。同时,大兴机场借鉴深圳、天津等机场的经验,联合国际知名航空货运公司,拓展国际航线,打造以大兴机场为基地的全货运航空公司。在空港货运发展壮大的基础上,拓展配套的货运仓储、流通加工、保税物流和出口加工等物流增值服务及物流产业,促进空港物流一体化经济发展。

2) 临空产业发展策划

京津冀城市群依托大兴机场的建设,积极开展对机场临空产业的研究,促进机场周边临空产业的发展,以期做到与机场的发展互利共赢。临空产业的发展需要周边广阔的腹地。北京地区土地资源有限,机场北部和西部地区北京市已有规划,是北京未来城市发展的重要地区之一。河北省廊坊市所辖市县位于机场东部和南部,将为大兴机场的临空产业布局,可提供广阔的腹地,临空产业发展大有可为。大兴机场的建设,将彻底改变该区域的产业布局,发展高端服务业、高新技术产业、知识经济和信息经济等。将成为北京南部地区经济发展的引擎,促进京津冀北区域经济的全面快速发展。大兴机场的建设将促进京津冀区域旅游和文化产业的发展,吸引更多的外国人前来京津冀北区域会展、休闲、旅游和观光,通过文化交流把活动的范围扩大到邻近的廊坊、保定等中等城市群。这一趋势为河北文化旅游产业的发展提供了巨大的推动力。

在建设阶段策划以民用航空业和临空产业为支柱产业的、综合性的区域发展规划,为建设枢纽机场奠定良好的基础。并在此基础上充分考虑运营阶段临空经济、临空国土空间控制、货物运输等要素,促进京津冀区域经济的共同发展。

4.5 机场绿色可持续策划

2011 年 5 月 28 日至 30 日,机场建设团队在清华大学组织召开大兴机场绿色建设国际研讨会。会议围绕大兴机场绿色建设初步研究成果,吸取国内外各界专家关于绿色机场的理念和建设举措,达成绿色机场建设实施策略的基本共识。

2013 年 6 月 20 日,水利部水土保持监测中心评审通过《北京新机场水土保持方案报告书》,并出具《北京新机场水土保持方案技术评审意见》。

2014 年 5 月 13 日至 14 日,北京新机场环境影响报告书技术评估会在京召开。来自国家环境保护部、交通运输部、民航局以及北京市、河北省等相关方面的领导,国内环境科学和气象、地质、水利水电、工程及规划等方面的资深专家、知名大学学者,大兴机场项目建设、设计、评价等单位的领导和专家总计 70 余人参会。结合对机场未来运营对环境保护和节能减排的考虑,经过认真的现场踏勘、深入的技术审查,专家组认为:绿色机场的理念要贯穿机场全生命周期中,在各个阶段、各个环节都要考虑节能减排问题,统筹解决资金与绿色环保间的矛盾,实现机场可持续、健康发展。

大兴机场作为我国新世纪建设的超大型国际枢纽机场,打造绿色机场是工程建设者的奋斗目标。综合运营单位、旅客和航空公司各方的需求,以下从全生命周期角度考虑,从节能措施和节水措施两方面说明前期策划阶段机场实现绿色可持续发展的措施。

4.5.1 机场节能措施

机场航站楼空间大,人员众多,室内物理环境相对复杂,必须对其进行整体性优化设计,才能减少空调、采暖和照明各方面的能耗。根据可研报告,从规划、建筑和设备等各方面对整个机场尤其是航站楼等耗能大户的节能问题开展全面、系统的研究,并认真评估其政治、经济、技术、可操作性等方面的风险之后,审慎地运用于各专业节能设计中。

1)采光措施

在目前航站楼设计中大多采用大面积玻璃幕墙作为围护结构,室内外热量交换相对较多。针对航站楼的大面积幕墙,大尺度通透空间的建筑特色,以及机场人员众多的使用特点,为实现节能减排的目的,机场建设团队考虑在建筑设计中采用新材料和新技术:选用热工性能较好的屋面和幕墙系统;在透明处设置百叶,利用冬夏两季太阳高度角不同的规律,既能在夏季有效遮挡阳光,同时不过多地影响冬季的自然采光。

为了减少热辐射进入室内,避免大厅等大空间的温室效应,提高立面和屋面自然采光部分的自然光透射率,同时采用合理遮阳措施;积极利用自然采光,使用节能照明方式,减少采光耗能;建筑非采光部分注意提高其保温性能,采用传热系数(K 值)低的材料。虽然相对于按一般标准建设会增加一次性投入,但可以带来运营成本中能耗降低、材料减少使用等效益,并具有一定的社会效益。

2)通风措施

航站楼内采暖、空调设备的节能措施方面,机场建设团队在前期策划中考虑利用自然通风以节约能源的运营需求,提出使用合适的遮阳及利用热压、风压方式以减小航站楼的空调系统能耗。必要时,提前进行建筑和空调设备等的整体性设计,保证对能耗进行整体性控制,并采用 Ecotect、CFD 等模拟软件,全程对设计进行检验及调整;结合建筑造型设计对建筑体型优化,确定外窗和天窗的大小及位置,使得航站楼能最大限度地利用自然通风消除室内余热、余湿。航站楼内高大空间区域采用分层空调,通过合理的气流组织使空调主要为人员活动区域服务,降低区域内的空调负担,减少不必要的空调能耗。全空气空调系统可采用大温差送风,在减小风管截面积的同时还降低了空调系统送风机的输送能耗。过渡季节空调系统充分利用室外新风作为天然冷源,适度增大新风比例或采用全新风运行,以减少制冷机组的能耗。航站楼内空调、采暖、通风系统应安装完善的自控措施,使其能够准确采集系统运行参数,并对自控阀、变频器等设备做出精确控制,从而实现整个系统的高效率、低能耗运行,保证机场绿色可持续运营。

3)暖通措施

"北京市浅层地热能资源调查评价及编制利用规划项目"勘察评价成果显示,大兴机场规划建设区域处于河流冲洪积扇下游,地层结构一般为黏性土层、砂层互层,地层颗粒较细,可钻性较好。含水层性质为承压水,富水性一般,该区域地下水回灌难度较大,且处于地面沉降区,不适于采用地下水地源热泵系统。而该区域位于地埋管地源热泵系统地质条件适宜区,是地埋管地源热泵系统的重点推广地区,应利用地下浅层地热资源实现机场绿色运行。

地源热泵是一种利用地下浅层地能(包括地下水、土壤或地表水等)的既可以供热又可以制冷的高效节能空调系统。通常地源热泵消耗 1 kW 的能量,用户即可得到 5 kW 以上的热量或者 4 kW 以上的冷量。相对于传统空调系统,地源热泵系统能节约运行费用约 20%～50%。与锅炉房供热系统相比,地源热泵系统无燃烧外排物,不向室外空气排热,无热岛效应,具有良好的社会效益。并且地源热泵从土壤中冬季取热、夏季蓄热,利用的是可再生能源,产生附加经济效益,并改善了环境外部条件。地源热泵具有高效节能、环保、一机多用和节省空间等优点,同时节约运营期的经营成本,环境效益显著,符合资源节约、环境友好的理念。

4)除冰液回收措施

除冰废液如果未经处理直接排放到机场周围的生态环境中,包括机场附近的河流、沟渠,部分渗入周围土壤,将导致土壤和水体中的化学需氧量(COD)大幅升高,致使水体变黑、发臭,严重影响水环境和水生态。

大兴机场相关部门负责人谈道:"除冰液再生技术是建设和运营过程非常重要的一点。大兴机场对绿色可持续的认知很超前,一开始就规划了景观湖和景观河,必须妥善处理除冰废液。我们在十年前的项目前期就开始谋划这件事,要单独收集、单独储存、单独处理且回用除冰液,并规划全国第一个除冰废液处理站。"事实上,在当时决定建设除冰坪的时候,国内还没有除冰液再生的技术,首都机场集团和民航二所一起申报了民航局重大专项课题,在建设后期取得了重大成果,实现除冰废液再生技术的全部国产化,申请了技术专利,达成产学研用一体化,填补了中国民航的空白,这是"建设运营一体化"理念在绿色创新技术领域的重大实践。

建设团队在大兴机场一期工程规划两处除冰坪,分别位于西一跑道南端和北跑道西侧。根据现有模式,飞机除冰完毕后除冰液需回收处理,目前除冰液收集设施主要有两种方式:独立收集池和局部加大断面的排水沟。独立收集池是设置在除冰坪排水沟下游处,且临近除冰坪。当飞机需要除冰时,通过阀门开关控制流向,打开回收池一侧的阀门,关闭另一侧飞行区排水沟的阀门,使除冰液通过设置在除冰坪边上的排水沟汇入回收池,再由专门的回收车抽走除冰液。雨季时,关闭回收池一侧阀门,除冰坪上的雨水通过排水沟直接汇入整个飞行区排水系统。

根据计算需要回收除冰液的体积来确定排水沟需要加宽加深的尺寸,飞机除冰时除冰液汇集到回收池,即排水沟加宽加深的部分,由于回收池池底标高低于下游排水沟沟底标高,除冰液沉积在回收池,以便回收车拉走处理。雨季时,排水沟中雨水通过回收池,低于下游沟底标高的雨水滞蓄在回收池里,其余的排入下游排水沟。这种方式除了在冬季回收除冰液,雨季时亦可作为雨水调节池。

负责人提到,大兴机场作为国内首个建成除冰液废液处理及再生系统的机场,未来将在废液再生设施产能稳定后,逐步开始接收京津冀地区其他机场产生的除冰废液,协助京津冀地区机场降低航空器除冰废液对机场周边环境的影响,为构建"绿色机场"发展新模式提供新动能。

4.5.2 机场节水措施

北京是水资源严重短缺的城市,为合理利用水资源,大兴机场工程通过水系统的专项规划研究为工程建设奠定基础,以期达到综合利用水资源的目的。针对运营单位对大兴机场节水措施提出的主要需求:确保机场防洪排涝安全;建立场内水系改善内部水环境;为节能减排创造条件,机场建设团队根据机场总平面规划方案和地势初步方案以及建设绿色机场的目标,制订大兴机场节水措施策划。

1) 雨洪利用措施

结合大兴机场的自身特点及机场周边情况,机场雨水分三个层面进行复合利用,充分实现雨水资源化。第一层面,在机场各建筑物小区、道路广场等区域建设雨水利用设施,进行雨水入渗、蓄存及回用;第二层面,在机场建设景观水系,有效改善区域水环境及生态环境,减轻周边洪涝压力;第三层面,结合《永定河绿色生态走廊建设规划》及机场周边区域雨水利用规划,将机场水系纳入永定河绿色生态走廊计划雨洪利用系统。

同时,在机场北部、东部及南部分期修建一条场内排水明渠,作为各区域的排水通道,各区域的雨水通过排水明渠最终排入永兴河。排水明渠是一个相对独立的封闭水系,对大兴机场场区排水起到蓄水削峰的重要作用。排水明渠在运营期间能够降低能耗,减少泵站规模,靠近排水明渠的地块采用重力流方式排入明渠。同时考虑运营单位对景观、视觉效果的要求,在保证场区内雨水调蓄容积的前提下最大限度提高调节池及排水明渠常水位标高。排水明渠流经机场北部建筑密集区域,在两端设置闸门后可控制渠道水位,使该明渠在排水的同时亦可作为景观水系,提高区域微环境及商业价值。运营期间可充分利用雨水和再生水资源,多水联调,实现水资源的优化配置的需求。同时,场内新建二级调蓄系统,大大降低了暴雨时因雨水而提升泵站的用电负荷,大量的水域面积也能改善局部热岛效应,调节小气候,降低夏季大气温度,减少空调用量。

为实现运营期间水资源节约循环利用的需求,机场建设团队考虑对天然雨水进行开发利用,不仅可以开拓水源、缓解水资源紧缺、减轻排水和防洪压力,还能减少雨水外排系统的工程造价,实现可持续绿色和全生命周期投资最低,具有很好的社会效益和经济效益,是践行"建设运营一体化"理念的典范。

2) 水质净化措施

为降低机场含油雨水排放对周围环境的影响,节水措施应包括对其他类型水的净

化,利用先进技术净化水体,保持水体循环流动,维持水质,实现水生动物多样性,有效避除飞行区鸟害风险,满足景观功能要求。大兴机场建设本着"绿色环保"的原则,拟在维修机坪区域建设含油雨水处理系统,机坪雨水由专用管网收集后排至位于西跑道北端的隔油设备,经隔油设备处理达标后方可排入场内雨水系统。

在策划含油雨水处理系统时,建设团队考虑到机场运营时期维修机坪区域的处理系统峰值负荷较大,且处理标准较高,机场雨水须达标排放,同时维修机坪位于机场管制区域,为减少日常维护带来的不便,尽量采用免维护或减少维护的处理方案。根据以上需求标准,大兴机场建设参考国外大中型机场的应用经验,采用无须外置动力、无过滤网、免维护的油水分离设备,依靠入水生成旋流使油滴产生聚结作用以达到去除油污的目的。

不同运营单位对水质要求不同,遵循"以运营为导向"的原则,机场建设团队设置分质供水系统,减少自来水的用量,同时有利于节能和保护环境,用绿色能源保障水生态系统运行。

在前期策划阶段,大兴机场有关运营单位提出了保护生态环境、声环境、水环境、大气环境和电磁环境等相关需求,机场建设团队充分考虑了绿色运营需求,坚持推广新科技、新技术、新工艺、新材料和新能源的应用,在节能、节水、节材和生态保护方面制订相关策划,其中跑滑系统优化、海绵机场、低碳节能环保机场等策划充分体现了建设运营一体化的理念。在大兴机场的绿色规划设计、建造、施工过程中,建成了一批绿色示范工程,运用多项典型的创新技术,大兴机场航站楼设计荣获中国最高等级的绿色建筑三星级和节能建筑 3A 级认证,是中国面积最大的绿色三星建筑,大兴机场也成为全国唯一在建成投运当年通过环评验收的机场。

第 5 章
建设阶段一体化措施

5.1 建设阶段的特点

5.1.1 本书对建设阶段的界定

建设工程项目全生命周期包括项目决策阶段、实施阶段和使用阶段(运营阶段、运行阶段),工程管理在纵向上涉及建设工程项目的全过程管理,包括项目前期策划管理(Development Management,DM)、项目实施期项目管理(Project Management,PM)和项目运营期设施管理(Facility Management,FM),在横向上涉及参与建设工程项目的各个单位对工程的管理,包括投资方、开发方、设计方、施工方、供货方和项目运营期的管理方,如图 5.1 所示。

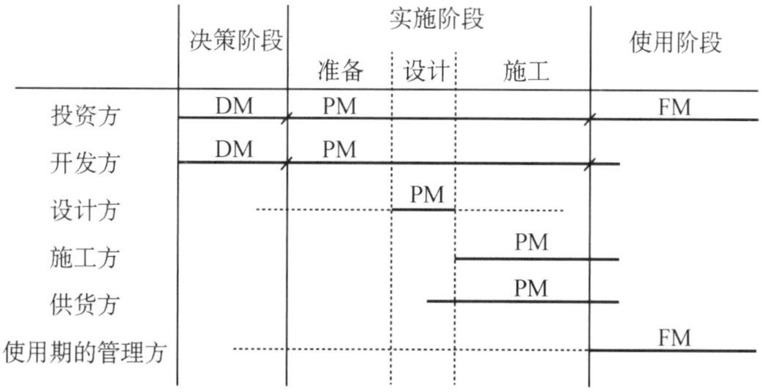

图 5.1 工程管理的内涵[1]

本书中的建设阶段是指项目实施阶段,按传统的基本建设程序,项目实施阶段是项目决策阶段的下一阶段,包括设计准备阶段、设计阶段、施工阶段、动用前准备阶段

[1] 丁士昭.工程项目管理[M].北京:高等教育出版社,2017.

和保修阶段,如图5.2所示。

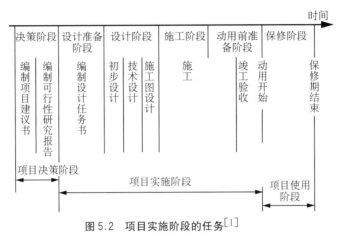

图5.2 项目实施阶段的任务[1]

本书中的建设阶段自大兴机场设计准备开始,至大兴机场投入运营结束。

5.1.2 设计阶段的特点

建设项目设计阶段是在前期策划和设计准备阶段的基础上,通过设计文件将项目定义和策划的主要内容予以具体化和明确化,是下阶段建设的具体指导性依据。因此,设计过程是实现策划、建设和运营衔接的关键性环节。策划的内容能否充分得到适当的体现和表达,关系到项目最终交付使用后的运营效果和项目成败。

建设项目的设计过程可以从狭义和广义两个层次进行理解。狭义上的"设计过程"是指从组织设计方案比选或委托方案设计开始,到施工图设计结束为止的设计过程,可以划分为方案设计、初步设计和施工图设计3个主要阶段。广义上的"设计过程"是从建设项目管理角度出发,建设项目的设计工作往往贯穿工程建设的全过程,从选址、可行性研究、决策立项,到设计准备、方案设计、初步设计、施工图设计、招投标以及施工,一直延伸到项目的竣工验收、投入使用以及回访总结为止。

设计过程的特点包括创造性、专业性和参与性三个方面[2]。

1)创造性

设计过程是一个"无中生有"、从粗到细、从笼统到清晰的创造过程。在工程设计中,设计的原始构思是一种创造。但是又并非所有的设计工作都是"无中生有",每个阶段的设计都是在上一阶段的设计成果及相关文件依据下进行的,后一阶段设计的重点是把设计的原始构思进行细化,并将好的创意贯彻到底。建设项目设计过程各阶段

[1] 丁士昭.工程项目管理[M].北京:高等教育出版社,2017.
[2] 乐云.建设工程项目管理[M].北京:科学出版社,2013.

之间是逐步深化的,项目目标和定义逐层深化的螺旋上升逻辑关系充分体现在设计过程中不同阶段的设计文件中,不同设计文件应满足不同层次的需要,方案设计文件应当满足编制初步设计文件和控制概算的需要,例如,初步设计文件应当满足主要设备材料订货和编制施工图设计文件的需要,施工图文件应当满足设备材料采购、非标准设备制作和施工的需要。

2）专业性

设计过程是由各工程专业设计工种协作配合的一项高度专业化的工作,表现在以下两个方面:第一,我国对设计市场实行从业单位资质、个人执业资格准入管理制度,只有取得设计资质的单位和取得执业资格的个人才允许进行设计工作。目前我国建筑行业的专业注册制度已基本实行注册结构工程师、注册建筑师、注册咨询工程师、注册建造师和注册监理工程师等管理制度,一套基本完整的专业注册管理制度已建立。第二,工程建设项目的设计工作是一项非常复杂的系统工程,必须由分工合理、专业完备且协调良好的团队进行这项工作。通常项目设计工作由一个设计总负责人主持,在他的统一领导下,建筑、结构、暖通、给排水、电气、智能化和概预算等多个专业协同工作,各司其职,共同完成设计任务。

3）参与性

设计过程由业主、设计单位、咨询单位和施工单位以及材料设备供货商等众多项目参与方共同参与。因为业主是建设项目全过程的最高决策者,也是项目功能需求的提出者,往往还是最终用户和使用者,业主方的设计阶段的项目管理对今后建设项目的实施及投入使用起着重要的作用。业主在设计阶段的管理活动最主要的内容包括两方面:一是明确提出各阶段设计的功能需求;二是及时确认有关的设计文件和需要业主解决的其他问题,承担及时决策的责任。在国际上,普遍遵循"谁设计谁负责"的基本原则,业主应尊重设计单位,但同时应加强对设计工作的参与、协调和控制。

5.1.3 施工阶段的特点

工程项目施工管理的实质就是对施工阶段投入、产出转换过程的增值活动进行有效管理,在实现技术可行、经济合理基础上的资源高度集成,满足顾客对产品和服务的特定需求。

工程项目施工是将建设意图和蓝图变成现实的建筑产品(建筑物或构筑物)的生产活动,是一个"投入—产出"的过程,即投入一定的资源,经过一系列的转换,最后以建筑物或构筑物的形式产出并提供给社会的过程。为确保实现预期的产出,需在转换过程的各个阶段实时监控,并把执行结果与事先制定的标准进行比较,以决定是否采取纠正措施,此即反馈机制。

建筑产品的单件性、位置固定、形式多样、结构复杂和体积庞大等基本特征决定了工程施工具有生产周期长、资源使用的品种多且用量大、空间流动性高等单件小批生产的特点[1]。

1）生产流动性大

工程项目施工的固定性决定了产品生产的流动性。一般的工业产品都是在固定的工厂、车间内进行生产，而建筑产品要随其建造地点的变动而流动，人、机、料等生产要素还要随着工程施工程序和施工部位的改变而不断地在空间流动，只有经过事先周密的设计组织，确保人、机、料等互相协调配合，才能使施工过程有条不紊，连续且均衡地进行。

2）外部制约性强

不同建设产品在结构、构造、艺术形式、室内设施、材料及施工方案等方面均各不相同，工程施工阶段项目管理不仅要符合设计图纸和有关工艺规范的要求，还受到建设地区的自然、技术、经济和社会条件的约束。

3）完工周期长

工程项目体形庞大，需要耗费大量的人力、物力和财力，加上建造地点的固定性，施工活动的空间具有局限性，各专业、工种间还受到工艺流程和生产程序的制约，从而导致建筑产品生产一般具有较长的完工周期。

4）协调关系复杂

工程项目施工过程不仅涉及业主、设计、监理、总包商、分包商和供应商等施工参与方在工程力学、建筑结构、建筑构造、地基基础、水暖电、机械设备、建筑材料和施工技术等多专业、多工种方面的分工合作，还需要城市规划、征用土地、勘察设计、消防、"七通一平"、公用事业、环境保护、质量监督、科研试验、交通运输、银行财政、机具设备、物质材料、电水气等的供应以及劳务等社会各部门和各领域的审批、协作和配合，施工组织关系错综复杂，综合协调工作量大。

工程项目施工管理是指业主、设计、承包商和供应商等工程施工参与方，围绕着特定的建设条件和预期的建设目标，遵循客观的自然规律和经济规律，应用科学的管理思想、管理理论、组织方法和手段，进行从工程施工准备开始到竣工验收、保修等全过程的组织管理活动，实现生产要素的优化配置和动态管理，以控制投资，确保质量、进度和安全。由于工程施工参与方地位和作用不同，其各自的工作任务分工和管理职责也有所区别。业主方主要任务是项目施工阶段的总体部署、投资控制、费用支付、合同变更和沟通协调等；设计方需要确保设计意图的落实，参与施工质量的监督检查和验收；供应商应该按合同要求，按照工艺标准和技术规范，合理安排组织加工和制作，按时、保质提供工程施工所需的材料物资和设备；承包商则应该全面履行施工承包合同

[1]　乐云.建设工程项目管理[M].北京:科学出版社,2013.

的标的,在控制施工成本和保证施工进度的基础上,交付满足使用功能和工艺标准的合格工程产品。

5.1.4 建设阶段一体化的意义

建设工程项目分为决策、建设和运营三个主要阶段,建设阶段上承决策阶段,下启运营阶段,在实现整个项目全生命周期的一体化管理中起着关键作用。建设阶段一体化的意义主要体现如下。

1) 有利于实现决策阶段与设计阶段的一脉相承[1]

方案设计以项目可行性研究报告、项目总体规划等前期决策阶段的成果为基础,以满足最终用户需求为导向,提出项目的总体布局、艺术风格和建筑功能,确定设计的总体框架,确保项目设计与项目决策在战略上保持一致,避免项目在设计阶段工作方向的偏离。

2) 有利于实现不同设计子阶段之间的环环相扣[2]

在以运营为导向的总体设计目标不变的前提下,不同设计子阶段有各自阶段的目标。方案设计阶段以满足编制初步设计文件和控制概算需要为目标,初步设计阶段以满足主要设备材料订货和编制施工图设计文件需要为目标,施工图设计阶段以满足设备材料采购、非标准设备制作和施工需要为目标,前一阶段的设计成果输出是下一阶段设计工作的输入,环环相扣,逐次递进,使项目目标逐步得以明确和清晰。

3) 有利于避免设计阶段与施工阶段的分离脱节[3]

一体化背景下,施工图设计以满足施工需要为目标,设计工作贯穿整个施工过程。在招标采购阶段,设计方为各类工程承包商、材料、设备以及服务类供应商的招标采购提供招标图纸和技术规格书,协助业主方进行答疑和图纸补充修订。在施工过程中,设计方参与设计变更工作、专业深化工作以及对现场的配合工作。在项目竣工后,设计方参与工程竣工验收和竣工结算等工作。

4) 有利于避免施工阶段与运营阶段的衔接不畅[4]

一体化背景下,施工方向后延伸至运营筹备阶段,施工人员在按图施工的同时,注重加强与运营方的交流,在依据设计图纸,尊重建设规律的基础上考虑运营实际需求,以降低运营费用、提高运营效率为目标,全程参与运营筹备阶段空间流程的优化工作,设备的安装、调试、试运营、验收工作和部分设施的整改工作,促进工程由建设团队向运营团队的顺利转移。

———————————

[1] 陈金仓.民航机场工程建设、运营一体化应对方案初探[J].机场建设,2014(3):3.

[2] 高志斌.机场工程项目建设运营一体化之目标研究[J].民航管理,2012(3):2.

[3] 马力.民用机场建设运营一体化模式初探[J].中国民航报,2013(3):3.

[4] 宋鹍,崔海雷.对民用机场建设运营一体化的思考[J].民航管理,2015(10):3.

5.2 设计阶段一体化措施

5.2.1 设计阶段在全生命周期中的重要性

设计阶段是工程建设的关键环节。做好设计工作,对工程项目建设过程中节约投资和建成投产后取得好的经济效益,起着决定性的作用。无数大型建设工程项目的实践证明,设计工作的好坏影响着整个建设工程项目的投资、进度和质量,并对建设项目能否成功实施起到决定性的作用。因此,必须对设计阶段的项目管理工作予以高度的重视。

项目设计绝不仅仅是设计单位单方面的创造,还与委托方(即业主方)的参与和管理密切相关。委托方的设计管理对保障设计工作的质量和进度会起到关键的作用。建设工程项目业主方是项目全过程的决策者,也是项目功能需求的提出者,往往还是最终的用户和使用者,业主方在设计过程中应该积极主动地配合设计单位的工作,提出明确的设计要求,及时确认合格的设计成果文件,并及时解决需要业主解决的问题。

设计工作往往不能简单地划为项目实施的一个单纯阶段,从选址、可行性研究、决策立项,到设计准备、方案设计、初步设计、施工图设计、招投标以及施工,一直延伸到项目的竣工验收、投产使用,都与设计工作有关,设计单位提供的服务贯穿项目建设全过程。相应地,业主方对设计的管理与协调也应贯穿项目建设的全过程。

5.2.2 设计阶段一体化要点

设计过程是一个从无到有、从粗到细的过程,包括方案设计、初步设计、施工图设计等阶段。总体而言,是从一个创意构思,到具体实施细节的不断细化、不断明晰的过程。在这个过程中,三个阶段的工作特点不同,从业主方的角度而言,其管理方法也应有所区别,要根据设计阶段的特点针对性地进行管理。大体而言,从方案设计阶段到施工图设计阶段,设计工作的创造性不断减弱,而可实施性(可施工性)不断增强。

1) 方案设计阶段的特点

方案设计阶段的特点是概念性。方案设计的主要作用是确定设计的总体框架,它在思想方法上以功能分析为主,以满足最终用户的需求为导向。方案设计内容以建筑专业和总图专业为主,体现建筑的空间布局、艺术风格以及如何实现建筑功能。因此,方案设计文本的篇幅往往不大,结构、水、暖、电、消防和智能化等专业甚至不画图,只有文字说明,但是方案设计在很大程度上决定了该项目的整体设计水平,决定了该项目的整体品质和水平,创造性很强,对后续设计起指导作用,其价值不容忽视。

一些项目对方案设计的重视程度不足,在总设计费用中方案设计费所占用的比例偏低，有的仅占 10%，虽然设计单位在方案设计阶段的计算工作量都比不上初步设计阶段和施工图设计阶段，但方案设计是凝聚了许多高智力的创造性劳动，是对整个项目总体功能和建筑布局的战略性设计，对项目效益的发挥和建设费用节约的可能性都具有重要影响。

按照有关法规，方案设计分为概念性方案和实施性方案。概念性方案设计可以通过方案征集或方案设计招标获得。概念性方案设计的深度通常一般，能表达该方案基本构思及其特点即可，对设计人的资质要求也不严格。而实施性建筑方案设计的投标人必须是具备相应资质等级的法人或者是其他组织，要求其提供的方案设计文件的内容和深度应满足上报方案审批的要求，方案设计应具备功能、经济和技术上的可行性，中标后即可直接进入下一阶段设计。

2）初步设计阶段的特点[1]

初步设计是整个设计过程最重要的部分，起着将方案设计阶段提出的概念具体化、付诸实施的作用。与方案设计相比较，初步设计的内容更全面、更详细，涉及的专业面更广。为了实现建筑师的构想，在初步设计阶段，结构、给水排水、暖通和强弱电等各专业都要进行技术计算，做出较详细的设计。因此，初步设计既具有创造性，同时又具有强烈的可操作性。

初步设计阶段的特点还在于各专业之间的技术协调。通常情况下，各专业为了实现方案设计的意图，分别从本专业系统进行计算和设计，完成的设计方案往往与其他专业之间产生矛盾，必须进行专业之间的协调，否则项目无法实施。因此，初步设计阶段需要解决建筑与结构、建筑与设备、结构与设备乃至项目与外围大市政（水、电、煤气、电信、垃圾、污水）之间的接驳等专业之间的矛盾，这一阶段成果的标志是通过专业协调，最终使得各专业技术路线得到确定，并实现系统内外的统一。

初步设计阶段是方案设计与施工图设计两大阶段之间的桥梁，初步设计完成后，施工图阶段的主要任务是提供具有可操作性的、可实施性的详细施工图纸，它应该在初步设计进行充分论证、研究、计算的前提下进行，施工图阶段对重大技术路线、重大系统性问题是不能再变化的。然而，在现实建设过程中，到了施工图设计阶段乃至施工阶段还在产生许多涉及重大技术路线、系统性问题的重大设计变更，其产生的原因往往是初步设计工作不到位。这些重大设计变更不仅影响了建设工期，造成了许多额外的变更费用，有时往往会给工程留下不可弥补的系统性缺陷。

初步设计的设计深度应能满足如下几个方面的要求。

（1）初步设计的深度应该能满足编制施工图设计的需要，即使施工图设计文件由另一家设计单位编制，其设计内容仍能完整表达初步设计文件的技术路线和系统性布

[1] 乐云.建设工程项目管理[M].北京:科学出版社,2013.

置,不至于因为更换施工图设计单位而造成设计内容偏离原设计意图。

（2）初步设计的深度应该能够满足施工总承包招标的需要,这就意味着初步设计文件满足总承包招标文件工程量清单编制的要求,内容应该包括技术规格书,可以进行投标报价,并可以签订总承包合同。

（3）初步设计的深度应该满足主要材料、设备采购的需要。初步设计文件应明确所有主要材料、设备的技术规格、性能参数和数量,有主要材料设备清单作为采购招标文件的技术要求,可以签订采购合同。

（4）初步设计文件所附的设计概算可以作为造价控制的依据,可以作为项目投资控制的目标,其误差水平保持在可以接受的范围之内。

3）施工图设计阶段的特点[1]

施工图设计阶段的特点是操作性的,注重可实施性和可施工性,应包括细部详图和节点大样图。

施工图设计文件的深度应满足编制施工图预算及施工安装、材料设备订货、非标设备制作的需要,并可以作为工程验收的依据。这一阶段图纸数量往往较多,工作量较大,但创造性相对少一些。施工图设计的重点往往是要处理设计与施工间的协调,注重与施工的配合,根据施工的需要,不断补充完善施工图纸。设计要有足够的深度,满足可施工性的要求,或根据施工需要修改图纸,完成施工过程中产生的大量设计变更,要配合施工全过程,要能及时解决现场问题,因此该阶段时间持续较长。

因为不同设计阶段的特点不同,所以设计过程的项目管理应根据不同设计阶段的特点,有针对性地进行管理。例如,由于初步设计的重要性,应加强对初步设计的管理,许多项目都是由于不重视初步设计阶段的管理,造成在施工图设计阶段以及施工阶段还在进行大量的重大设计变更,严重影响了项目的质量、进度和投资目标的实现。

5.2.3 北京大兴国际机场设计阶段一体化实践

大兴机场的初步设计以"建设运营一体化"为指导理念,在各项工作中坚持可持续发展思想,贯彻以运营需求为导向的设计理念,强化关键指标和关键系统研究设计,加强商业设施专项规划。

据民航局和首都机场集团的官方文件显示,大兴机场主体工程初步设计共分四批获得批复:2014年11月24日,民航局批复北京新机场飞行区工程初步设计及概算;2015年4月28日,首都机场集团向民航局上报北京新机场航站区工程初步设计;2015年5月20—23日,民航局、北京市、河北省和铁路总公司按照"统一规划、共同设

---

[1] 乐云.建设工程项目管理[M].北京:科学出版社,2013.

计、共同审查、共担投资"的原则联合召开北京新机场航站区轨道交通换乘中心工程初步设计审查会;2015 年 10 月 27 日,民航局批复旅客航站楼及综合换乘中心、停车楼、综合服务楼等工程初步设计;2015 年 12 月 8 日,民航局批复北京新机场工程空管工程初步设计;2015 年 12 月 14 日,首都机场集团向民航局上报北京新机场工作区(交通市政设施工程)初步设计;2016 年 9 月 1 日,首都机场集团上报民航局《关于北京新机场第三批初步设计相关情况的报告》;2016 年 9 月 14 日,北京新机场工作区工程初步设计及概算获民航局批复;2017 年 12 月 25 日,北京新机场第四批项目初步设计及工程总概算获民航局批复。

大兴机场航站区是大兴机场建设的核心工程。航站区建设功能复合,需综合协调空侧站坪运行、各建筑总体布局和内部功能组织、统筹轨道交通以及其他陆侧交通的建筑布局以及交通组织等多方面需求,是"建设运营一体化"理念的集中体现。因此,本章以航站区为研究对象,阐述其如何在初步设计中体现"运营导向"。本节内容主要以《北京新机场航站区工程初步设计说明》为依据。

1) 初步设计总体规划

大兴机场初步设计规划如图 5.3 所示。为了降低投资规模、控制投资风险、降低运营期设施资源的闲置成本,大兴机场采取"一次规划,分期建设"的总体策略。中央航站区采用单一的空侧,分为南、北两个陆侧区域,采用"双尽端式"格局,近期规划建设北航站区,规划容量为满足年旅客量7 200 万人次的需求,运量溢出后,远期规划在南航站区继续发展。南、北航站区采用适度的差异化定位,北航站区采用主楼和卫星厅的模式,远期规划主要服务于规模最大的基地航空公司、网络型航空公司,强化枢纽中转功能。南航站区发展模式未来按需确定,留有灵活选择的余地,远期主要服务于低成本航空、次要航空公司、点对点运行为主的航空公司。考虑低成本航空的发展潜力,有利于大兴机场服务于多样化的业务需求,在西二、西三跑道之间南侧预留低成本专属航站区。分期建设符合大兴

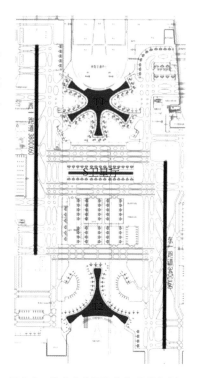

图 5.3　北京大兴国际机场总体规划图

机场投入运营后旅客数量的增长规律,参考国内国际机场的运营数据,大兴机场投运之后需要一定的市场培育期才能达到设计容量,如上海浦东机场 1999 年 9 月 16 日竣工通航,2003 年旅客吞吐量首次超过虹桥机场;芝加哥奥黑尔机场 1955 年首班商业航班启航,但直到 1962 年,国内航线才完全从中途机场转移至奥黑尔机场。

大兴机场初步设计总体规划分区如图 5.4 所示。为了提高空侧机位运转效率以及服务车辆的运行效率,提高空侧运行效率,减少飞机地面滑行时间,大兴机场在初步设计的分区规划中综合考虑了机位与航站楼流程以及跑道使用方式之间的关系,力求通过合理布局减小飞机滑行距离。大兴机场采用"全向型"跑道构型和单一中央航站区的规划构型,航站区位于"全向型"跑道构型的核心位置。同时,为了达到增加机场土地的开发机会,提高土地使用效率的目的,分区规划着重考虑了航站楼与工作区用地之间的联系,使机场工作区与航站区有机结合,通过合理布局为机场未来运营发展提供有力保障。如图 5.4 所示,东一、东二跑道间布置公务机设施,并预留独立的快件处理区,机务维修区位于西二、西三跑道之间。货运区位于西二跑道与西三跑道之间。机务维修区位于北一跑道北侧靠近机坪的区域。大兴机场工作区分布于机场南北航站区外侧,分为北部工作区和南部工作区。

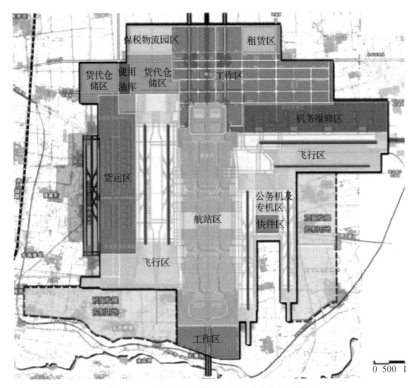

图 5.4　北京大兴国际机场总体规划分区图

2) 航站楼初步设计

大兴机场航站区由航站楼、陆侧交通路桥、东西停车楼、综合服务楼和地下轨道交通等主要建设项目组成,示意图如图 5.5 所示。航站区陆侧边界距综合服务楼北侧道路 5 m,空侧边界距航站楼二层投影线 10 m,总用地约 69.5 hm²(1 hm² = 10 000 m²)。航站楼与综合服务楼组成了一个六指廊中心放射的整体构型,建筑采用金属屋面覆盖,向周边起伏下降至指廊端部 25 m。大兴机场航站楼在设计上历经多轮次优化和多方案集成,构型直径由原来的 1 260 m 缩减到了 1 200 m,指廊长度从 630 m 减少到了 600 m,指廊宽度也进行了缩减,最终方案最高点只有 50 m。航站楼的设计优化旨在各种指标平衡中找到最优方案,首先追求的是集约美好,不一味求大、不浪费资源,其次是在此基础上尽最大努力让旅客便捷舒适。

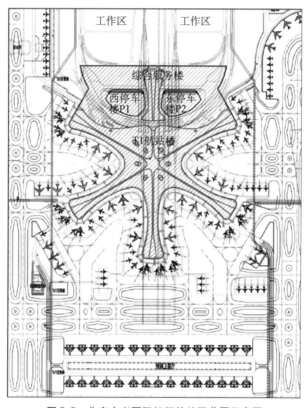

图 5.5　北京大兴国际机场航站区范围示意图

大兴机场航站区效果图如图 5.6 所示。航站楼为放射状五指廊构型,陆侧的综合服务楼形同航站楼的第六条指廊,与航站楼共同形成了一个形态完整的总体构型。停车楼位于综合服务楼的东西两侧,航站区由四栋主要建筑组成,包括主体航站楼、陆侧两栋停车楼,以及陆侧综合服务楼,在航站楼与陆侧三栋建筑之间是双层出港高架桥。陆侧三栋建筑在地下一层互相连通,地下轨道在地下二层从南至北贯穿整个航站区。

为了提高运行效率,提升旅客体验,大兴机场航站楼采用集中式主楼加放射状指廊的构型,共有五条指廊。"放射状五指廊构型"的设计使得航站楼中心到最远端登机口步行距离不超过 600 m,旅客进入航站楼经过安检后,正常步行时间不超过 8 min,经对比国内外主要机场,优于世界同等规模机场航站楼,大大缩短了旅客登机时间,

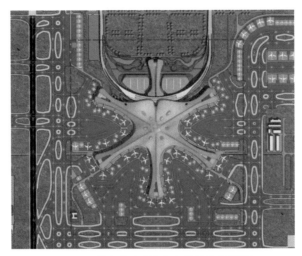

图 5.6　北京大兴国际机场航站区效果图

提升了旅客的出行体验和机场的运行效率。此外,航站区的中转流程设计也非常高效,MCT 时间为国内转国内 30 min,国际与国内互转 45 min,国际转国际 60 min,经对比世界先进机场,中转时间居于前列,具有国际竞争力。

缘于北京在我国特殊的政治经济地位,大兴机场航空旅客构成将呈现本地旅客占绝大多数的情况。与相似吞吐量的国外大型机场相比,大兴机场在实际运营中需要具备更大的目的地旅客处理能力,这一实际运营需求在航站楼国内、国际机位的设计中被充分考虑。大兴机场航站楼五条指廊在空侧区域形成了 4 个相对独立的机坪港湾,近机位沿指廊分布,中央指廊为国际指廊,其余四个指廊为国内指廊。沿指廊布置近机位 78 个,其中国际机位 21 个(含 4 个可转换机位),占比 27%;国内机位 57 个,占比 73%,国内机位数为国际机位数的 2.7 倍。

3) 道路工程初步设计

大兴机场航站区道路工程初步设计以保障机场内外部交通服务水平,满足出行旅客、送行人员、工作人员等各类人员的交通需求为目标。对航站区交通需求的全面分析和科学预测是进行初步设计的基础。航站区的陆侧交通需求构成主要包括以下几部分:①航空旅客直接产生的交通需求;②迎送人员在未与旅客同行的单程产生的交通需求;③机场工作人员通勤产生的交通需求;④诱增交通需求。由于进出港旅客、迎送人员及机场工作人员等交通对象的出行特征不同,在进出港交通方式选择、交通设施需求等方面存在差异,因此在各类交通设施规模的预测方面采用了不同的测算方法。

航空旅客的直接交通需求目的性最强,交通量与航空旅客量直接相关,因此相关预测均以机场旅客吞吐量预测为依据开展。道路工程设计以目标年 2025 年旅客吞吐量 7 200 万人次为预测基础条件,以交通需求数据为基础,以高峰小时旅客吞吐量为基础数据,保证交通服务水平,避免机场交通设施的不足。

迎送人员在未与旅客同行的单程中也会产生一定的交通需求,与旅客同行时若使用公共交通则也会有额外的交通需求,而这部分需求在基于旅客的交通量计算中并未考虑。通过计算单向高峰小时迎送人员人数,分析迎送人员全流程交通方式,获得迎送人员高峰小时交通需求分布。

机场员工通勤交通需求。参照目前大型枢纽机场的运营经验,预计 2025 年大兴机场有关工作人员总计约为 7.2 万人。根据岗位分布特性及员工倒班安排,测算特征日高峰小时员工进出机场分别为 7 934 人和 6 682 人。考虑岗位特性、员工居住地、经济水平和机场管理制度等因素,预测员工的出行方式分担比例。

机场作为综合交通枢纽,可提供多种交通方式间便利的换乘条件和良好的工作环境,因而会诱增部分非航空业务的交通需求。具体包括借用交通设施的过境交通和以机场工作区、生活区为目的地的 OD 交通(起终点间交通量)。过境交通在制订机场规划设计方案时已采取措施进行了屏蔽,需求量应较小,且主要通过地面道路缓解,对旅客通道的主进场路影响有限,可忽略不计。另有部分换乘行为发生在轨道车站内部,此部分需求可通过轨道系统的设计冗余量来满足。

在对航站区的交通组成及交通需求进行分析后,陆侧道路设计主要解决的关键问题就是不同车流的分离,把往来于旅客候机楼的车流和往来于其他机场设施之间的车流彻底分流,明确各个区域的界线,提高运行效率和旅客体验。考虑到道路系统设计主要服务于旅客交通,因此在设计中采取了以下原则:①交通流线要简单清晰;②车道边要分离不同类型的车辆;③满足车辆在停车楼区域内部便捷出入;④便于和外部道路系统相连接。

陆侧道路交通系统以楼前出发、到达车道边为核心,通过进出场路及相关匝道连接停车楼(场)、工作区及远端车场,形成完整的道路交通系统。其中航站楼前设置双层出发车道边,对应航站楼四层的出发车道边设计 3 组车道边,每组 3 条车道;对应航站楼三层的出发车道边设计 2 组车道边,每组 3 条车道。并在两端设置了 CIP 贵宾停靠车道边。巴士、VIP 贵宾及酒店停车场设置在到达层两端。中部设置出租车迎客区,共有 60 个出租车迎客车位;东西两座停车楼位于航站楼北侧,共设置了 4 000 个停车位;巴士、出租车远端蓄车场及远端停车场均设置在工作区并留有发展用地,以减少楼前的交通压力并满足远期交通需求的增长。

根据大兴机场航站区的规划,交通可分为两大系统:旅客系统和其他配套设施系统。从旅客系统分析主要的交通目的有两个,即到达和出发,其目的地有到达层、出发层和停车场。其他配套设施系统的交通目的主要在各功能区之间的联系以及与外部道路系统间的交通转换。旅客前往机场可选择的道路交通方式主要有三种:巴士、出租车和社会车。从车种分析主要有大客车、中客车和小汽车。航站区机动车主要流程如图 5.7 所示。

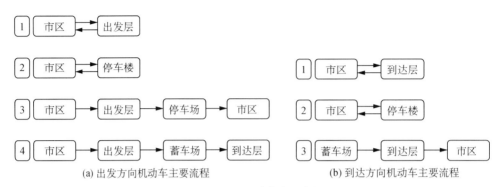

(a) 出发方向机动车主要流程 　　　　　(b) 到达方向机动车主要流程

图 5.7　航站区机动车主要流程图

从旅客的交通目的及特性分析,出发流程中社会车的主流线为第 1 种;大巴、出租车的主流线为第 4 种;到达流程中社会车的主流线为第 2 种;大巴、出租车的主流线为第 3 种;道路设计在服从主流向交通的前提下,满足所有交通流向的需求。

对应航站楼四层的出发车道边布置为三组车道边,高架桥上不设置分隔带开口,使送客车辆各行其道,避免交织。在上桥引桥处对车辆进行引导分流。车道布置由航站楼向外依次布置大巴车、出租车和社会车通道。对应航站楼三层的出发车道边布置为两组车道边,之间不设置分隔带开口,供出租车和社会车辆使用。楼前地面到达层道路布置为单向五车道,楼前到达层道路由航站楼向外依次布置为出租车蓄车通道、出租车候客区、出租车离开通道和巴士及贵宾通道;为保证到达层车辆不受行人横向干扰,进入停车楼的旅客可以通过连接航站楼及停车楼的二层人行平台步行进入停车楼内。

航站楼前设置社会车辆停车楼,停车楼分为地上和地下两部分,供社会车辆停放。通过楼前线路及停车楼内部道路保证车辆在停车楼区域内的正常行驶。进场、出场道路在航站楼前采取分离对称的方式布置,在陆侧形成一个大环。进出场路可实现车辆在到达层、出发层和停车楼、蓄车场之间的交通转换。社会车辆、出租车、大巴车辆由进场路去往出发层送客后,可按对称流线离开航站区;在到达层系统中,为保证楼前到达层交通组织顺畅、高效,在到达层车道边采取对社会车辆禁行的措施,提高航站区车辆管理的运营效率,接客的社会车辆均进入楼前停车楼内。

4）行李系统初步设计

行李处理系统(BHS)主要解决到港旅客行李提取,离港旅客、中转旅客交运行李的输送、分拣、安检和储存等工作。行李处理系统由以下几个行李子系统组成:①离港系统;②到港系统;③中转系统;④分拣系统;⑤早到行李储存系统;⑥空筐回收系统;⑦大件系统;⑧VIP 系统;⑨自助值机系统;⑩公共交通(GTC、车库、城航楼等)行李系统;⑪交运行李安检系统。行李处理系统接收离港、到港、中转旅客的行李,交运行李采用自动分拣方式进行分拣。大兴机场行李系统主要子系统原理图如图 5.8 所

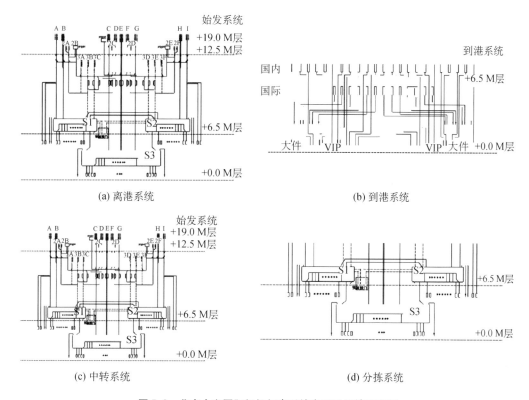

图 5.8　北京大兴国际机场行李系统主要子系统原理图

示。行李系统的设计遵循了四个原则：①流程清楚，功能齐备，规划引导；②一次规划，分步实施；③弹性设计，有适度的可调整性，满足使用中的变化；④可扩展，有足够的扩展空间，以满足机场客运量发展的需要。创新的行李处理流程设计和先进的捷运系统应用大大缩短了旅客等待行李的时间。首件进港行李 13 min 内达到，优于国际大型机场优质服务水平。进港行李平均运送距离为 550 m，首件进港行李可在 13 min 内到达，避免旅客长时间等待。

　　离港行李子系统用于处理离港旅客的交运行李。国际行李从 12.5 m 层，经行李井道垂直到 6.5 m 层，再水平输送往行李房的分拣机；国内行李从航站楼两侧降落到 6.5 m 层，再水平输送往行李房的分拣机。国内 A、I 岛各有两条路径：一条直接通向两侧的指廊，另一条通往行李房分拣机。大件行李由电梯送至行李房。可疑行李有三个集中开包间：19 m 层有一个国际可疑行李开包间，12.5 m 层有国内两个可疑行李开包间。

　　国内到达行李提取大厅位于 6.5 m 层，装卸输送段位于 ±0.0 m 层。国际到达行李提取大厅位于 ±0.0 m 层，装卸输送段也位于 ±0.0 m 层。国内有 19 台提取转盘、两条大件行李输送线、两条 VIP 行李输送线、23 段装卸输送段。国际有 12 台提取转盘、13 段装卸输送段。到港标准行李在 ±0.0 m 层进行装卸，通过输送线输送至

6.5 m 层和 ±0.0 m 层到港大厅的提取转盘。国际装卸段配置安检设备。

国内中转子系统配置 4 条装卸线,每 2 条中转线合并后,与一套分拣机相对应。国际中转子系统配置 2 条装卸线,2 条中转线合并后,与一套分拣机相对应。中转子系统装卸段配置安检设备,行李必须经安检机检查,安检工作人员现场进行判别。每条中转装卸输送机由三段组成:装卸段,X 线机安检段,X 线机安检后结果等待段。

S1 和 S2 为国内分拣机,S3 为国际分拣机,都为上下两层配置,共 6 套分拣机。分拣机用于处理来国内、国际离港值机岛、中转线、早到存储系统的行李。S1/S2 分拣机、S2/S3 分拣机之间均配置联络线。分拣机均配置早到行李储存系统。S1/S2 分拣机各有两个出口作为预留接口,为未来通往卫星厅的出口。分拣机可以将行李分拣到离港转盘、离港装卸输送机、人工编码站和弃包转盘。在采用自动分拣方式的情况下,行李主要由 ATR 自动识别,ATR 无法识别的行李由人工编码站识别。

5)绿色可持续发展初步设计

大兴机场航站区的设计与建设充分体现了绿色可持续发展的理念,实现“绿色机场样板”被视为打造“样板工程”的重要内容。首都机场集团共制订了 54 项绿色设计和建设指标,在环境质量标准、初期建设投资、运行使用成本和建筑节能减排等方面采取了一系列措施并取得了丰硕的成果。

(1)规划设计绿色技术措施

① 植被恢复和绿化措施。表土剥离和保存是生态恢复的关键,机场所占区域以农田为主,施工前先剥离和保存好上层表土资源,单独剥离,单独贮存,待进行生态恢复时使用。剥离的表土临时堆置于临时堆土场,外侧边坡采取临时挡护,其他裸露面采用覆盖措施。

② 水系保护措施。在河流改道方面,补偿对原有河流的破坏;在地下水保护方面,污染区采用防渗措施以减少污水对地下水源的破坏;在非污染区提高绿化面积,增加雨水的下渗,并对地下水源水质进行监测。

③ 水土保持措施。在施工期间,采取表土剥离、临时拦挡、土地整治、洒水处理、植被恢复及绿化等水保措施,防止水土流失。机场建成后,对于开挖和填筑边坡,完善相关排水设施,减小边坡的水土流失。此外,工程建成后,积极开展景观绿化,减轻场内空隙地可能产生的水土流失。

(2)建筑设计绿色技术措施

① 节材设计。航站楼出发大厅、到达大厅等空间,均为大面积开敞空间,在理论上均可以属于可变换功能区域。航站楼的大部分办公室、商业等房间均采用玻璃隔断进行分隔。航站楼属于安全等级要求高,结构设计采用高强度钢架结构。外立面及内部空间隔断大量采用玻璃材质,项目的可再利用及可再循环材料比例达到

10%以上。

② 建筑通风。航站楼的外立面幕墙设置开启扇,开启比例达到5%,可充分利用北京过渡季适宜自然通风的特点,减少空调运行时间。屋顶的天窗设置开启扇,与外立面幕墙开启扇形成呼应,构建稳定的热压通风气流组织。航站楼在室内平面布局上,多处布置了中庭,依靠建筑外立面开启扇及屋顶侧窗和天窗的开启扇,形成有效的热压通风效应,最终自然通风能力达5.35次/h。

③ 噪声控制。航站楼的客房部分严格按照《民用建筑隔声设计规范》(GB 50118—2010)中低限要求执行。室内噪声源主要为设备机房的噪声。在布局上,大量的设备机房都处于1层较远端的指廊处,对航站楼核心功能区域影响较小。

④ 自然采光。航站楼的采光采用侧窗采光与天窗采光结合的方式。航站楼的外立面窗墙比为0.69,可保证室内外区完全满足天然采光,而对于进深较大的地方,采用天窗采光解决。天窗位于每个指廊的中部及航站楼核心功能区的上部,可充分保障天然采光效果,航站楼68.8%的室内空间满足天然采光要求。地上一层的北侧靠近外立面处设置了7个较大的中庭,与地下一层的国内安检大厅相连通。依靠这7个中庭,有效解决地下一层国内安检大厅的天然采光。一层采光满足率为46.2%,二层采光满足率为57.8%,三层采光满足率为55.7%,四层采光满足率为75.1%,五层采光满足率为87.7%。

⑤ 便利性设计。项目提供了完善的无障碍设计,包括无障碍入口、无障碍通道、无障碍楼梯、无障碍电梯、无障碍厕所和无障碍停车位等。设备间大部分集中在1层,方便管理。管道井均设置在楼梯间与卫生间处,方便维修、更换,不对航站楼的正常使用造成影响。

(3) 结构设计绿色技术措施

航站区工程全部采用预拌混凝土和预拌砂浆。钢筋混凝土建筑中HRB400级及以上的钢筋使用比例达到100%,钢结构建筑中Q345及以上高强钢材用量占钢材总量的比例达到70%以上。目混凝土结构中高耐久性混凝土用量占混凝土总量的比例达到50%以上,钢结构中采用耐候结构钢或耐候型防腐涂料。

(4) 园林设计绿色技术措施

园林绿化设计充分采用复层绿化,即包含乔木、灌木、草本及地被、藤本植物等不同种类的植物,且所有植物均为能适应北京市气候和土壤条件的乡土植物,种植区域覆土深度和排水能力均能满足植物生长的需求。园林绿化设计可有效降低室外环境的"热岛效应",红线范围内的户外活动场地充分利用乔木、构筑物等措施进行遮荫,道路路面采用浅色设计元素,超过70%道路路面的太阳辐射反射系数不低于0.4。

室外绿化灌溉充分采用微喷灌、滴灌等高效节水措施,且绿化灌溉、道路浇洒、水体景观补水等水源全部采用机场污水处理厂所提供的"中水"。室外场地遵循"低影响开发"(LID)的设计策略,下凹式绿地、雨水花园等有调蓄雨水功能的绿地和水体的面积之和占绿地面积的比例达到30%以上;合理衔接和引导屋面雨水、道路雨水进入地面生态设施,并采取相应的径流污染控制措施;硬质铺装地面中透水铺装面积的比例达到50%以上。

(5) 给排水设计绿色技术措施

① 热水方案。航站楼内的餐厅、厨房、卫生间、淋浴间、VIP休息间和计时休息等用房提供生活热水,按照节能减排、绿色环保的原则,结合航站楼功能布局,热水供应系统分区域采用下列形式:航站楼供热中心提供高温水为一次热源,采用容积式水加热器间接加热生活热水;结合建筑屋面条件,分区域合理使用太阳能热水系统,系统形式为强制循环间接系统,辅助热源为机场供热中心提供的高温热水;候机指廊系统远端的生活热水采用分散的小型电热水器制取,以减小热水循环泵能耗。

② 直饮水方案。航站楼内部饮水点的设置分散且距离较远,采用分散设置带净水装置的直饮水设备。

③ 中水方案。航站楼及停车楼内部不设中水处理站,场区设集中处理设施处理后由场区中水供水管网直接供给航站楼及停车楼。中水主要用于空调冷却水补水、室内外绿化及停车楼车库地面冲洗等用途。中水供水由场区中水供水管网分别引入航站楼及停车楼,系统采用直供方式向各用水器具供水。冷却水回用水在冷却水处理机房处进行单独过滤、超滤等深度处理。

④ 雨水利用方案。屋面雨水采用压力流(虹吸式)雨水排水系统。雨水立管采用暗装,于地下一层顶板下引出室外,经消能井后部分排入室外雨水管网。收集部分屋面、飞行区雨水,处理后与中水一起回用。水质符合《城市污水再生利用 城市杂用水水质》(GB/T 18920—2020)中绿化灌溉用水水质要求。屋面、道路雨水采用调蓄排放系统加以控制与利用。收集屋面、飞行区雨水,收集雨水流入雨水收集池收集。雨水处理后与中水一起回用;机场区域设置大面积渗水砖,道路雨水尽量流向绿地和渗水砖。

⑤ 非传统用水利用方案。为节约水资源,实现污水资源化以及在航站楼内更有效地实施节约用水的措施,采用中水回用和雨水收集的措施。在机场污水处理厂内建中水处理设备,以污水处理厂出水作为中水原水,经中水处理设备深度处理,达到中水用水水质标准之后,通过加压泵将中水送到机场中水管网系统回用,从而减少自来水的用水量和处理后污水的外排量。同时收集部分屋面与飞行区的雨水,处理后与污水厂处理中水合并回用。非传统水源主要用于航站楼及停车楼冷却水补水、卫生间冲厕、室内外绿化及冲洗地面等。

（6）暖通设计绿色技术措施

① 本项目空调冷源来自停车楼制冷站提供的 4.5℃/13.5℃冷水,采用冰蓄冷的方式。选用 4 台双工况冷水机组,并配合 2 台基载冷水机组,主机与蓄冰设备串联,单循环系统。蓄冰设备为钢盘管,蓄冰方式为非完全冻结方式。冷水机组均采用环保制冷剂。空调和采暖热源来自机场区域的集中热力站。

② 为便于调控,降低输配能耗,共设置 9 个换热站,深入负荷中心。冷冻水采用二级泵直供系统;空调和采暖热水在换热站经板式换热器后供给室内末端。空调水泵和采暖水泵均采用变频装置。

③ 航站楼人员较多,负荷较大,风系统的能耗很大,空调机组的装机电量占冷机电量的 55%,且机组的全负荷运行时间比冷机的要大,所以降低风系统的能耗是降低空调系统能耗的一项重要措施。而降低风系统的能耗一是减少送风量,二是降低风机压头。减少风量的措施主要是加大送风温差,在保证室内舒适的情况下,尽可能加大送风温差;对服务区域距离机房较远的情况则可采用以水输送代替风输送,使机组尽量靠近服务区域。结合温湿度独立控制系统的思想及分析,适合大兴机场航站楼大空间的系统为新风机组 + 循环风机组;当该系统受到限制时,采用常规全空气系统;对局部位置负荷较大,环境不理想的状况,采用辐射系统。

（7）建筑电气设计绿色技术措施

① 节能、高效灯具使用率 100%,采用直管荧光灯、高功率因数及低谐波的紧凑型荧光灯、LED 等光源,采用低谐波、高功率因数的电子镇流器。公共空间设智能照明控制系统,以支路为基本的控制单元,实现全分布式集散控制,集中监控,分区控制,管理分级;可实现灯光的开关自动和手动控制、分散集中控制、远程控制、延时控制、定时控制、光线感测控制和红外线遥控。

② 电气专业规划变电室内所有低压出线均设置智能网络仪表可对所有出线回路进行计量,按配电干线变电室计量可实现分类计量,分类规格为:照明插座、空调、风机、水泵、电梯扶梯步道设备、400 Hz 设备和 PCA 设备。商业按照租户进行分户计量,海关、边检、卫检按使用单位计量。在变配电小间内设置计量仪表对照明插座实现分别计量。

③ 采用高效节能电梯,采取群控的控制方式,实现电梯高效节能运行。

（8）智能化设计绿色技术措施

① 智能信息系统集稳定、先进和实用为一体。它提供了一个信息共享的运营环境,使各弱电子系统均在机场运行信息系统统一的航班信息之下自动运作。同时,系统支持机场的运营模式,支持机场各生产运营部门在指挥中心的协调指挥下进行统一的调度管理,以实现最优化的生产运营和设备运行。系统不仅为航站楼安全高效的生产管理提供信息化、自动化手段,还为旅客、航空公司以及机场自身的业务管理提供及

时、准确、系统和完整的航班信息服务。系统设有通信接入系统、电话交换系统、信息网络系统、地面运行信息系统、综合布线系统、室内移动通信覆盖系统、离港系统、泊位引导系统、智能楼宇管理系统(建筑设备管理系统、智能照明系统、电力监控系统、电梯、扶梯及步道监控系统)、登机桥集中监控系统、公共广播系统、安检信息管理系统、有线电视系统、时钟系统、航班信息显示系统、会议系统、安全防范系统(CCTV、门禁、围界报警系统)、停车场管理系统、火灾自动报警及联动控制系统以及各弱电管理中心机房工程。

② 建筑设备监控系统(BAS)采用直接数字控制技术,对全楼的暖通空调系统、给排水系统、能源统计系统和照明系统进行监控;对电梯系统及供电系统进行监视。系统具备设备的手/自动状态监视、启停控制、运行状态显示、故障报警和温湿度监测、控制及实现相关的各种逻辑控制关系等功能。

5.3 施工阶段一体化措施

5.3.1 施工阶段一体化要点

施工阶段分为施工准备过程和施工实施过程。施工准备过程是从法规许可、技术、现场、物资、劳动力和管理方案等方面对施工进行策划与准备。业主方的施工管理不仅要重视施工实施过程的管理,还要重视施工准备过程的管理。

施工准备是指在施工正式开始之前,为保证施工正常进行而事先必须做好的各项工作,其根本任务是为正式施工创造必要的技术、物资、人力和组织等条件,以使得施工能够更好地进行。无论是整个建设工程项目,还是其中一个单位工程,甚至是分部、分项工程,都需要进行施工准备工作。施工准备的具体工作包括许可证办理、技术准备、现场准备、物资准备及组织准备等。

工程开工前,施工承包单位要进行施工组织设计编制。施工承包单位编制完成施工组织设计后,应由施工承包单位技术负责人审核并签字批准后,提交监理方、业主方审核。经监理方审核、业主方审批的施工组织设计文件方可执行。施工组织设计是用来指导施工项目全过程各项活动的技术、经济和组织的综合性文件,是施工技术与施工项目管理有机结合的产物,它是工程开工后施工活动能有序、高效、科学合理地进行的保证。

施工组织设计一般包括以下四项基本内容,一是施工方法与相应的技术组织措施,即施工方案;二是施工进度计划;三是施工现场平面布置;四是有关劳力、施工机具、建筑安装材料和施工用水、电、动力及运输、仓储设施等建设工程的需要量及其供应与解决方案。

施工进度管理措施主要包括组织措施、技术措施、合同措施和经济措施等。施工质量管理的过程主要包括施工准备阶段、施工阶段以及验收阶段的质量管理。相对应的,施工质量管理的措施主要包括事前控制措施(施工准备阶段的质量控制)、事中控制措施(施工实施阶段的质量控制)和事后控制措施(验收控制与事故处理)。施工阶段业主方的造价管理目标是对施工合同结算价格的控制,其目标是在保证进度和质量的前提下,采取相应管理措施,包括组织措施、经济措施、技术措施和合同措施把成本控制在计划范围内,并进一步寻求最大程度的成本节约。一方面,业主方作为建设单位,承担着安全施工、文明生产和环境保护的责任。另一方面,一旦工程施工出现安全生产事故或环境污染事故,必将对工程质量、进度和投资目标产生重大影响,这是与业主方的切身利益息息相关的。

5.3.2 北京大兴国际机场施工阶段一体化实践

作为大兴机场的业主单位,首都机场集团在项目实施全过程中始终把习近平总书记关于机场建设与运营的重要指示批示精神作为根本遵循和行动指南,将"四个工程"的建设标准与建设运营一体化的理念深入融合,以《首都机场集团公司建设运营一体化指导纲要》(以下简称"《纲要》")为具体指导,以提升旅客出行体验、提升建筑空间功能性、提高机场运行效率和提高设施设备使用价值为目标,实现机场建设与运营整体上的降本增效与可持续发展,推进机场建设和运营管理能力现代化。

作为施工管理部门,北京新机场建设指挥部工程部在指挥部成立之初便组建完成。按照民航局和首都机场集团要求,工程部采取社会招聘、内部招聘竞聘、挂职交流和陪伴运行等多种形式进行人员选拔,要求部门成员既要有丰富的建设经验,也要有一定的运营经历。工程部成立之初便注重加强内外部交流,在配合其他部门完成前期工作的同时也一直为"如何在施工过程中体现运营导向"这一建设难题寻找答案。2015 年 7 月,在《纲要》发布后,工程部组织了多次集中学习,并就"建设运营一体化"的指导思想、基本原则、目标、关键任务、工作策略和管理要求展开了热烈的讨论,在讨论中深化了对"建设运营一体化"的理论理解,并将《纲要》作为施工管理的指导文件之一。从 2014 年 12 月 26 日开工建设到 2019 年 9 月 25 日顺利投运,大兴机场始终以安全为底线,高度重视工程质量,加强全过程工程审计,全面实施总进度综合管控,积极促进建设运营团队融合,在机场建设全过程中落实绿色机场发展理念。

1)严守安全底线

安全是机场工程施工的底线,也是机场运行和可持续发展的基础。2017 年 2 月23 日,习近平总书记考察大兴机场时强调,北京新机场是首都的重大标志性工程,必须全力打造精品工程、样板工程、平安工程、廉洁工程。其中,精品工程突出品质,样板工程突出领先,平安工程突出根基,廉洁工程突出防控。在大兴机场建设与运营全生命周期中,首都机场集团始终把习近平总书记重要指示批示精神作为根本遵循和行动指南,把打造"四个工程"作为基本要求,将"安全"放在突出位置,以安全的工程建设为"建设运营一体化"提供前提保障。

平安工程突出安全第一,强调质量为本,立足于强化工程安全制度、施工现场管理、深化安全预案和措施,最终实现安全生产、文明施工、绿色施工。在深入理解"平安工程"科学内涵的基础上,首都机场集团明确提出打造"平安工程"的两个重要落实指标("两个工地"):①建设全国 AAA 级绿色安全文明标准化工地。在施工安全保障体系及组织机构、安全规章制度、安全培训教育、施工机械设备安全管理、施工安全防护和应急预案等多方面,始终坚持系统化、规范化、标准化的管理,构建安全文明施工管理长效机制,严格执行"自检、专检、互检"的检查制度,确保工程质量全过程受控。②建设北京市绿色安全样板工地。严格贯彻落实北京市关于创建绿色安全工地的相关要求,在施工现场的安全防护、料具管理、消防安全和扬尘治理等多方面,全面加强安全生产和绿色施工管理。

为了建成"两个工地",首都机场集团提出安全生产工作的"四个杜绝"原则:①杜绝因违章作业导致一般以上生产安全事故。坚决执行开工报告制度,加强资质审查、安全培训与考核,要求施工人员掌握并严格遵守安全作业规程,要求各总包单位设专职安全员,每天进行安全检查,组织开展安全督查等。②杜绝因人为责任引发一般以上火灾事故及环境污染事故。坚持日常的危害源辨识、隐患排查、风险识别与评估和隐患整改与复查等,从源头上预防火灾发生。③杜绝因管理责任发生一般以上工程质量事故。结合工程特点,制订各部门、各级的质量管理职责,明确各工序的责任人,做到横向到边、纵向到底、层层分解目标、层层落实责任,实行事事有人管、件件有目标、人人有责任的全员、全过程、全方位质量管理。④杜绝发生影响工程进度或造成较大舆论影响的群体性事件。建立健全群众利益诉求机制和查究督办制,完善动态预警和监控机制,坚持矛盾纠纷排查调处制度,协调解决好群众反映的实际问题,把群众性事件消除在萌芽状态。

以打造"平安工程"为基本要求,建成"两个工地"为具体指标,严守"四个杜绝"为实施原则,首都机场集团着力搭建安全管理体系,健全各项安全管理制度,建立专项安全监管体系,制订安全防范预案,全面做好专项安全保卫工作,做到规章制度完备,安全主体责任清晰,时刻保持安全警惕,营造浓厚的安全文化氛围。

(1)着力构建安全管理体系

① 全面强化安全隐患零容忍理念。坚持不懈、始终如一地在广大建设者中强化安全是生命线、安全隐患零容忍理念的思想教育,要求全体建设者在任何时候、任何情况下对安全都不能麻痹大意。始终把他人事故当成自己的教训,把小隐患当大事件,把安全责任落实到岗位、落实到人头,确保大兴机场建设安全平稳可控。

② 全面施行安全生产管理体系。编制印发《北京新机场安全生产管理手册》,推进实现工程建设安全生产管理全面标准化、规范化。完善安全管理组织架构。依规成立北京新机场建设指挥部安全委员会,形成以指挥部为主导,涵盖五方责任主体的全方位安全管理网络。建立健全安全生产责任制。制订并严格执行层层签订安全责任书实施细则,在全场范围内全面压实安全生产责任。

③ 打造安全管理平台。以大兴机场安全保卫委员会为平台,定期召开例会,传达指示精神,通报安全形势,部署重点工作,对场内所有参建单位进行安全管理。

④ 完善安全管理制度。联合首都机场公安局制定下发《北京大兴国际机场安全管理规定》,内容涵盖内保工作、单位备案、施工人员管理、施工车辆管理、危险物品管理、大型活动管理、保安服务管理及群体事件处置等安全保卫工作,明确了各建设工程单位安全保卫工作的标准和要求。

⑤ 实施积分考核管理。制订实施《北京大兴国际机场建设安全保卫积分管理考核办法》,设置了积分等级及相应的管理处罚措施,积分考核结果作为组织实施评先评优、表彰奖励活动的重要依据。

⑥ 大力开展安全生产风险管控。通过风险识别与风险分级,明确每季度各工程区域主要风险与级别,并针对较大及以上的风险制订并落实管控措施。

(2)建立健全安全生产管理机制

① 每月开展工程安全质量工作月度讲评会。坚持第一时间发现问题,第一时间解决问题,最大程度分享经验、最广泛汲取教训,最大程度共同提升。

② 每月对北京新机场建设指挥部各工程部、施工方、监理方开展有针对性和实效性的培训教育与应急演练。

③ 以季度为周期,"全覆盖"与"抓重点"有机统一,配备专家开展安全检查工作,督促参建单位实现隐患排查治理闭环管理。

④ 每季度进行安全生产绩效考核得分评比,并对结果进行通报,督促考核排名落后的项目并及时采取措施,提升安全管控效果。

⑤ 每月进行安全生产信息统计分析,重要信息形成安全生产月报。

(3)全面做好专项安全保卫工作

① 圆满完成重大活动安保及要人警卫任务。圆满完成各级各类重大活动的安全保障工作,实现了安全保障零差错,受到各级领导好评,为平安工程添彩。

② 重点突出消防安全监管。实行网格化管理,确保责任到人,监管全面到位;组织开展消防安全责任制实施办法专题培训,加大消防安全监督检查力度;落实场内的灭火应急救援相关工作,提升消防应急处置能力;在航站楼核心区设立消防监督巡逻和应急处置驻勤岗,实现安全监管与施工作业无缝对接;推进微型消防站和志愿消防队伍建设,加强消防安全教育培训、宣传和演练工作。加大对违规动火作业、违法吸烟

等突出消防违法行为的打击处理力度。

③ 强化防汛安全。每年 3 月中下旬启动防汛工作,细化工作方案和应急预案,发布《北京大兴国际机场防汛手册》,组织参建单位开展自检互查,开展全面联合检查,组织临时用电安全、排水设施、防雷电装置与堆土场防汛专项检查整治。

④ 加强流动人口信息化管理。依托信息化管理系统,集中对违法犯罪高危群体比对筛查,切实做到施工人员管理"底数清、情况明"。

⑤ 持续强化治安秩序管控。积极与属地相关部门协调对接,组织开展治安环境秩序清理整治专项行动;做好矛盾纠纷"大排查大化解"专项工作,持续做好劳务纠纷、薪资纠纷引发的各类矛盾纠纷;严格督促现场各单位落实北京市"低慢小"特别管控措施;加强出入口证件管理,全力维护大兴机场建设治安秩序稳定。

⑥ 不断优化交通安全环境。坚持问题导向,精准发力,在高峰时段提前组织警力在堵点维持秩序、疏导交通。对场内道路交通形势进行分析研判,通过施划交通标识标线、安装交通隔离护栏等措施,最大限度地预防交通事故的发生;组织开展危险品运输车、渣土车、"僵尸车"等专项清理整治行动,综合采取约谈、通报、书面检查、积分考核多种手段强化管理,维护场内良好的交通秩序。

2)严控工程质量

高质量的工程建设是高水平运营的基础和保障。"四个工程"中的"精品工程"突出品质,要求将世界一流的先进建设技术和传统的工匠精神相结合,通过科学组织、精心设计、精细施工、群策群力,最终达到优良的内在品质和完美的使用功能相得益彰的高品质工程。首都机场集团将"品质一流"和"社会认可"作为"精品工程"的基本特征。"品质一流"指采用现行有效的规范、标准和工艺设计中更严的要求进行全过程工程建设,核心指标优于同类型建筑。"社会认可"指争创国家优质工程奖、科技进步奖、建筑工程鲁班奖和土木工程詹天佑奖等综合或单项奖项,获得第三方认可或社会广泛赞誉。在工程质量方面,首都机场集团委托第三方专业公司开展航站楼、飞行区、市政配套等工程的第三方试验及质量平行检测,确保质量管理与评价的公正、客观。在中国民航局的坚强领导和众多参建单位的不懈努力下,大兴机场"精品工程"建设取得了丰硕的成果和令人瞩目的成就。

(1)100%验收合格,100%绿色施工

工程项目一次验收合格率达到 100%。获得 60 余项国家级、省部级奖项。其中,航站楼、停车楼、信息中心及指挥中心等 7 个项目分别获得中国钢结构金奖、中国钢结构金奖年度工程杰出大奖、北京市建筑结构长城杯、北京市建筑(竣工)长城杯等奖项。工程质量达到国际先进水平。

大兴机场场区 100% 推行绿色文明施工,编制《北京新机场绿色施工指南》,并将相关要求分解到施工单位和监理单位。信息中心及指挥中心工程获得 2018 年绿色安

全工地;工作区工程房建项目施工一标段、二标段获得绿色安全样板工地;市政六标获得全国 AAA 级绿色安全文明标准化工地;市政多个标段获得北京市绿色安全样板工地。航站区工程各标段多次获得北京市绿色安全样板工地。航站楼获得绿色建筑三星级认证及节能建筑 3A 级认证。北京新机场旅客航站楼及停车楼工程已获得国家绿色建筑三星级设计标识认证及节能建筑 3A 级认证,国家证书编号 001,是国内第一家。

（2）以技术创新提升工程质量

为同时保证大兴机场建设过程的施工质量以及建成后的运营质量,北京新机场建设指挥部协同各参建单位充分挖掘项目创新机遇与潜力,发挥各自技术创新优势,在大兴机场项目群、子项目、单体建筑以及施工工艺等各个层次上取得数以千计的新工法、发明专利和实用新型技术专利等技术突破。

在项目投运后,大兴机场更是连续斩获国内以及国际顶级工程及运营大奖,充分展现了大兴机场建设过程中的技术创新对施工质量与运营质量的一体化提升。2020 年 12 月,大兴机场工程入选 2020—2021 年度第一批中国建设工程鲁班奖(国家优质工程);2022 年 11 月,北京大兴国际机场航站楼工程建造关键技术研究与应用被评为 2022 年度北京市科学技术进步奖特等奖;2023 年 9 月,大兴机场获得第十九届中国土木工程詹天佑奖;2023 年 12 月,北京大兴机场飞行区工程荣获国家优质工程金奖。此外,大兴机场连续三年蝉联获国际机场理事会(ACI)最佳机场奖,并荣膺亚太地区最令人愉悦机场、亚太地区员工最敬业机场、亚太地区最洁净机场等重要运营奖项。

3）全过程工程审计

建设过程的廉洁性对切实保障工程质量和运营质量至关重要。"廉洁工程"就是在工程建设的前期立项、招投标、施工阶段、现场监督和竣工结算等所有环节严格依照国家法律法规、基本建设程序运作,强化廉洁风险防控机制,有效避免腐败问题发生的建设过程。为贯彻落实党中央和民航局着力打造"廉洁工程"的要求,努力把"清正廉洁"的要求贯穿到大兴机场建设过程始终,经过深入研究和探索,首都机场集团于 2016 年正式形成了北京大兴国际机场"廉洁工程"建设的核心理念、关键目标、工作要求和实施路径。

核心理念为"一条主线":干干净净做工程,认认真真树丰碑。关键目标为"三项确保":确保不出现上级组织认定的重大违纪事件;确保不出现审计机关认定的重大审计问题;确保不出现监察机关查处的职务犯罪案件。工作要求为"四个必须":必须加强全员廉洁从业教育;必须持续强化制度刚性约束;必须保证程序的公开透明;必须落实监督检查到位。实施路径为"六大举措":落实领导责任、深入宣传教育、强化制度约束、狠抓廉洁防控、健全内外监督和严肃惩治措施。

根据首都机场集团党委《关于进一步深化打造北京新机场"廉洁工程"的实施意

见》要求,首都机场集团纪委于 2018 年制订了《深化打造"廉洁工程"实施意见的工作方案》,形成了涵盖工程建设、职能保障、运营筹备三大板块、16 个业务模块及 116 项廉洁工程的具体工作措施。在工程建设板块,对照业务流程,总结提炼出 14 项通用工作措施和 27 项特色工作措施,形成了普遍性与特殊性相结合的措施体系。在职能保障板块,密切围绕人员、资金、项目审批等重点领域和关键环节,从规划设计、招标合同、财务人力、行政保障、安全质量和党群纪检等 10 大业务出发,形成 65 项具体工作措施。在运营筹备板块,北京新机场建设指挥部党委明确 16 名牵头负责同志同步承担"廉洁工程"建设责任,切实将廉洁工程建设与运营筹备工作同部署、同落实、同检查、同考核,坚决杜绝出现"廉洁工程"建设真空地带。

(1) 强化组织保证

2015 年,首都机场集团出台了《北京新机场建设工程全过程跟踪审计工作方案》,通过招投标选定了两家审计中介,成立了跟踪审计组,全面开展北京大兴国际机场跟踪审计工作。2016 年 2 月,北京新机场建设指挥部配备了专职纪委书记,成立了指挥部纪委;2018 年 7 月,管理中心成立了纪委。2018 年,指挥部和管理中心各党支部均配备了兼职纪检委员,明确了基层纪检委员工作职责,确保每个党支部有 1 名兼职纪检委员负责基层党内监督,落地基层纪检工作。根据面临的内外部党风廉政建设形势和"廉洁工程"建设需要,持续增加审计监察力量。为建设廉洁工程搭建了一张能力较强的组织保障网络。

(2) 健全工作机制

纪检监察方面,2016 年建立了党风建设和反腐倡廉建设联席会机制,组织召开 6 次联席会。2018 年建立了纪委会商机制,坚持季度召开纪委会商会议,分析研判党风廉政建设形势,组织召开 4 次纪委会商会。建立内部"日常廉洁谈话工作机制"和"四必谈"工作机制,通过廉洁提醒谈话、有针对性的"靶向约谈",督促党员管理人员强化廉洁自律意识,加强对关键岗位人员的监督。与大兴区人民检察院建立了以服务大兴机场工程项目为核心的共建机制,明确了廉洁工程共建的指导思想和工作目标及主要内容。与参建单位建立"廉洁文化共建"机制,搭建"廉洁文化共建"微信平台,畅通共建沟通渠道。

审计监察方面,搭建审计信息平台,集中管理审计过程中形成的大量电子版资料,包括原始文件、管理文档、工作底稿及成果文档等。建立内部沟通机制,充分利用审计信息平台及 OA 系统,完善审计小组和北京新机场建设指挥部各部门之间、跟踪审计中介之间和跟踪审计小组内部之间的内部沟通机制、审计信息传递和反馈机制。建立定期座谈机制,重点围绕跟踪审计工作计划、国家审计重点关注、目前跟踪审计工作的重点和难点以及亟需解决的问题等交换意见。建立节日等重要节点交流机制,强化监督执纪者廉洁从业意识,防止"灯下黑"。

（3）加强制度建设

① 持续完善制度建设。制订了《党风建设和反腐倡廉建设责任制实施办法》《廉洁自律若干规定》等8项纪检制度，《全过程跟踪审计实施办法》《内部审计管理规定》等2项审计制度。

② 开展内部制度审计。联合跟踪审计组重点围绕财务管理制度体系建立健全情况、财务核算明细科目设置情况等开展北京新机场建设指挥部内部管理情况审计，进一步规范内部管理。

（4）强化风险管控

① 发布了《北京新机场建设指挥部廉洁风险防控手册》。形成了风险点及主要内容、防控措施三方面廉洁风险管理成果，强化宣贯培训，严格岗位廉洁风险防控措施执行。

② 出台通俗管用的行为规范。针对北京新机场建设指挥部员工在参建单位食堂就餐行为和与潜在供应商开展业务交流，制订了"三不一必须"[1]和"五不得"[2]行为规范和注意事项，增强了员工的自我保护意识，有效降低了廉洁风险。

（5）深化思想教育

① 推进日常廉洁教育。在党委中心组学习、纪委会、支部学习中增加廉洁教育案例、上级廉洁工作讲话精神等内容；利用内部OA"廉政建设"专栏和《学习参考》发布廉政建设重要文件和警示教育案例31期；定期向各党支部配发廉洁教育学习资料。

② 做好专项廉洁教育。开展纪委书记为一线工程建设者讲授廉洁主题党课1次；邀请最高人民检察院反贪污贿赂总局、原北京市大兴区人民检察院职务犯罪预防处等单位专家，组织开展职务犯罪预防专题讲座3次。

③ 开展现场警示教育。组织4次党员骨干赴北京市全面从严治党警示教育基地、反腐倡廉教育基地开展现场警示教育。

④ 推动廉洁文化共建。与参建单位共同打造"廉洁文化共建"微信平台；与参建单位联合举办"廉洁工程"座谈会3次，分享打造"廉洁工程"举措和经验；与跟踪审计组工作人员开展廉洁交流12次。

（6）强化跟踪审计

① 持续跟踪监督、节约工程造价。配合首都机场集团跟踪审计组持续开展全过程跟踪审计工作，定期出具阶段性审计报告，及时出具咨询报告、专项审计报告、工程结算审核报告等。截至2018年12月31日，跟踪审计单位共完成了540份招标文件、

---

[1]　"三不一必须"是指"不进包间；不许喝酒；不能聚众；必须依规结算"。

[2]　"五不得"是指"不得单独跟潜在供应商交流业务；不得在工作场所之外与潜在供应商交流业务；不得由潜在供应商支付考察交流费用；不得泄露指挥部机密或交流敏感事项；不得在外部公开场合对潜在供应商的企业、产品和服务作出倾向性评价"。

551 份合同及 1 164 份付款文件的审核,对文件合法合规性进行把关。

② 及时查错防弊、防范风险。监督和促进北京新机场建设指挥部及相关单位严格执行国家、地方相关法律、法规及首都机场集团有关规章制度的规定,及时查错防弊、防范风险,将问题解决在萌芽状态甚至全力杜绝,助力打造廉洁工程。

4)进度计划一体化

大兴机场建设及运营筹备工作首次全面应用建设运营一体化理念,实施科学的总进度综合管控。

2018 年 4 月 30 日,民航局引入同济大学工程项目管理专业团队协助开展总进度综合管控工作。2018 年 5 月与 6 月,进度管控课题组相继进行了 19 场访谈,涉及民航内部的机场、东航、南航、空管和航油各建设指挥部,北京市、河北省的水、电、气、轨道交通及高速等大市政配套,以及边检、海关、武警等共 56 家单位,既包括建设主体,也包括运营主体。访谈期间,进度管控课题组在充分挖掘各单位建设和运营需求的基础上,针对不同单位计划编制现状,共提出 324 条点评及建议,协助指导各单位的进度计划编制工作,促进各单位将建设任务与运筹任务更好地融合。2018 年 7 月 6 日,民航局在大兴机场航站楼施工现场组织召开大兴机场建设与运营筹备攻坚动员会,确定 2019 年 6 月 30 日竣工、9 月 30 日前投入运营的进度目标。2018 年 8 月 10 日,民航局北京新机场建设及运营筹备领导小组办公室正式发布《北京新机场工程建设与运营筹备总进度综合管控计划》(以下简称《综合管控计划》)。

在《综合管控计划》中,进度管控课题组首先对建设与运营的关系、建设与运筹的关系做了科学阐述。课题组认为,机场建设是机场运营的前提,机场运营是机场建设的目的。机场建设的最终产品是用来运营的,运营需求是机场建设的依据,机场工程的建设必须满足机场运营的功能要求、流程要求和使用要求等。从机场工程建设初始,机场所有运营相关单位,包括机场运营管理单位和部门、基地航空公司等应提前介入并提出运营和使用需求及要求,全过程参与机场建设并主导其中部分工作。

机场建设与机场运筹互相关联相互作用,机场运营筹备工作融合于机场工程建设全过程。机场运营筹备,可以为机场建设全过程提供并完善运营需求;机场工程建设,可以逐步为机场运营筹备工作提供实物环境和条件。如图 5.9 所示,在机场工程建设前期,总体上建设任务量大于运营准备任务量,但至初步设计完成前的运营筹备工作极为重要且任务量巨大,此阶段的运营筹备工作主要是运营和使用要求等的需求分析与规划设计的融合。随着工程建设的推进,机场运营筹备任务量不断增大,而机场建设任务量逐步减少,直至工程建设完成投入使用,进入机场运营期。在机场运营初期,工程建设的整改工作一般还要延续一段时间,且各类工程、设备设施与系统等处在质保期,还有一定的建设任务量,随后逐渐减少至工程建设全部完成。

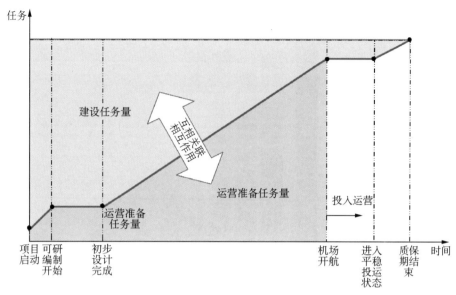

图 5.9　机场工程建设与运营的关系

机场工程总进度综合管控应全面贯彻建设运营一体化理念,尤其是落实在总进度计划的编制中(建设与运筹为同一计划时间表,如图 5.10 所示),通过系统集成机场建设全过程的工程建设活动和运营筹备活动,高质量开展总进度综合管控工作,实现机场建设与运营筹备工作的整体优化。

《综合管控计划》明确了大兴机场建设与运筹所有工作的"路线图、时间表、任务书、责任单",在组织上覆盖 24 个投资主体,在工程项目上包括主体工程、民航配套工程、外围市政配套工程在内的 45 个工程项目集群,在进度节点上共梳理出关键节点 374 个、关键线路 16 条,将"责任主体—工程任务—计划节点"一一对应,为领导层提供决策依据,为管理层提供工作"抓手",为实施层确定工作标准。在《综合管控计划》执行阶段,首都机场集团在民航局的领导下利用信息化管控平台,实现前期手续办理、工程建设、验收移交和运营筹备全阶段管控;成立管控专班,对后续工作全程跟踪,定期开展联合巡查。克服了传统建设与运营脱节的问题,打造超越组织边界的管理平台,实现了不同工作计划之间的无缝衔接、压茬推进,使各界面的任务有机结合、高效协同,以运营为导向,形成管控月报和月中预警报告 21 份,提醒及预警重要风险事项 159 项次,节省总体工期约 51 天,确保机场按期顺利建成投运。

在成功完成大兴机场总进度综合管控后,民航局于 2020 年 9 月 25 日发布《民用机场工程建设与运营筹备总进度综合管控指南》(MH/T 5046—2020),本指南是在大兴机场建设及运营筹备工作首次全面应用建设运营一体化理念、系统运用总进度综合管控方法的实践基础上编制的,其对推动民用机场建设运营一体化进程,进一步规范和引导机场工程总进度综合管控活动,保障机场工程总进度目标的顺利实现,具有重要意义。

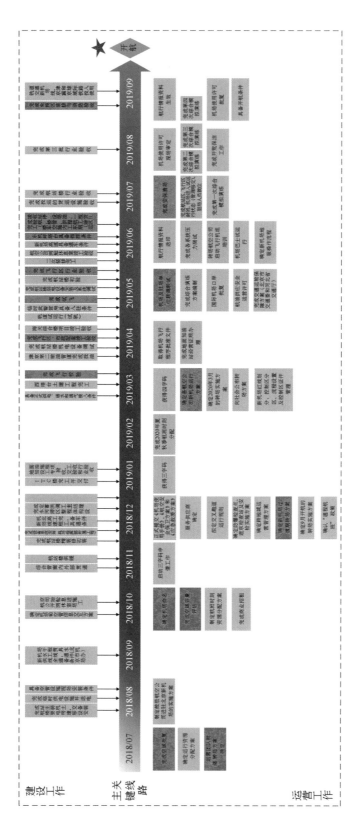

图 5.10　北京大兴国际机场总进度计划主关键线路

5）施工、设计、运营三方协同

施工、设计和运营的三方协同,尤其是施工方从运营角度为设计方提供反馈是施工阶段一体化措施的重要体现。本小节通过航站楼红线门改造、停车楼顶层外贴石材等具体事例生动阐述施工方积极主动践行建设运营一体化理念的过程。

（1）停车楼顶层外贴石材。在根据设计图纸进行公共区停车楼屋顶绿化施工时,管理人员发现屋顶的防水外露直接暴露于空气中,防水材料在后期可能会因暴晒发生老化,影响防水效果,时间一长很容易出现渗漏,严重影响旅客的出行体验,甚至会引来旅客的投诉。后期修复防水工程不仅代价大、程序复杂,技术难度高,而且会影响停车楼的日常运营。相关单位在发现此问题后立即与设计单位沟通,并根据以往的施工经验提出"在防水层外加贴石材"的方案,经设计单位研究,此方案经济性较好,而且有利于施工,能较好地解决雨水渗漏的隐患。

（2）航站区绿化工程一标段增加钢梯。在大兴机场航站区绿化工程一标段原设计中,需要借用综合楼工程的连桥上到东、西停车楼楼顶。后因综合楼、酒店项目经营权交由润航公司,管理方式发生了变化,长期借用连桥到东、西停车楼楼顶的方式已经不可行。考虑到运营期相关工作人员到东、西停车楼楼顶进行绿化养护、太阳能维护等的需要,相关单位与设计单位联系沟通后向对方提出需求:"现需在东、西停车楼二层各找一处位置架设钢梯上至楼顶。请设计师对钢梯的工艺处理、安全管理等进行详细设计,加以明确说明。"

（3）航站楼三层随身行李安检系统机房区域配线管路优化。2018 年 12 月 25 日,相关单位在模拟航站楼三层随身行李安检系统机房区域配线管路运行后,结合实际的运营场景,发现目前的功能房间平面布置不仅会增加将来的运营成本,而且会影响机场的运行效率。相关单位与设计单位进行了现场对接,在进行深入讨论后,设计单位采纳了意见和建议,针对三层随身行李安检系统机房及其周边功能房间平面布置做相应修改,并相应调整此区域内消火栓位置以及安装方式。①在原工字形集中判读室内增加砌筑隔墙和防火门,将房间分为集中判读室和安检设备系统机房 2 个房间。将集中判读室北侧墙体向北平移,扩大集中判读室面积,减少公共区走廊宽度。相应调整外墙周边消火栓位置以及判读室东西两侧 ATM、VM 以及自助饮料机的位置。考虑CT 机的运输和检修方便,集中判读室外东西两侧走廊处增加防火卷帘。②明确安检系统设备机房装饰做法,地面为防静电架空地板（LM09-1）;墙面为微孔铝板墙面（QM08）,铝板顶部距完成面 4.5 m,其余白色涂料刷白;顶棚白色涂料涂白,不做吊顶。

第6章
运营筹备阶段一体化措施

民用机场工程的运营筹备工作是指,在机场工程运营阶段工作尚未开始之前,为了保障未来各项运营工作顺利开展,专门针对机场投运工作而提前开展的各项筹备工作。民用机场工程的运营筹备阶段就是从机场建设阶段到运营阶段的过渡,建设与运筹相互关联、相互作用,运营筹备工作融合于机场工程建设全过程,以运营为导向开展机场建设工作,在建设运营一体化过程中起着重要作用。

6.1 运营筹备阶段的特点

6.1.1 本书对运营筹备阶段的界定

民用机场工程的运营筹备是在项目正式投入运营前,为确保机场顺利运营而开展的各项筹划与准备工作。大兴机场运营筹备工作主要包括运营管理组织筹备、运营管理方案编制、人员招募业务培训、工程调试验收参与、压力测试模拟演练和机场运营证照办理等。大兴机场的运营筹备工作以首都机场集团设立大兴机场运营筹备办公室与北京新机场建设指挥部实行"两块牌子,人才双跨"为起点,构建并不断完善运营筹备组织结构以及运营筹备一体化人才储备库。该阶段为大兴机场运营筹备准备阶段,总体上建设任务量大于运营准备任务量,此阶段的运营筹备工作主要是运营和使用要求等的需求分析与规划设计的融合[1]。

2016年10月至2018年3月,大兴机场运营筹备启动工作全面开展,期间民航局成立"民航北京新机场建设及运营筹备领导小组",全面负责组织、协调地方政府、相关部委以及民航局机关各部门及局属相关单位,标志着大兴机场运营筹备工作进入全力推进阶段。这一阶段机场运营筹备任务量逐渐提升,机场的建设工作与运营筹备工作

---

[1] 中国民用航空局.民航机场建设与运营筹备总进度综合管控指南[R].2020.

交互进行。以运营为导向,机场建设与运营筹备相融合。在建设过程中全力满足运行需求,在优化运行过程中持续改进建设方案,从而实现大兴机场建设与运营筹备工作的整体优化。

2019 年 6 月 30 日,大兴机场工程完成竣工验收后,建设工作逐渐减少,整体工作重心逐步由工程建设向全面运营筹备转变、地面建设向空中资源管理等转变。这一阶段以运营为主,建设为辅。工程建设集中转入各类工程的收边收口、各类设备设施及信息系统的联调联试、各类工程的竣工验收、民航专业工程的竣工验收及民航行业验收等。运营筹备转入各类工程接收、综合演练、运营全面检验和启用许可办理等工作。

6.1.2 运营筹备阶段的工作重点

2018 年 4 月,大兴机场建设工作进入全面冲刺阶段。为确保大兴机场高质量、高标准地按时建成并顺利开航投运,同济大学进度课题组受民航领导小组委托,以机场运营为导向,对大兴机场建设与运营筹备工作总进度加以管控。让机场工程建设逐步为机场运营筹备工作提供实物环境和条件,同时机场的运营筹备工作更好地为机场建设全过程提供并完善运营需求。运营筹备阶段的重点工作主要包括运营筹备一体化顶层设计、一体化人员培养及储备、运营筹备进度计划编制。

1) 运营筹备一体化顶层设计

2017 年 1 月 6 日,北京新机场建设指挥部从航站区工程部、飞行区工程部、党群工作部与人力资源部选调了 40 名成员成立二级部门运营筹备部,开展大兴机场运营筹备工作。为了更好地应对运营筹备工作,2017 年 6 月,北京新机场建设指挥部在第一批选调 40 名人员的基础上,正式组建运营筹备部,专职开展运营筹备工作。2017 年 8 月 8 日民航局召开北京新机场运营筹备工作会,会议强调,要高度重视大兴机场运营筹备工作。时任民航局副局长董志毅指出,大兴机场运营筹备在确保安全质量的前提下,严格按照既定时限推进,并且只能提前不能延后;同时着重强调了员工储备和培训工作,指出其对大兴机场运营筹备的重要意义。

(1) 民航北京新机场建设及运营筹备领导小组

2018 年 3 月 13 日,民航局在原"民航北京新机场建设领导小组"基础上成立"民航北京新机场建设及运营筹备领导小组",后调整为"民航北京大兴国际机场建设及运营筹备领导小组",由时任民航局局长冯正霖担任组长,下设飞行安全、空管运输、综合协调和空防安全四个工作组,分别由四位副局长担任组长,全面负责组织统筹大兴机场建设运营筹备各项工作。四个工作组工作职责分别为:飞行安全工作组主要负责协调大兴机场飞行安全、飞行程序、运行标准和油料审定等相关工作;空管运输工作组,主要负责协调大兴机场资金资产、应急救援、航权航线、空域规划和空管保障等相关工作;空防安全工作组,主要负责协调大兴机场政策体制、人事科教、国际合作和外事及空防安全等相关工作;综合协调工作组,主要负责协调大兴机场项目投资、工程建设和运营筹备,组织行业验收与使用许可审查、新闻宣传、廉政建设等相关工作。

民航领导小组全面负责组织、协调地方政府相关部委以及民航局机关各部门及局属相关单位。其成立标志着大兴机场运营筹备工作进入全力推进阶段。

（2）首都机场集团与民航领导小组对接工作

为了做好运营筹备工作,首都机场集团各部门成立了相关的对接工作组,各对接工作组按照工作职责,抓紧对接民航领导小组各工作组,推进各项工作的进行。各对接工作组向民航局相关工作组主动汇报、主动沟通。时任民航局局长冯正霖要求大兴机场建设及运营筹备工作务必要抓紧、抓实。各相关职能部门及单位根据指示,有序推动大兴机场各项工作。

2）人才培养及储备机制

2017 年,北京新机场建设指挥部在选调 40 名成员组建运营筹备部后,通过报名、推荐等方式,面向社会、高校,选拔了一批相关专业且有意愿的人士参与大兴机场运营筹备一体化工作。同时在组织内部,通过选调、竞聘的方式,为大兴机场的运营筹备一体化工作扩充人才,建立了 800 人的人才库。2017 年、2018 年,首都机场集团再次通过招聘、选调等方式,从社会、集团内部分别补充了 5 批成员,完善了以 200 名成员为骨干的 1 600 人人才库。

2018 年,为提高大兴机场整体人员的运行管理经验,给后续阶段打下良好基础。首都机场集团组织人员赴香港和新加坡接受培训,充分吸收两个机场先进的安全运行管理实践、人文机场管理理念、服务意识和举措。同时与天津机场、黑龙江机场集团相互交流,部门内、模块内部在培训后,建立了科学的知识经验共享平台,集合不同部门、不同业务领域的智慧,群策群力,使培训人员进一步吸取先进的经验。

为了扎实推进大兴机场运营筹备一体化工作,大兴机场特成立复合人才库。大兴机场联合北京新机场建设指挥部扎实做好人才培训项目的论证、设计和组织实施工作。同时,指挥部联合各单位组织开展国际项目管理专业资质认证培训,加强项目管理专业人才队伍建设。指挥部、大兴机场联合开展调研,面向相关单位,了解人才培训、人员轮岗交流、参加技术创新项目及课题研究的需求,为后续人才项目实施提供科学依据。

3）运营筹备进度计划

（1）运营筹备进度计划的特征

机场运营筹备进度计划主要围绕机场的运营,对运营筹备工作整体的实施过程作出时间安排,涵盖影响机场正式投入运营的所有运营筹备工作和任务。

大兴机场运营筹备进度计划以建设进度计划为基础和依据,落实建设运营一体化理念,将机场运营筹备活动融合于工程建设活动,实现机场建设与运营筹备过程的系统集成和整体优化[1]。运营筹备进度计划涵盖了从大兴机场建设之初到实现总进度目标的全过程,包括项目前期工作、规划设计工作、建设实施工作和验收移交工作等。运营筹备一体化工作量主要集中在工程建设实施阶段后期和验收移交阶段,与机场工程建设工作同步进行。

(2)运营筹备与建设进度计划的融合

机场工程建设进度计划是编制运营筹备进度计划的前提,大兴机场的运营筹备主要工作基于工程建设的进展而开展,其运营筹备工作的进度计划是根据机场工程建设总进度计划中对工程实物环境和条件等提供的时间安排进行编制的。

在大兴机场工程建设进度计划编制阶段,相关运营单位提前介入并提出了运营需求及筹备工作的相关要求,共同参与工程建设进度计划的编制。运营筹备工作与机场工程建设工作并行开展,统筹考虑运营筹备进度计划与工程建设进度计划的相互匹配、协调一致。

由于大兴机场运营的特殊性和复杂性,投入运营前的各项运营筹备工作至关重要,是大兴机场顺利投入运营的基本保证。在大兴机场工程建设期间,运营筹备工作同步开展,其运营筹备进度目标与工程建设进度目标一致,并且在大兴机场正式投入运营前全部完成,为机场正式投入运营提供了保障。

6.1.3 运营筹备阶段在全生命周期中的意义

大兴机场运营筹备是结合全生命周期集成管理理论,面对高度复杂的大型民用机场工程,切实将建设运营一体化理念运用到实践中,总结其中的经验对于我国大型民用机场的运营筹备一体化建设具有重要现实意义。

(1)从时间上看,大兴机场的运营筹备工作覆盖了整个建设期,建设主体以运营为导向不断优化主体建设,进而为运营提供更好的保障。

(2)从物理空间上看,大兴机场施工场地虽然为建设场地,但在工程尚未完工时,运营单位需与建设单位共同参与机场建设工作,例如每个月的巡查工作,需要由建设与运营两方单位共同进行。由运营单位根据机场投运需求,提出对建设工作的整改意见,保障了对问题的及时纠偏。

(3)从组织人员上看,在建设期成立了民航领导小组整体把控大兴机场运营筹备工作,运营筹备人员在建设期主动介入建设工作,以建设运营一体化的理念,在建设工作中提出优化或改进措施,保证了大兴机场建设期始终是以运营为目标。

(4)从项目目标上看,首先运营筹备和建设工作的时间目标上是一致的,均以2019年9月正式投运为最终时间节点。其次工作目标是一致的,建设与运营筹备

[1] 中国民用航空局.民航机场建设与运营筹备总进度综合管控指南[R].2020

工作均是为了保障机场的顺利投运运营。因此,大兴机场运营筹备与建设工作有高度一致的项目目标。

6.2 校飞工作的一体化措施

2018 年 7 月 20 日,为推进大兴机场运营筹备过渡相关工作,加快筹划、严密组织大兴机场相关飞行校验工作,确保大兴机场飞行程序、新建导航台投产开放和通信频率的及时批复,华北空管局组织召开了北京新机场飞行校验工作专题会议,北京新机场建设指挥部、飞行校验中心、华北空管局相关部门和空管建设指挥部相关领导及人员参加了会议。会议针对大兴机场飞行程序、航空情报资料上报与飞行校验工作的关系进行了讨论与梳理,对飞行校验工作的组织、方案制订和实施进行了讨论,具体就飞行程序设计、飞行校验工作组织实施、大兴机场飞行程序与导航设备飞行校验任务分工和大兴机场飞行校验工作协调机制进行了确定。

6.2.1 飞行程序设计

飞行程序设计批复是大兴机场启用的必要条件,与机场选址和建设同步进行,其主要内容包括了跑道构型和位置、空域规划方案等,因此需要由建设单位与运营单位共同参与,是和华北空管局共同负责的重要节点工作[1]。根据民航局《关于做好北京新机场飞行程序设计和审批工作的通知》要求,首都机场集团是飞行程序设计申报的主体责任单位,大兴机场飞行程序设计合同签订由首都机场集团和北京新机场建设指挥部共同完成。

1)飞行校验工作组织实施

大兴机场飞行校验工作意义重大,任务量大、涉及单位多、协调关系复杂,为有效推进、严密组织大兴机场飞行校验实施相关工作,由华北空管局、飞行校验中心和北京新机场建设指挥部三方联合成立北京新机场飞行校验工作领导小组和工作组,全面组织实施大兴机场飞行校验工作,涉及建设方面的事项由北京新机场建设指挥部负责沟通解决,有力推进了运营筹备一体化工作。

2)确定大兴机场飞行程序与导航设备飞行校验任务分工

相关单位讨论梳理了大兴机场飞行校验工作各个实施阶段的关键任务,明确北京新机场建设指挥部、飞行校验中心和华北空管局在大兴机场飞行校验工作中的责任和分工,制订任务分解表和时间管控计划。各单位按照大兴机场飞行校验任务分解表职责分工,细化制订本单位任务实施计划。与会单位就华北空管局飞行校验沟通会议内

---

[1] 民航华北空中交通管理局.北京新机场飞行校验工作专题会议纪要.2018

容及《新建机场飞行校验保障条件预审单》进行了充分商讨。

3）建立大兴机场飞行校验工作协调机制

为推进建立大兴机场飞行校验工作协调机制，由北京新机场飞行校验领导小组负责组织各相关单位定期召开飞行校验筹备工作会议，按照大兴机场飞行校验任务分解表和时间管控计划，推进大兴机场飞行校验筹备工作进度。

6.2.2　建设及运营单位协调一体化措施

为了进一步落实大兴机场飞行校验各项任务，大兴机场于 2018 年 10 月 31 日召开了投产飞行校验沟通会。会议由管理中心主持，中国民用航空飞行校验中心、华北空管局、中国民航机场建设集团规划设计总院相关人员参加会议。与会单位就华北空管局飞行校验沟通会议内容及《新建机场飞行校验保障条件预审单》进行了充分商讨。

在运营筹备方面，管理中心负责：①机场征地红线外障碍物的清理处置工作；②负责协调并确保投产飞行校验前，地面保障人员、车辆、设备等到位；③负责提供校验飞机临时停机位的机务保障设备和除冰车；④制订校飞期间跑道区域安全保护方案，采用安保人员现场值守的方式全面管控校验跑道区域；⑤明确校飞相关工程验收方案；⑥协同华北空管局、飞行校验中心共同研究每日仅对一条跑道校飞的方案。

在建设工作方面，北京新机场建设指挥部负责：①对大兴机场飞机跑道前的校飞条件进行确认，保证大兴机场西一跑道、西二跑道于 2019 年 1 月 20 日前具备校飞条件，东跑道、北跑道 2019 年 1 月 31 日前具备校飞条件。同时，协助空管指挥部于2018 年 11 月 15 日前实现西区空管台站供电，2018 年 11 月 30 日前实现东区空管台站供电。②规划设计部门负责委托北京市测绘院开展校验用数据的测绘工作，并负责将测绘数据汇总后提交华北空管局。

在校飞工作中，运营单位结合施工实际情况，研究每日仅对一条跑道校飞方案，而建设单位为确保校飞工作的顺利展开，必须按时保证相关跑道的校飞条件情况。建设与运营工作相互匹配推进，落实了飞行校验一体化工作。

6.3　设备验收一体化措施

在民航局的统筹领导下，各参建单位以总进度管控计划为统领，狠抓安全与质量，克服时间紧、任务重、交叉作业等重重困难，圆满完成了"6·30"主体工程竣工验收目标。在飞行区工程方面，竣工验收分批于 2019 年 6 月 28 日最终完成；在航站区工程方面，竣工验收于 6 月 30 日前完成。为确保竣工验收后顺利移交项目设备，大兴机场建立了建设与运营筹备一体化的验收组织，保障了工程项目的成功移交。

6.3.1　项目设备验收工作分工

为进一步做好大兴机场工程项目设备验收移交工作,确保设备交接规范有序,结合工作实际,大兴机场组建了财务资产组,进行设备验收移交。该财务资产组由首都机场集团下属的资产管理部门、财务管理部门、设备管理使用部门,北京新机场建设指挥部下属的各工程部门、场区管理部门、招采管理部门以及若干外部单位组成。其建设运营筹备一体化分工如表 6.1 所示。

表 6.1　北京大兴国际机场工程项目设备验收组织结构及职能表

运营单位	财务管理部门	负责设备验收总体协调工作
		1. 制订设备验收交接工作标准、工作流程等
		2. 审核设备验收移交计划并组织实施
		3. 审核设备验收问题整改资料
		4. 进行设备现场验收
	资产管理部门	北京大兴国际机场工程设备运营后资产归口管理部门
		1. 结合首都机场集团转场计划制订设备接收计划
		2. 审核设备台账的完整性和准确性
		3. 组织设备(含备品备件及专用工具)预检、验收交接,备品备件及专用工具等库存物资验收入库
		4. 牵头确认各区域或专业设备实物的使用管理部门
	设备管理使用部门	机场运营后设备使用管理部门,在验收移交过程中须全程参与
		1. 审核接收设备台账信息的准确性
		2. 设备实物验收、接收、保管等相关工作
建设单位	招采管理部门	1. 牵头完成设备验收移交前的准备工作,制订设备验收移交工作计划
		2. 梳理甲供设备合同清单、合同变更清单,复核甲供设备合同履约情况,提report甲供设备、备品备件及专用工具台账
		3. 组织设备移交前的竣前检查,参与现场验收工作
		4. 负责落实设备验收整改问题完成情况
		5. 负责对外协调供货厂商
	各工程部门	1. 负责编制设备安装完成计划
		2. 提报乙供设备台账、隐蔽设备确认单等验收资料
		3. 参与现场验收、办理设备移交
		4. 负责设备验收问题整改
		5. 负责对外协调施工总承包单位、安装单位等
	场区管理部门	1. 负责制订大兴机场共管期安保计划和方案
		2. 组织实施共管期安全保卫工作

6.3.2　设备纵向投运计划

设备纵向投运计划在设备验收移交过程中起着重要的引领作用,保障验收移交系统在设备验收移交过程中稳定协调配合,确保整个设备验收过程能够顺利进行。北京新机场建设指挥部,编制了设备纵向投运计划,包括飞行区灯光与供电工程设备安装与调试计划、航站楼安装调试培训计划、污水处理系统调试专项计划及行李系统设备安装与调试专项计划等。

设备纵向投运计划明确了各工程设备的系统组成及概况,一般工程设备的总包单位由建设单位负责,而接管单位是大兴机场运营部门。以飞行区机坪照明及机务用电工程为例,某建设公司为总包单位,负责设备的安装工程,在结束安装后,由大兴机场飞行区管理部进行接管并负责后续的设计及操作培训(表6.2)。设备纵向投运计划明确了建设单位与运营单位在设备安装与调试过程中的职能,是设备验收移交过程中建设运营一体化的重要工具。

6.3.3　设备验收移交过程管控

1)现场预检

由北京新机场建设指挥部招采管理部门根据设备安装完成计划编制财务资产组预检计划,在设备安装完成后2个工作日内,提出预检申请。

财务资产组组织北京新机场建设指挥部各工程部门、施工总承包单位、安装分包单位、监理单位和首都机场集团设备管理使用部门等共同开展设备现场预检工作,确认设备名称、编号、品牌、规格型号、数量和安装位置等信息与设备台账是否一致,设备外观是否完好无损,并根据验收情况,出具设备预检检查报告。如隐蔽类设备不具备现场查验条件,工程部门需提交隐蔽类设备确认单。

最后由北京新机场建设指挥部各工程部门组织对现场预检不符合项进行原因核查,并负责落实整改工作。各工程部门在接到预检情况报告后的15个工作日内,将差异情况及整改结果上报招采管理部门,招采管理部门视情更新设备台账。

2)设备验收移交

首都机场集团资产管理部门根据各航司转场计划制订设备验收移交计划及方案。根据设备验收移交计划,北京新机场建设指挥部招采管理部门提前组织指挥部各工程部门准备相关验收材料,并联系供货厂商及施工总承包单位提供相关材料,材料内容包括但不限于指挥部招采管理部门持有的验收材料,包括设备、备品备件及专用工具台账、合同、投标文件等。在提交验收申请前,指挥部招采管理部门组织核查合同明细清单与设备、备品备件及专用工具台账的一致性、供应商或施工总承包单位提供资料的完整性、合同约定内容完成情况以及待整改问题的处理情况等。施工单位及安装单

表6.2 飞行区灯光与供电工程设备安装与调试计划

序号	设备/系统名称	设备/系统组成	设备/系统概况	总包单位	安装单位	安装完成时间	调试完成时间	接管单位	培训时间	
									设计培训	操作培训
1	飞行区助航灯光工程	助航灯光系统,包括助航灯光、调光器、UPS、柴油发电机	助航灯具主要用于跑道、滑行道、机坪等区域的助航照明	四川某安装公司,北京某安	总包单位安装	2019.6	2019.6	北京大兴国际机场飞行区管理部	2019.6	2019.6
2	飞行区助航灯光监控系统	助航灯光监控系统2套	分为常规助航灯光监控以及单灯监控系统	某民航技术装备公司,沈阳某公司	总包单位安装	2019.6	2019.8	北京大兴国际机场飞行区管理部	2019.7	2019.8
3	飞行区机坪照明及机务用电工程	包括高杆灯,供电线缆等	高杆灯218套	某建设公司	总包单位安装	2019.6	2019.6	北京大兴国际机场飞行区管理部	2019.6	2019.6
4	飞行区供电工程	包括灯光站,开闭站和箱式变电站等高压设备	高压柜339套,电力监控系统1套	北京某公司	总包单位安装	2019.6	2019.6	北京大兴国际机场飞行区管理部	2019.6	2019.6

位提供的验收材料,包括施工及安装过程中的影像资料、隐蔽类设备确认单、合同变更等相关资料。

3）合同交底

北京新机场建设指挥部招采管理部门根据设备验收移交工作计划,组织合同交底会议,向设备管理使用部门提供合同、设备、备品备件及专用工具台账等。

4）设备验收移交

各供货厂商(或施工总承包单位)依据北京新机场建设指挥部的要求,提交按不同设备整理并分别打包的验收材料,包括但不限于:合同对应的完整供货清单;合格证明文件;设备维修保养手册;设备运行操作手册;设备紧急处理指南;质量保证书;待整改问题处理报告;商检、海关文件(或国外设备)等。

由北京新机场建设指挥部各工程部门、设备管理使用部门、施工总承包单位、安装分包单位及监理单位等召开设备验收移交会议并进行现场实物验收,逐项核对设备品牌、规格型号、数量和位置信息等,同时粘贴设备标签。设备验收合格且相关资料完整,各方办理设备交接,签署设备验收交接单。设备验收移交后,设备管理权移交首都机场集团设备管理使用部门。

北京新机场建设指挥部招采管理部门负责备品备件及专用工具实物移交,首都机场集团资产管理部门和财务管理部门共同参与清点实物,办理入库手续,粘贴库存物资标签,并根据物资仓位存储策略上架至对应仓位。指挥部各工程部门负责遗留项处理工作。对设备验收移交工作中产生的遗留项,工程部门组织施工总承包单位及相关遗留项负责人员进行处理,明确处理方法及完成时间节点,同时将遗留项处理情况上报指挥部招采管理部门。招采管理部门负责监督遗留项的处理完成情况。

6.4 行业验收与使用许可审查工作的一体化措施

大兴机场于 2019 年 6 月 30 日竣工,竣工验收是行业验收的前提,行业验收是使用许可审查的前提。竣工验收的组织主体是建设单位,行业验收和机场使用许可审查的主体是民航行政管理部门。机场民航专业工程行业验收作为对工程质量、建设规模、设施功能、投资完成及运行准备等进行的全面检查和综合评价的行政许可事项,是对大兴机场建设"精品、样板、平安、廉洁"四个工程的最终验收,是对机场投入运行前综合保障能力的总体把关,做好相关工作责任重大。

6.4.1 北京大兴国际机场民航专业工程行业验收和机场使用许可审查委员会的成立

2019 年 8 月,民航局成立北京大兴国际机场民航专业工程行业验收和机场使用许可审查委员会及其执行委员会(以下简称"委员会")。委员会下设大兴机场民航工程行业验收工作委员会(以下简称"行业验收工作委员会")和大兴机场使用许可审查工作委员会(以下简称"机场许可工作委员会")[1]。委员会主要职责为指导华北管理局编制行业验收和许可审查工作计划,组织审定行业验收和许可审查工作计划。负责组织行业验收和许可审查工作并出具行业验收和许可审查意见,最终颁发机场使用许可。对行业验收和许可审查中出现的重大困难和问题进行研究并解决。

执行委员会主要责任有:①督导各指挥部按时完成工程建设,达到验收标准;②督促各指挥部按计划完成竣工验收;③指导各指挥部和运营单位行业验收和许可审查准备,协调确定行业验收工作初验和许可审查终审计划;④负责行业验收初验和许可审查初审工作;⑤负责行业验收和许可申请资料的符合性审查;⑥组织华北管理局各处室及所辖监管局全面参与行业验收总验和许可审查终审工作;⑦负责行业验收总验和许可审查终审问题整改的复核;⑧及时发现、解决行业验收和许可审查中各种问题,重大问题及时报委员会;⑨完成委员会交办的其他工作。

行业验收工作委员会由民航局综合司、计划司、财务司、运输司、飞标司、适航司、机场司、空管办和公安局等司局和华北管理局相关单位和部门组成,下设飞行区场道工程、飞行区目视助航设施及供电工程、航站楼及货运站工艺流程、机场专用设备及民航专业弱电系统工程、公安消防安检工程、供油工程、空管工程、医疗救护、工程概算和工程档案 10 个专业组。

机场许可工作委员会由民航局航安办、运输司、飞标司、适航司、机场司、空管办和公安局等司局和华北管理局相关单位和部门组成,下设综合安全、飞行区安全、机坪安全、目视助航及供电设施、应急救援、航空安保、运输管理、空管管理和航油供应 9 个专业组。

委员会共分为四个工作组,分别为飞行安全工作组、空管运输工作组、空防安全工作组和综合协调工作组,具体如图 6.1 所示。

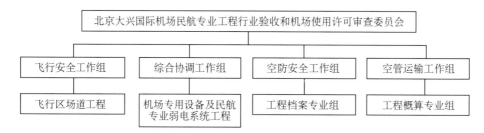

图 6.1　北京大兴国际机场民航专业工程行业验收和机场使用许可审查委员会组织结构

1) 飞行安全工作组

飞行安全工作组由行业验收组和许可审查组组成。行业验收组包括医疗救护专业组和目视助航设施及供电工程专业组,负责医疗救护、目视助航设施及供电工程行

---

[1]　中国民用航空局.北京大兴国际机场行业验收总验和许可审查终审工作方案[R].2019.

业验收总验工作;许可审查组包括综合安全专业组、应急救援专业组、目视助航设施及供电工程专业组,负责综合安全、应急救援、目视助航设施及供电设施许可审查终审工作。

飞行安全工作组组织结构如图6.2所示。

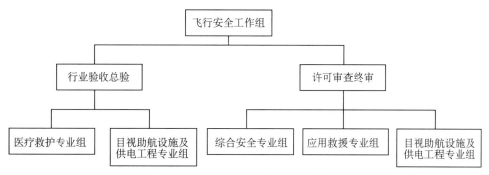

图6.2 飞行安全工作组组织结构

2)综合协调工作组

综合协调工作组由行业验收组和许可审查组组成。行业验收组包括飞行区场道工程专业组、机场专用设备及民航专业弱电系统工程专业组、工程概算专业组和工程档案专业,负责飞行区场道工程、机场专用设备及民航专业弱电系统工程、工程概算和工程档案行业验收总验工作;许可审查组包括飞行区安全专业组、机坪安全专业组,负责飞行区安全、机坪安全许可审查终审工作。

综合协调工作组主要结构如图6.3所示。

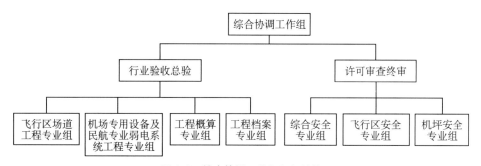

图6.3 综合协调工作组组织结构

3)空管运输工作组

空管运输工作组由行业验收组和许可审查组组成。行业验收组包括航站楼及货运站工艺流程专业组、空管工程专业组,负责航站楼及货运站工艺流程、空管工程行业验收总验工作;许可审查组包括运输管理专业组、空管管理专业组,负责运输管理、空管管理许可审查终审工作。

空管运输工作组组织结构如图6.4所示。

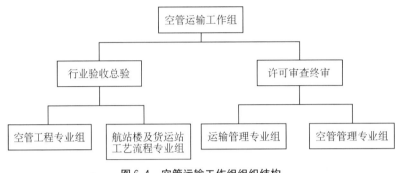

图6.4 空管运输工作组组织结构

4）空防安全工作组

空防安全工作组由行业验收组和许可审查组组成。行业验收组包括公安消防安检工程专业组、供油工程专业组,负责公安消防安检工程、供油工程行业验收总验工作;许可审查组包括航空安保专业组、供油供应专业组,负责航空安保、供油供应许可审查终审工作。

空防安全工作组组织结构如图6.5所示。

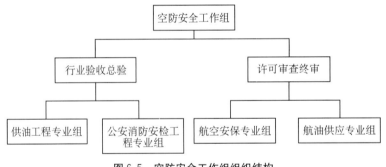

图6.5 空防安全工作组组织结构

6.4.2 行业验收总验和使用许可审查终审准备工作一体化

按照行业验收和使用许可相关规定,行业总验收的民航专业工程共计82个大项,其中,飞行区工程48项、航站楼旅客服务设施8项、弱电信息工程17项、机电设备7项和货运区系统工程2项;使用许可申报的材料共计10大类。

2019年6月底,大兴机场工程建设工作进入收尾阶段,已按照国家批复要求,完成了所有子项目的建设内容,基本实现了习近平总书记要求打造"精品工程、样板工程、平安工程、廉洁工程"的建设目标。通过逐项对照问题清单,全面落实整改责任,制订方案并限期整改,各项行业验收初验存在的问题已基本整改完毕。运营筹备方面,首都机场集团紧盯投运目标节点,同步推动相关工作。

为落实总进度综合管控计划的相关要求,平稳有序开展行业验收和使用许可审查工作,确保大兴机场"6·30"竣工、"9·30前"顺利投运的目标,民航局机场司于2019年6月24日召开大兴机场行业验收和使用许可审查工作协调会,由时任机场司司长刘春晨主持会议,综合司、计划司、财务司、运输司、飞标司、适航司和机场司等单位及相关处室负责人参与会议。此次会议,由机场司介绍了大兴机场工程建设进度、竣工验收进展情况,组织学习《关于成立北京大兴国际机场民航专业工程行业验收和机场使用许可审查执行委员会的通知》,以及竣工验收、行业验收和机场使用许可审查的工作内容和相互关系。

2019年8月6日,依据交通运输部《运输机场建设管理规定》《运输机场使用许可规定》,经报请民航领导小组第五次会议研究决定,于2019年8月27日至30日对大兴机场开展行业验收总验和许可审查终审工作。为保障总验终审工作有序高效开展,各建设运营单位密切配合,共同做好各项保障工作。在建设单位方面,由各建设单位通知相关设计、施工、监理及第三方检测等单位参加行业验收总验工作,并做好相关准备工作。在运营单位方面,由首都机场集团组织大兴机场运营单位做好许可审查终审的迎审准备工作。首都机场集团将发现风险点作为改进完善的契机,认真落实初验和初审意见整改工作,将必改项和建议项统一严肃认真对待,多次组织召开专题会议研究部署,逐一梳理分析原因,制订切实可行的整改措施和方案,并明确责任人和完成时限,落实推进建设运营一体化工作方式,确保在开航前全部完成行业验收。

6.4.3 行业验收总验和使用许可审查终审过程一体化

2019年8月27日,委员会办公室主任组织召开预备会议,各行业验收和许可审查组人员及迎审单位联系人参与。此次预备会议研究讨论并确定了行业验收总验和许可审查终审方案。时任民航局副局长董志毅提出行业验收总验和许可审查工作的相关要求。各专业组与被检查单位进行工作对接。

2019年8月28日主要召开了预备会议、电子检查单使用培训、总验及终审启动会、工作组部署会与专业组对接会。上午,首先由委员会办公室主任召开预备会议,执行委员会通报了初验、初审的情况,工作组副组长、专业组长、副组长以及各位迎检迎审单位领导及对接人共同讨论并通过行业验收总验和许可审查终审方案。预备会议结束后,委员会办公室相关负责人组织各专业组秘书对行业验收总验和许可审查终审中要使用的电子检查单进行了培训与答疑。下午由委员会常务副主任董志毅召开了总验、终审启动会,设计单位、场道施工单位、运营单位和监理单位等全体相关人员参与了会议,由首都机场集团、空管局、东航集团、南航集团以及中国航油汇报了大兴机场建设及运营情况。在最后的专业组对接会上,各专业组与建设和运营单位进行工作对接，确保运营筹备一体化的工作到位。

8月29日，专业组在现场按分工进行现场行业验收和许可审查工作，并形成专业组意见。8月30日，召开工作组会议，讨论并形成本组各专业组的总验、终审意见；召开委员会会议，工作组汇报本组总验终审意见，委员会办公室汇报总验、终审意见初稿，经过讨论确定通过总验、终审意见；最终由委员会常务副主任董志毅召开总验、终审通报会，委员会办公室主任通报行业验收总验和许可审查终审意见。

6.4.4　行业验收总验和使用许可审查终审整改工作一体化

在听取了建设单位、设计单位、施工单位、监理单位及质量监督等单位的汇报后，各专业验收组对北京大兴国机场民航专业工程中飞行区场道工程、飞行区目视助航设施及供电工程、航站楼及货运站工艺流程、机场专用设备及民航专业弱电系统工程、公安消防安检工程、机坪塔台工程、供油工程、空管工程（部分）、医疗救护设施、工程概算和工程档案等进行了行业验收总验工作，各专业验收组意见在经各工作组审核后，提交委员会讨论，最终形成了行业验收总验意见。

在听取了运营单位汇报后，各专业审查组对大兴机场综合安全、飞行区安全、机坪安全、目视助航及供电设施、应急救援、航空安保、运输管理、空管管理和航油供应进行了使用许可审查终审工作，各专业审查组意见在经各工作组审核后，提交委员会讨论，最终形成了使用许可审查终审意见。

为保障大兴机场顺利投运，行业验收与使用许可审查以运营为导向，发现建设及运营问题，以此指导相关整改工作。在时任民航局局长冯正霖、副局长董志毅的带领下，高度实现了大兴机场建设与运营筹备一体化。

6.5　综合演练一体化措施

6.5.1　综合演练准备工作一体化

综合演练的目的在于提前发现大兴机场在正式投运时可能存在的问题并且及时对其进行纠正。综合演练从安全、运行与服务三个方面制订评估方案，根据不同功能区块有针对性地制订综合演练方案，并针对不同子流程，如航空器流、人员流、行李流等设置不同的演练科目。为降低演练过程中发生异常事件的可能性和减小异常事件造成后果的严重程度，每一次综合演练前，运营单位根据具体的演练科目，综合运用座谈、研讨、头脑风暴等方法，从八大流程、能源保障、演练环境和社会舆情四个维度，识别与演练相关的风险源，并沟通建设单位配合推进综合演练一体化工作。对影响运行的关键工作进行重点管控，运营单位与建设单位做好配合协调工作。

单项演练由各单位现场指挥；专项演练由各专项组进行现场指挥；综合演练当日成立演练现场指挥部，各专项组指派专人赴大兴机场运行指挥中心会商室参与联席指挥[1]。投运总指挥部投运演练领导小组下设执行办公室，对不同区块的演练针对性把控，其具体组织结构如图6.6所示。

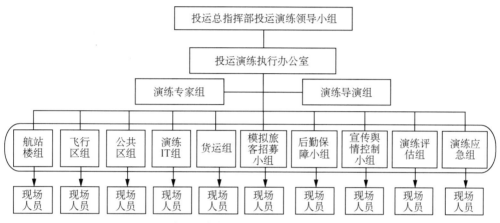

图6.6 投运总指挥部投运演练领导小组组织结构

大兴机场综合演练现场指挥部设置在AOC（运行控制指挥中心），由AOC指挥大厅和AOC会商室两部分共同构成。由大兴空管中心、中航油、中航信、北京武警总队、各参演航司、首都机场集团直属单位及专业公司、北京市轨道交通运营管理有限公司、首中停车、巴士公司、新机务公司、京投交通、演练导演组、演练专家组、模拟旅客招募组、后勤保障组、宣传舆情组、演练评估组、演练应急组组长及大兴机场相关部门代表构成。

6.5.2 建立综合演练问题库

为促进建设单位与运营单位沟通解决综合演练中的问题，大兴机场编制了综合演练问题库，包括综合演练安全问题库、服务问题汇总库以及运行类问题反馈表。

综合演练问题库由问题序号、类别、分级、涉及流程、具体分类、提出单位、提出日期、问题图片、问题所在区域、问题描述、整改建议、问题主责部门/单位、整改措施及整改计划、完成时限、当前进展以及是否完成等十六项内容构成。

参与综合演练的运营单位填写综合演练中存在的问题，就问题的时间、地点、原因、具体问题和影响等进行详细阐述，并提供相关的整改建议。由管理中心相应的

[1] 首都机场集团.北京大兴国际机场第一次综合演练实施方案[R].2019.

部门负责对接问题主责部门,由问题主责部门(或单位)确定整改完成的时间,填写整改措施、整改计划、当前进展等。

根据民航领导小组办公室要求,大兴机场对问题库及责任清单进行进一步梳理,将机场建设、运营筹备、移交、投运等有关问题全部纳入问题库,并细化分级分类解决问题机制。七次综合演练中出现的安全问题分为三级,一级问题为严重问题,将影响正式开航投运的;二级问题为一般问题,对开航影响较小;三级问题为轻微问题,影响局部运行。问题涉及流程分为航空器流、人员流、行李流、货物流、物料流、交通流、信息流(主要指生产运行信息传递方面,信息系统类问题属于数据流)和数据流;问题具体涉及类别包括设备设施、人员操作、信息系统、标志标识、程序方案、应急预案和网络信号等方面。

6.5.3 问题反馈解决机制

以第一次综合演练为例,2019 年 6 月 19 日组织召开综合演练专题汇报会、投运安全管控方案专题汇报会,管理中心就航站楼与演练配合相关问题与北京新机场建设指挥部沟通。管理中心航站楼管理部工作联系单(图 6.7)共 3 份,分别就航站楼建设、航站楼设施设备、航站楼信息系统与北京新机场建设指挥部相关部门进行沟通。联络问题与问题责任单位对应如表 6.3 所示。

图 6.7　管理中心航站楼管理部工作联系单

表 6.3　北京大兴国际机场综合演练问题类别与对接单位

管理中心航站楼管理部联络问题分类	问题责任单位
航站楼建设与演练配合	北京新机场建设指挥部航站区工程部
航站楼信息系统与演练配合	北京新机场建设指挥部弱电信息部
航站楼设备设施与演练配合	北京新机场建设指挥部机电设备部

管理中心航站楼管理部统筹整体工作进度，做好演练准备方案，确保演练顺利进行；北京新机场建设指挥部航站区工程部确保演练涉及的航站楼内设备设施等到位。

工作联系单后附《航站楼演练需航站区工程部确认事项反馈表》，详细列出了管理中心航站楼管理部需要北京新机场建设指挥部航站区工程部确认的事项，如是否能根据模拟旅客量提供手推车、保障垃圾桶到位、开荒清洁工程的完成时间和托运设备的到位情况等。通过运营单位与建设单位的沟通，保证了机场建设服务于运营，运营与建设功能相结合的一体化理念。

为高标准打造"精品工程、样板工程、平安工程、廉洁工程"，高质量建设"平安机场、绿色机场、智慧机场、人文机场"，大兴机场在投运准备阶段，坚决贯彻"建设运营一体化"理念，同步开展工程建设与运营筹备，有序完成了人员储备与培训、校飞试飞、行业验收和综合演练等重点工作。

在建设单位与运营筹备单位的共同努力下，大兴机场在工程竣工后 87 天即实现了完美投运，创造了大型枢纽机场投运史上的奇迹。

第7章
运营阶段一体化措施

7.1 运营阶段的特点

7.1.1 运营阶段在项目全生命周期管理中的意义

运营阶段是工程项目全生命周期中的最后一个阶段,该阶段从项目投入使用开始,到项目报废失去使用功能结束。从时间序列上运营阶段所处位置靠后,但其在工程项目全生命周期中的重要性往往具有更独特的重要意义。

首先,一般工程项目往往进入运营阶段才真正实现项目的使用功能,发挥实际生产或服务的作用。因此,在项目全生命周期中,其前期策划、设计以及施工等阶段的工作过程和成果的价值,很大程度上依赖于高质量的运营管理,即运营阶段的管理工作应实现建设项目的保值甚至增值。

其次,工程项目运营阶段的持续期通常大于项目前期的规划、设计以及施工等阶段。相比于其他阶段,运营阶段的管理工作往往具有更强的环境不确定性、发展路线的模糊性和工作目标的易变性,对运营阶段的管理组织提出更高的应急、应变等适应性要求。

最后,对于具有重大战略意义的基础设施工程项目,运营阶段往往需要进行大量的规划、设计以及施工等工作,这些工作与运营管理工作密不可分,譬如以运行安全质量为目标的设施设备维保工作,以运营优化为导向的设备设施改造更新工作,以及基于已建项目运营状况实施的待建项目规划及设计工作等。这样密切的联系为工程项目运营阶段增加了大量协调沟通和整体平衡的管理工作,既要保证项目的安全平稳运行,又要协同推进各类建设工作。

传统的项目管理理论还将项目运营阶段的管理工作称为设施管理。国际设施管理协会(International Facility Management Association,IFMA)认为设施管理是包含多种学科的专业,他通过人员、空间、过程和技术的集成来确保建成的建筑环境功能的实现。[1] 设施管理综合利用管理科学、建筑科学、经济学、行为科学和工程技术等多种学科理论,将人、空间与技术相结合,对人类工作和生活环境进行有效的规划和控制,以保持高效率的运行、实现高效益的经营以及提供高品质的服务,支持各类运营单位的战略目标和业务计划的要求。图7.1为设施管理视角下的建设项目运营管理概念图[2]。IFMA还对设施管理的九大职能定义如下:①长期设施管理计划(战略、策略性计划);②短期设施管理计划(日常执行性计划);③设施融资分析及财务管理;④不动产处置和管理;⑤内部空间规划、空间标准制订以及空间管理;⑥新建或改建项目的建筑规划和设计;⑦新建或改建项目的建设工作;⑧设施的日常运行与维护;⑨通信、安保等支持服务。

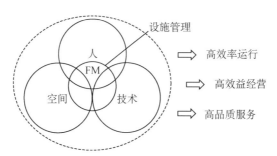

图7.1 设施管理视角下的建设项目运营管理

7.1.2 机场运营管理的内容

对于机场工程而言,其运营是以机场完成建造的各类建筑物以及设备设施为载体,为旅客、货主、航空公司以及其他机场使用者提供出行、运输、经营等各类服务。机场工程的运营管理,应当以保障机场运行安全、提高机场运营效益、提升机场服务质量为主要目标,主要包括机场运行管理、机场经营管理和机场服务管理等方面工作。

首先,机场运行管理是指为了保障飞机安全起飞和降落,满足航空公司、旅客及货主的需求,运用管理职能(计划、组织、控制、激励和领导)合理地优化机场资源(人力、物力、财力和信息),为航空运输生产提供有序、高效的地面保障和全面、优质的机场服务[3]。

其次,机场公益性定位决定了机场以实现社会公益目标为己任,以企业经营目标为导向的发展方向。机场经营管理内容主要包括商品零售、餐饮、停车、汽车租赁、广

[1] Rondeau E P, Brown R K, Lapides P D. *Facility management*[M]. John Wiley & Sons, 2012.
[2] 丁士昭. 工程项目管理[M]. 北京:中国建筑工业出版社,2017.
[3] 陈文华,狄娟,费燕. 民用机场运营与管理[M]. 人民交通出版社,2008.

告、商务中心、贵宾休息室、业务用房和场地出租、电信、宾馆、其他商业延伸及增值服务等业务在内的机场商业活动。

再次，民航作为第三产业、服务性行业，其本质属性和最终产品就是服务。民航运输和其他运输方式一样，它并不生产具有实物形态的物质产品，而是提供一种使旅客和货物在一定时间内发生空间位移的服务。提供这种服务的过程就是民航运输生产产品的过程，也就是顾客的消费过程。在乘客达到终点站并提取了行李或货主提取货物之后，这种服务过程也就随之结束。因此，航空运输产品是无形的，既不能储存，也不能转让，是一个过程，这个过程是从顾客咨询、订座、购票开始，到最终到达目的机场并离开机场的全过程。

最后，机场工程运营管理工作还可按区域进一步划分。譬如，以运行管理工作为例，其可以分为飞行区运行管理和机场地面运行管理。飞行区运行管理主要围绕飞机飞行活动开展，涉及飞行运行指挥、飞机飞行保障、飞机监护、跑道管理和维护、机坪管理、导航设备管理和净空管理等。机场地面运行管理主要围绕旅客运输航班保障活动展开，涉及航班信息、机位分配、航班保障、旅客流程、地面运输设备和物流管理等。

7.1.3 北京大兴国际机场运营阶段一体化实践

2019 年 9 月 25 日，大兴机场正式投入运营。在运营阶段，大兴机场虽以运营工作为主体，但各类建设工作依然大量存在并持续伴行，给建设运营一体化工作带来新的问题和挑战。首先，大兴机场运行环境不断发生变化，旅客、航空公司等对机场的服务品质和能力要求也持续提升，运营过程产生的设施设备改造、更新等建设优化工作，同样需要建设与运营相关单位的持续密切协作；其次，大兴机场后续建设项目正处于前期策划阶段，如何深度总结并持续推行大兴机场一期工程建设运营一体化实践的宝贵经验，使其在下阶段的工程建设过程中更好地发挥作用，也是运营阶段建设运营一体化实践的重要任务。综上，大兴机场建设运营一体化实践在运营阶段发生了由"以建设为主、运营为辅"向"以运营为主、建设为辅"的转变。

面对运营阶段的新挑战、新难题，大兴机场采取全面的组织措施予以应对。一方面，作为主要运营管理单位，大兴机场投运后充分吸取并整合北京新机场建设指挥部的人才力量，加强飞行区管理部、航站楼管理部以及公共区管理部等属地管理部门以及运行管理部、技术工程部和信息管理部等重要业务部门建设。以信息管理部为例，其几乎由北京新机场建设指挥部弱电信息部的原班人马组成。该举措将一大批熟悉工程的建设者注入运营部门，大大提升了运营初期建设与运营工作的交接效率，为庞杂的运营管理工作提供了充足的人力保障。另一方面，北京新机场建设指挥部于2020 年年初结合运营阶段的新特点、新需求进行了组织机构调整，将飞行区工程部、航站区工程部、机电设备部及配套工程部精简为工程一部和工程二部两个部门，主要负责运营阶段续建项目的建设工作。规划设计部继续负责后续项目的规划设计工作。另外,大兴机场与北京新机场建设指挥部两家单位于 2020 年年底创造性地共同发起成立了大兴机场建设运营一体化协同委员会,并建立相应工作机制,深化完善建设运营一体化实践体系,切实保障"运营好已建工程、建设好在建工程、规划好待建项目"。

7.2 航站区建设运营一体化措施

7.2.1 航站区运营工作特点

机场航站区工程是机场运行设施设备种类最多、系统间关系最复杂、综合集成程度最高的区域,涉及航班运行管理、旅客流程管理以及行李和货运系统管理等多界面管理工作。这就要求机场运营管理单位和建设管理单位紧密协作、互相补充,才能实现各类子系统运行的无缝衔接和接口平衡,并达到整体最优的运行状态。

一方面,虽然大兴机场已经进入运营期,但仍然伴随着部分建设改进以及优化工作,需要在人流最密集的航站区进行施工作业,对机场日常运营安全和效率带来一定影响。另一方面,大兴机场致力于持续打造"四型机场",需要在不影响日常运营的条件下,不断提升航站楼等的保障功能和服务品质,这就要求航站区运营管理部门与北京新机场建设指挥部相关部门密切沟通、相互联动,持续优化、改进、建设航站楼设备设施。

针对以上两类关键问题,大兴机场航站楼管理部一方面制订了详尽的运营期同步施工的安全保障制度,规范并保证运营期同步施工不影响日常运营安全;另一方面建立了面向运营优化的建设与运营管理单位日常联动机制,确保机场能够持续地满足不断提升的服务和运行需求。

7.2.2 制订运营期同步施工安全保障制度

2021 年 5 月,随着疫情逐步好转,旅客流量逐步恢复,航站楼运行压力持续增大。为统筹管理航站楼内施工作业过程,确保施工安全质量,航站楼管理部作为运营单位与主要建设单位北京新机场建设指挥部充分交换意见,在建设期施工安全规范的基础上编制并发布《航站楼施工违规处理细则》。细则中将违规情况分为红线类违规、消防专业违规、设施设备损坏类违规、擅用水电类违规、文明施工类违规等类别。不同类别视情形严重程度给予不同程度的惩罚。对于最严重情况,如发生冒烟等消防事件、因施工原因破坏航站楼隔离区设备设施导致空防安全、未审批取得航站楼施工许可证擅自施工作业等,实施相应的惩罚,同时暂停建设单位办理施工手续 7 天,施工单位清除出场,纳入航站楼施工管理黑名单(即一年之内不得在航站楼内从事任何施工、维保工作）。对于情节较轻者，如未配备足够数量的灭火器或灭火器失效，施工设计不符合消防设计规定，对施工现场物料、环境、噪声和废水等未采取有效管控措施等，除按情节轻重给予罚款和扣分外，一般需再停工整改 1～3 天。

同时，为规范航站楼屋面所有施工、维修、维保和保洁工作程序，避免对屋面结构、屋面板、屋顶防水、避雷带和雨水系统等设备设施造成损坏，航站楼管理部与北京新机场建设指挥部工程部门充分交换意见，基于建设期暴露问题和首都机场运营阶段施工经验梳理大兴机场航站楼屋面施工作业注意事项，并根据建设期的施工图纸提出针对航站楼屋面关键部位及薄弱部位和对屋顶高空作业的专门要求，该要求适用于大兴机场航站楼屋面范围内的所有施工项目、维修维保工作。屋面作业规范包括恶劣天气作业要求、屋面物品堆放要求、垃圾堆放要求和屋面作业工具及材料使用要求等。

无论是《大兴机场航站楼施工违规处理细则》还是《航站楼屋面作业要求规范》，都是大兴机场与北京新机场建设指挥部二者相互补充、共同发现、暴露、解决问题的过程，即由大兴机场根据运营需求和风险分析起草文件，由指挥部根据实际施工管理经验补充修订，经几轮迭代，形成最终控制文件。诸如此类的文件还有很多，如《有限空间作业安全指导手册》《大兴机场航站楼施工主材用料标准》《防疫期间航站楼管理部节能方案》等，该类文件的起草、编制、发布是航站区工程建设运营一体化工作的特色之一。

《北京大兴国际机场航站楼施工项目管理规定》更加明确了运营单位和建设单位在航站楼施工项目管理中的具体职责和分工。航站楼管理部作为运营管理部门，负责航站楼施工审批环节的发起与组织，审批意见的汇总核准，施工许可证的发放，施工项目分专业审批中的土建专业、暖通专业、给排水专业和电力专业的方案审核，施工现场每日的日常监督检查以及针对施工不安全事件的上报和处置等。北京新机场建设指挥部负责职责范围内航站楼相关甩项施工项目、验收遗留问题整改的现场监督管理，并组织航站楼施工总承包单位按照航站楼各项管理要求及管控措施，开展各项施工作业活动。大兴机场安全质量部、财务部、消防管理部等相关部门配合航站楼管理部组织对施工现场进行安全生产联合检查和专项督查、收缴有关施工所发生保证金及各项费用以及对消防相关事宜进行监管等工作。其他土建设施维保单位、动力能源公司、消防设施维保单位等则负责对职责范围内的施工方案提供技术支持、按照航站楼管理部的工作要求对施工现场进行监督检查并参与各项系统土建、设备的验收工作。与之类似，大兴机场航站楼管理部编制了系统的安全模块体系文件、服务管理模块体系文件、经营规划模块体系文件、行李系统体系文件和专业系统模块体系文件等 8 大模块体系文件。以行李系统体系文件为例，其包括《航站楼行李系统区域施工管理规定》《行李系统运行维保管理规定》《行李系统 IT 控制系统管理规定》等多项制度规定，规范覆盖运营期间航站楼所有相关专业的工程建设、设备运行、设施维保和流程控制等工作。

综上,运营阶段航站楼施工涉及大兴机场属地管理部门、各相关职能部门、北京新机场建设指挥部工程部门、相关职能部门和各专业技术供应方等,是远超单一属地管理部门与对应建设单位工程部门间关系的具有网络结构的复杂系统工程。航站楼管理部作为航站楼及交通中心工程的属地管理部门,首先加强辖区内各类设备设施的运行情况监管、巡查,全面、及时地暴露问题。其次,与北京新机场建设指挥部形成常态沟通机制,确保各类制度要求对症下药、因地制宜。再次,与大兴机场各职能部门形成强矩阵结构,充分利用各职能部门的合理分工,优化各类制度的编制、执行流程,形成规范体系,提升航站区内工程项目安全裕度和效率。最后,充分调动消防、能源、土建及弱电设备等专业性强的保障部门的专业技术能力,即让专业的人做专业的事,确保项目价值最大化。航站楼管理部基于建设运营一体化理念,建立与职能部门、建设单位工程部门以及专业化公司的四轮驱动工作机制,充分实现运营阶段建设项目的建设与运营的组织融合、标准统一和目标一致,值得借鉴。

7.2.3　建立面向运营优化的建设与运营联动机制

航站楼及交通中心流程、功能、服务等的持续优化是大兴机场航站楼管理部践行建设运营一体化理念的另一主要阵地,为使优化方案规划、设计、建设同步快速实施,需航站楼管理部与北京新机场建设指挥部各工程部门相互融合、互相联动。以航站楼多点值机功能规划及前期信息发布方案优化为例,根据 2019 年下半年大兴机场投运的第一季度旅客满意度调查,大兴机场值机服务项目得分低于行业平均水平及目标量级机场平均水平。经过进一步调研分析,发现是由于无法快速、便捷地找到对应的值机区。主要原因在于一方面大兴机场为双层出发层,突破了旅客对单点值机的认知边界;另一方面航站楼各楼层值机功能信息、航司分布情况等未能有效传递给旅客。为解决该运营服务痛点问题,航站楼管理部深度分析了以上问题的原因,发现各楼层值机资源与所承担的业务量不匹配,三层和 B1 层值机资源未能充分发挥,地服值机区较为分散,不利于统筹发挥资源效能。基于此,航站楼管理部充分听取航空公司建议,并结合旅客群体意见,从航站楼多点值机功能优化和前置信息发布方案优化方面提出了改进措施。

对于航站楼多点值机功能优化,①为满足不同交通方式的旅客就近办理值机,增加通办值机资源,减少旅客换乘,确保排队办理时间达标;②将同一航空公司及地服公司于同一区域集中办理值机手续,便于航空公司对现场的资源调配及管控;③结合航空公司业务量占比,进行统一规划分配;④结合旅客动线,平衡各楼层值机资源布局,发挥三层和 B1 层值机资源的保障能力。以 B1 层值机柜台为例,B1 层仅有两个值机区域。为最大化集中四家地服值机办理区域,将南航集团集中于西侧,东航集团集中于东侧,将地服公司代理航司集中于中间区域,其中国航位于 U 岛东侧、地服公司代理其他内航位于 W 岛西侧。

本次航站楼多点值机功能优化改进措施实施后取得良好成效。航司和地面代理服务区域相对集中,充分发挥了规模优势,旅客能够方便地找到相应的值机区。同时各楼层资源与业务量相匹配,充分利用资源平衡优势,三层值机资源与国航、中联航业务量匹配,且三层仅两家航司运行,利于楼前交通指引,现场管理,通过标识引导、前置宣传,大大提升了旅客值机效率。对于多点值机前置信息发布方案优化,大兴机场航站楼管理部根据旅客意见调查提出三点优化原则。①前置信息发布覆盖购票、交通出行、航站楼内等所有环节,实现旅客触点全覆盖;②针对不同属性的旅客,提炼出精准服务信息,有的放矢进行宣传,实现信息投放精准化;③用易于理解的信息表达方式,确保旅客快速接收信息,做到服务信息人性化。基于以上原则,大兴机场一方面以地铁、出租车、机场大巴等交通出行工具为载体;另一方面从航空公司官网或第三方购票平台入手,进行前置信息的全覆盖发布。同时,依托机场自有媒体和社会公共媒体等资源加大发布力度。从大兴机场投运后第二季度旅客满意度调查中发现,大兴机场的航班信息指示功能大大超过平均水平,满意度大幅提升。

大兴机场航站楼管理部作为航站楼主要运营部门,在整个潜在问题的发现、问题发生原因的分析以及优化改进方案的提出和实施过程中,与建设方、使用方和其他运营主体间建立了密不可分的关系。首先,航站楼管理部积极调研旅客的值机满意度,及时发现值机效率低的问题,并联合值机服务的主要输出者——航空公司及地服团队分析问题原因并共同制订具体的设施设备优化及调整方案。其次,方案的具体执行由北京新机场建设指挥部弱电信息部原班人马构成的信息管理部负责设备的迁移、显示系统的安装调试等。最后,公共区管理部积极与之配合,做好航站楼外围公共设施的航班信息优化方案的执行。航站楼管理部与大兴机场相关属地管理部门、职能部门、指挥部相关工程部门以及航空公司有关部门目标上秉持服务至上、统筹一致,在组织上实现相互融合、互相联动,在资源上实现有序平衡、互相弥补,最终保证各类优化方案的规划、设计、建设同步快速实施,满足旅客日益提升的运营服务需求。

7.3 飞行区建设运营一体化措施

7.3.1 飞行区运营工作特点

相比于航站区工程,飞行区工程构成相对简单,各子系统间界面相对清晰,但由于飞行区运营管理主要围绕飞机飞行活动开展,涉及飞行运行指挥与飞行保障、地坪管理和跑道管理及维护等工作,因此其运行工作的专业性相对更强,对运行团队专业素养的综合性要求更高,需要强有力的建设与运营组织融合机制,确保从建设向运营阶段的平稳过渡。

飞行区工程日常运行工作与飞行器高密度接触,安全隐患来源广、危害大,对安全隐患识别的及时性、消除方法的科学性以及防范措施的全面性要求都远远高于其他工程。面对日益增长的航班保障及出行服务需求,大兴机场飞行区管理部需要更高效地应对季节的更迭、天气的变化和设备的老化等不确定性问题。

飞行区区域内整改工作大多面临不停航施工的挑战,需要飞行区运行管理部门与建设方甚至行业主管部门层面共同协商施工及运行保护方案,这也是飞行区工程的重大难题。针对以上问题,大兴机场飞行区管理部一方面采取了高效的组织融合措施,保障运营阶段的运行安全和效率;另一方面建立了与北京新机场建设指挥部之间顺畅的一体化沟通与协作机制,确保及时发现、解决日常运行问题,并妥善做好不停航施工安全保障。

7.3.2 建设与运营过渡期的组织融合措施

大兴机场投运初期,大兴机场飞行区管理部存在运行技术人员不足等情况。为实现建设向运营的平稳过渡,保证运行安全和质量,大兴机场飞行区管理部通过向北京新机场建设指挥部飞行区工程部借调员工陪伴运行的措施,实现建设与运营组织的融合。首先,陪伴运行人员多全程参与飞行区工程建设,对各类设施设备的运行原理、操作规范等掌握程度高,能够为飞行区跑道、机坪等的平稳运行提供坚实的技术保障;其次,该措施架通了作为建设主体的飞行区工程部与作为运营主体的飞行区管理部的沟通渠道,极大加强了二者在解决各类日常运行问题过程中的沟通和协作效率;最后,建设与运营主体组织的融合为建设运营复合型人才培养提供丰厚的土壤。陪伴运行的借调人员从工程及技术原理角度支持运行出身的管理人员,同时也汲取飞行区运行管理知识,取长补短。在借调期结束后,飞行区管理部还与陪伴运行员工进行充分沟通,统筹考虑员工自我发展规划和部门运行工作的人才需求,最终留用部分员工,持续发挥建设与运营组织融合对飞行区运行工作的保障作用,不仅为当前大兴机场飞行区运行管理提供坚实的人才保障,更能够为后续工程建设储备所需人才。

7.3.3 日常运行工作建设与运营协同常态化

在大兴机场飞行区日常运行过程中,最常出现的问题不仅涉及已建设备设施的质保维保工作、意外突发状况的补救工作,还包括大量运行环境不确定性带来的硬件、软件设施的改造升级工作,这些都需要建设与运营管理组织高度密切沟通与协作。大兴机场飞行区管理部与北京新机场建设指挥部建立了长效的协同机制,在解决这些建设运营界面问题方面发挥了重要的作用。

自大兴机场投运以来,随着运行工作的不断深化,登机桥管理系统、飞机地面空调监控系统等设备不断进行调试和优化,达到较高的运行效率,但难免在日常运行和数据维护等方面暴露一些问题。为满足系统设备运行的实际需求,确保设备运行稳定性和数据准确性,大兴机场飞行区管理部与北京新机场建设指挥部机电设备部积极沟通,一方面提出要对登机桥管理系统增加设备运行记录实时储存以及数据查询统计功能,开发登机桥管理系统与地井监控系统的接口;另一方面提出要对飞机地面空调监控系统增加热备服务器,将系统接入整个地面运行网络,提高系统使用和维护便利性。就以上建议,双方通过函件及专题会议等方式积极沟通,共同商议优化项目的整改进度计划,大兴机场飞行区管理部组建专班,积极配合北京新机场建设指挥部机电设备部进行人员引领、现场施工及系统测试等工作,在较短时间内完成了系统设备的优化升级。

在 2020—2021 年除冰季,大兴机场日航班量及高峰小时出港航班量较上一除冰季将出现大幅增长,大兴机场现有的飞机除冰车已无法满足出港航班除冰需求,同时,受新冠疫情影响,大兴机场新购除冰车到位时间难以确定。为确保大兴机场飞机除冰作业能力满足航班运行需求,大兴机场飞行区管理部充分调研本场几家主要航司的飞机除冰车调配能力,与各航空公司多次协商设备供应条件,并根据飞行器实时运行情况合理预测未来飞行区除冰需求,最终选定设备供应商并提出明确租赁需求。大兴机场飞行区管理部作为跑道及机坪等的主要运营部门,能够实时根据机场运行环境变化,把握飞行器运行的动态需求变化,及时协调设备供应商或建设方给予技术支持,保证机场飞行区硬件设施和管理手段始终满足运营实际需求。

与之类似,随着大兴机场航班量的迅速增长,升降式地井设备使用率不断提高。2021 年 1 月,大兴机场飞行区管理部在进行设备维护过程中发现部分电缆收放与辅助轮之间存在非正常磨损现象。针对该问题,大兴机场飞行区管理部通过工作联系单等方式与北京新机场建设指挥部相关部门以及设备供应商积极对接,多次协商解决方案,如要求设备厂家对电缆非正常磨损问题进行原因分析、更换磨损电缆、提供磨损问题解决方案等。期间大兴机场飞行区管理部作为主要运营方与指挥部相关部门及设备供应商等建设环节参与主体积极磋商,建立畅通的建设与运营沟通机制,共享实施整改进度信息,最终推动问题解决。

为进一步加强与以北京新机场建设指挥部为主体的相关建设方的沟通与协调力度,大兴机场飞行区管理部进一步提出关于设备质保期间开展相关整改工作的管理要求。北京新机场建设指挥部工程二部以及相关航空设备有限公司承担大兴机场飞行区内地井提升设备施工遗留问题整改管理和具体实施工作,按整改工作管理要求抓好落实:①必须严格遵守大兴机场飞行区内各项规章制度,包括但不限于大兴机场控制区通行证件管理要求等,不得出现因建设方原因导致影响机场运行或员工个人伤害等事件;②开展设备质保期间相关整改工作需提前 1 个工作日向飞行区管理部提交《飞行区管理部专业系统施工维保类作业审批单》,将整改计划、整改内容和相关安全管控措施等填写完整,由飞行区管理部审批后提交动力能源公司相应检修中心进行机位申请;③作业过程中须在动力能源公司维保人员全程监管下开展,严禁私自作业或进行与整改工作无关的事情。该类管理要求的提出不仅明确了运营方与建设方在共同完成整改工作过程的各自权责,更保证了二者的沟通渠道,规范了二者的协商机制,大大提升了建设运营一体化的融合度。

针对各类设备升级、建设整改以及服务优化等问题,大兴机场飞行区管理部采取双向的建设与运营一体化常态工作机制。一方面,与以北京新机场建设指挥部为主,以设备供应商、承包商为辅的建设方,实时进行问题信息共享,形成建设运营技术互补工作模式;另一方面,与各设备设施的使用方加强沟通,充分听取使用方需求建议,动态优化施工方案,确保交付质量。

7.3.4　不停航施工问题整体解决机制

对于不停航施工问题,大兴机场飞行区管理部构建横纵联合的整体解决机制。横向上,积极与北京新机场建设指挥部工程部门协商施工方案,并充分听取项目使用方的运行需求和建议;纵向上按时向民航大兴监管局上报方案,请求方案许可、优化和实施监督,确保不停航施工作业顺利完成。

飞行区远机位充电桩项目及远机位 APU 替代项目是大兴机场投运后的首个也是规模较大的不停航施工项目,项目时间紧、任务重,施工过程中占用机位资源多,施工工序较为复杂。施工过程中施工区域与正常运行区域交叉较多,相关局部区域还存在导行施工以保障日常保障车辆通行的情况,对远机位飞行器运行带来较大影响。大兴机场飞行区管理部与北京新机场建设指挥部工程二部开展现场踏勘、迭代施工方案,并于 2020 年 7 月向民航北京大兴国际机场监管局报送了《关于北京大兴国际机场飞行区远机位充电桩项目及远机位 APU 替代项目不停航施工的请示》。在大兴监管局的支持和调度下,共同审定了项目的不停航施工方案,仅用不到一周时间即于批复了项目的不停航施工及配套方案,使得项目顺利开工。推进过程中,根据工程实际进展情况,以及疫情后航班恢复带来的旅客运载压力,指挥部工程二部与大兴机场飞行区管理部审慎评估,出于安全及施工质量考虑协商延期事宜,并报送监管局审批。

复工后,在大兴机场飞行区管理部的协助下,北京新机场建设指挥部工程二部管理承包商严格按照该项目申请报批的不停航施工安全管控及运行调整方案执行,运营单位和建设单位结合施工进展,在规定范围内优化施工方案,根据施工专业、施工区域、施工分类的不同,形成三种运行调整方式配合施工。在施工过程中,大兴机场领导亲自调度,协调机位用于地井及配套管线的结构施工,并就不停航检查督导、工期时限等事项多次协调监管局,利用疫情导致航班量下调的时间窗口,集中优势人力、物力、财力,对最难啃的 17 个机位进行了一次性长期停航,集中进行了道面结构破除与恢复,为按期完成剩余全部施工建设任务奠定了坚实的基础。

作为大兴机场的第一个不停航施工项目,该项目的建设为大型机场工程不停航施工建设运营一体化管理积累了宝贵经验。

首先,为确保施工安全并兼顾运行安全、空防安全,大兴机场飞行区管理部根据国家相关法律法规和大兴机场飞行区相关规章制度,牢牢把握安全底线,构建了大兴机场建设运营一体化安全保障机制,涵盖飞行区管理部属地模块会同北京新机场建设指挥部工程二部及施工监理加强现场监管,飞行区管理部施工模块会同指挥部工程二部定期联合监察、抽查,监管局定期督导监察的全方位闭环管理,形成了建设运营相互引领、互相配合的联动式施工安全管理机制。在项目日常施工监管过程中,飞行区管理部就工程所涉的车辆引领、渣土车 FOD 防控、吊装作业净空及安全管理、与现有管线交叉的开挖全过程管理、动火全过程管理、用电及特种设备管理、特殊天气管理、悬空及登高作业管理及有限空间管理等,均结合工程实际情况和现实需求,配套形成了有针对性的检查记录表单、核心风险的交底及检查程序、微信及 COMS(机场运行协调系统)平台通报流程和动火视频记录要求。为了便于参建各方随时查阅和掌握相关管理要求,飞行区管理部还联合北京新机场建设指挥部工程部门共同编制了《北京大兴国际机场飞行区施工安全手册》。

其次,针对施工过程中存在的机位资源申请紧张、施工工序复杂造成的施工进展低于预期、夏季高温施工及冬季超低温施工等具体情况,大兴机场飞行区管理部会同北京新机场建设指挥部定期开展专题调度会和专题研判会,使得运营单位与建设单位形成有效合力,主动面对、协调解决困难。

再次,远机位 APU 替代设施项目在设计环节较其他项目成熟度尚有欠缺,大兴机场飞行区管理部会同该项目使用单位,结合机坪机位布局,经反复现场踏勘和协商,优化了地井位置、保障作业等待区内设备基础位置、部分与现有管线有冲突的位置,针对部分机位使用规则及其附属保障道路的行车规则、各驻场单位保障车辆集中停放区充电桩的位置均作了优化调整,进而提升设备的使用效率、频率。

最后,在项目实施期间,北京新机场建设指挥部每周或加密组织施工例会,共商施工过程中的困难、问题,明确后续工作的计划、方向,形成参建各方意识的"最大公约数"。开展多次专题飞行区施工安全及动火安全专项培训,引导施工人员和安全管理人员将安全意识内化于心、外化于行。

7.4 公共区建设运营一体化措施

7.4.1 公共区运营工作特点

相比于飞行区和航站区,公共区的运行开放性强、覆盖范围广,容易受到机场外部自然、社会、经济等环境变化的影响。作为机场内部与外部的过渡区,公共区的运行管理工作不仅要做好机场内部的日常运营保障工作,还要综合考虑与外部相关配套基础设施如轨道交通、机场高速公路体系等的有序衔接。因此,公共区的建设运营一体化措施不仅涉及机场内部相关建设与运营方间的协作,还包括大量机场内部与外部相关主体,如政府相关部门、其他交通基础设施运营方以及社会公众等的一体化协同。

7.4.2 公共区内部设施运营保障一体化措施

随着运营工作的持续开展,大兴机场公共区管理部及时与北京新机场建设指挥部协调,共同查缺补漏,保障运行能力和水平。以2021年上半年部分土建及机电工程整改过程为例。2021年4月,针对停车楼土建和机电方面出现的部分建设问题召开专题沟通会,总包商、分包商以及监理方等各相关主体均参加会议,并就有关事项充分沟通。运营方从运营角度提出当前问题的潜在危害和问题解决的期限、形式。建设方从建设施工角度分析问题的发生原因、解决措施。双方就各类专项问题充分交换意见,并建立后续实际解决过程中的沟通机制,明确:①由大兴机场公共区管理部制订整改项目进度计划,由总包商明确每件事项的责任人和完成时间;②由总包商相关负责人每周反馈每件事项的实时进度,由停车楼运营单位在现场负责配合和跟进,大兴机场公共区管理部和北京新机场建设指挥部工程一部负责督促落实。整个过程是运营方主动发现问题,建设方坦然接纳问题,双方共同解决问题的过程,是运营阶段建设运营一体化理念的重要体现,其在很大程度上保证了已建成交付物在高强度运营条件下的功能保值和增值。

7.4.3 机场外部设施运营协调一体化措施

随着大兴机场作为综合交通枢纽对北京市乃至整个京津冀地区的辐射强度逐渐增大,其对机场外部设施的旅客集散承运能力的要求持续提高。同时,季节的更迭、突发事件等不确定因素也对机场外部设施的运营模式和动态调整能力提出了高要求。大兴机场需与北京新机场建设指挥部建立有效的沟通机制,作为主要运营方统筹协调交通、环保、土地规划等各类运营主体或政府相关部门,确保满足动态环境下基本运营要求和优化运营需求。

2020年3月,大兴机场迎来投运后第一次夏秋航季的大规模转场。根据转场计划,日均航班量由272架次增加至698架次,增幅达157%。结合大兴机场夏秋航季航班特征和陆侧交通的运营状况分析,当时地铁大兴机场线(6:00—22:30)、京雄城际(6:56—23:18)和机场巴士(5:00—23:00)等难以满足换季后的旅客出行需求。同时,夜间客流的激增也造成大兴机场夜间出租车运力不足的情况。针对该问题,大兴机场公共区管理部立即向北京市交通委员会提出解决方案建议并请求支持协调。首先,建议自 3 月 29 日起将大兴机场线运营时间常态化调整为 6:00—次日 1:30,避免夜间旅客大面积滞留,并协调京雄城际加密发车班次至 30 min 一班,将运营时间调整为 6:00—次日 2:00。其次,配合指导兴航达公司拓展线路站点建设,覆盖北京市主要航空客源地,同时丰富定制服务产品,打造适需服务。最后,积极与出租车辆公司加强沟通,协商匹配的大兴机场出租车运力保障工作方案,通过信息发布、调度引导和企业保点等多措并举增加出租车运力,以满足夜间旅客点对点出行需要。在 2020 年 3 月 29 日大兴机场成功完成转场后,因大兴机场旅客吞吐量分阶段逐步提升,为满足转场后河北方向旅客出行需求,大兴机场公共区管理部再次向廊坊市交通管理局提出陆侧接驳能力提升保障方案的研究建议。一方面,提请辖区内出租车公司加强未准入车辆培训考核力度,提升出租车行业整体服务水平,同时以黑名单式管理机制为抓手,加大违规运营打击力度,来整体提升大兴机场出租车运力。另一方面,建立出租车运力不足保点机制,提升应急情况下的运力保障能力,以保障河北省方向旅客的便捷抵离和出行体验。在廊坊市交通局的支持和协调下,方案得以实施,从 2020 年秋季旅客陆侧接驳服务满意度调查看,运输能力和服务水平均达到较高水平。

自大兴机场正式投运以来,京雄城际每日发车 24 列,累计运送旅客达 12 万人次,在大兴机场旅客集疏运工作中发挥着重要作用。疫情期间,大兴机场航班量减少,旅客选择公共交通出行的意愿降低,京雄城际在保障首末班的条件下,经两次调整,每日运营车次由 24 列缩减至 8 列。2020 年 3—5 月,大兴机场航班逐步恢复,分批次完成了 2020 年国内航班夏秋航季换季转场工作,大量航班由首都机场转至大兴机场运营。至 7 月,大兴机场进入航班恢复的第二阶段,国内航班日均进出港旅客已恢复至 3 万余人次,待国内航班完全恢复后,大兴机场日均进出港旅客约 8 万人次,22:00—次日 2:00 日均进港航班 90 架次,旅客约 13 500 人次。为给旅客出行提供足够的外围交通保障,推动民航与铁路在时刻和运力方面的有机衔接,大兴机场公共区管理部结合当时疫情防控政策及时向中国铁路北京局集团有限公司沟通协商车次恢复事宜。一方面希望将京雄城际每日运营车次恢复至 24 列,以充足的运力应对航班恢复后产生的大客流;另一方面,主动承担复产后的客流预测工作,并协助研究增加京雄城际夜间(22:00—次日 2:00)运营班次的可行性,为夜间不断增长的客流做好充分的准备。

2020 年 8 月,针对首都机场跑道大修航班转场、大兴机场航班量增加的情况以及轨道交通夜间接驳保障需求,大兴机场参加北京市交通委员会组织召开的多次协调会,与相关交通管理单位及部门建立并完善了应急保障机制,先后 8 次采取了应急延时保障措施。为进一步做好大兴机场线晚间接驳运输服务保障工作,大兴机场公共区管理部首先进一步细化梳理了晚间不同时间段内到港航班数量和旅客信息,特别是大兴机场线停运前后 1~2 小时内的数据以及陆侧接驳保障情况,联合大兴机场航空业务部归纳总结分时、平时、周末的具体情况和特点,结合转场情况同步观察、分析客流变化情况，并与市轨道运营管理公司对接相关信息，为进一步做好轨道交通运输服务保障工作提供参考。其次，协助市轨道运营管理公司详细梳理大兴机场线停运后夜间检查作业的专业、项目、工序等，仔细核算保障日常安全运营的常规安全检修时间，并在此基础上，结合每日停送电、轧道作业等运营准备以及车辆调试、尾工等需要，提出为满足安全运营需要的必备窗口期。最后，与丰台运输管理分局(大兴机场办)、市轨道运营管理公司密切对接晚间客流信息情况，及时研判，做好大兴机场线应急保障工作准备。同时，提前筹划准备大兴机场线接驳乘客到达草桥站后的夜间接续工作，统筹协调草桥地区公交、出租等交通方式，做好草桥站到达乘客的安全便捷疏散工作。针对大兴机场线车辆段距离终点站较远，增加车辆空驶、延长收车时间、挤占夜间检修时间的情况，市轨道运营管理公司会同市轨指中心、城市铁建公司结合北延工程，尽快研究建设临时停车、机车待避线的必要性，并向规划、建设单位提出运营需求。除此之外，大兴机场还主动开拓思路、多措并举，进一步协调航空、铁路等相关单位研究航空公司优化夜间航班、京雄城际开行夜班列车的可行性，形成"一正、一反"两头夹的问题解决方案，最终从硬件设施和管理制度两方面显著地提升了大兴机场线晚间接驳运输服务保障能力。

2020 年 11 月，针对网民反映的大兴机场存在交通接驳不便的问题，大兴机场配合北京市交通委员会多次研究大兴机场线接驳保障工作，大兴机场线先后 9 次采取了应急延时保障措施，累计加开临客 13 列次、运送乘客 353 人次。2020 年 12 月 8 日起，大兴机场线最小发车间隔由 8.5 min 缩短至 8 min，不断提升运输服务保障水平。为进一步做好大兴机场接驳运输服务保障工作，北京市交通委员会于 12 月再次组织大兴机场、京投公司、市轨道运营公司、城市铁建公司和市地铁运营公司等召开专题会议研究提升方案。首先，大兴机场充分发挥大兴机场办前端指挥部的作用，充分利用现有应急联动工作机制，主动与北京市轨道运营公司及丰台运输管理分局(北京大兴国际机场办)积极沟通对接，科学统筹，充分发挥城市轨道交通、出租车、机场巴士和京雄城际等综合保障效能，共同做好大兴机场接续保障工作。其次，按照《北京市绿色出行创建行动方案》推进城市公共交通、民航、铁路运营时间的融合与匹配，加强大兴机场航班与大兴机场线运营保障的协同管理。最后，根据机场实时运行情况，进行科学的预测研究，准确及时地向京投公司提出优化需求，并配合组织城市铁建公司、市轨道运营公司在前期工作的基础上加快 4 辆编组列车的调试，加速试运营转正式运营工作，同步研究延长末班车运营时间方案并组织实施。同时，大兴机场积极配合市地铁运营公司准确把握针对大兴机场线草桥站的接驳保障需求，研究 10 号线接续保障方案，为大兴机场航空旅客出行提供更加便捷的服务。

2021 年 1 月，随着航空公司的逐步转场，大兴机场旅客吞吐量持续提升，高峰日旅客吞吐量已突破 11 万人次，根据当时预测，大兴机场 2021 年旅客吞吐量将达 3 900

万人次,河北方向出租车需求为 1 700 车次/天。同时河北方向出租车运力时有不足,未来出租车运力将存在更大的缺口。考虑到河北方向旅客目的地较为分散难以通过省际巴士疏散,且廊坊市辖区距离大兴机场较远,出租车运力保障难度较大,大兴机场公共区管理部与北京市交通委出租汽车管理处等相关单位积极协商解决方案,最终一致同意以 2021 年春运保障为契机,采取河北方向出租车"统一排队、统一管理"的原则接入固安县出租车。同时,为落实以上方案,大兴机场公共区管理部积极协调北京新机场建设指挥部有关部门落实具体硬件的迁改及完善工作,保障当年春运的出租车运行,并大幅提升了后期车道边交通的容量。

2021 年 3 月,随着客流的逐步攀升,京雄城际运行面临新挑战。①京雄城际运营时间与大兴机场航班时刻衔接有待加强。在 16 对列车全部运营的情况下,发车间隔较大,大兴机场至北京西方向运营时间为 7:18—20:58,覆盖大兴机场 62.6%的进港航班;大兴机场至雄安方向运营时间为 7:27—23:03,覆盖大兴机场 73.5%的进港航班,难以发挥轨道交通主力军的作用。②旅客反映京雄城际设有北京大兴站和大兴机场站,两座车站名称相似度高,购票时容易选错车站、下错站、无法正常进出站等,还存在错过航班的风险。针对以上问题,大兴机场公共区管理部积极与京雄城际铁路运营单位中国国家铁路集团有限公司沟通协调,提出完善及提升需求。一方面希望加密京雄城际发车频次,延长运营时间,尤其是夜间进京方向,最大化释放京雄城际服务能力。另一方面,变更"北京大兴站"名称,以便明显区别于"大兴机场站",如:"黄村站"。在取得北京市交通委员会同意后,大兴机场公共区管理部持续与丰台运输管理分局对接,并且会同市轨指中心、市地铁公司做好延时期间的客运组织,加强地铁 10 号线草桥站的接驳运输服务保障;同时,加强信息沟通和宣传引导,共同满足硬件设施的延时要求和旅客服务的过渡需求,圆满完成了大兴机场线延时保障工作。

2021 年 5 月,随着疫情防控形势的好转,大兴机场日均进出港航班达 803 架次,旅客 11.57 万人次,其中,进港航班 402 架次,旅客 5.93 万人次,出租车日均发车5 500 车次,运送旅客 9 400 人次,占比约 16.8%,夜间 23 时后,随着地铁等交通方式停运,出租车承运比例上升至约 30%,出租车保障作用突出。出租车运力需求和管理要求面临新挑战,尤其是出租车盘短管理方面的问题。一方面,河北方向出租车与北京方向出租车执行统一的盘短政策,高峰时期河北方向盘短车日登记 478 车次,占河北方向出租车发车量的 90%。此外,部分出租车存在利用盘短政策中途甩客、卖客等行为,极大影响了乘客出行体验,也为跨区域出租车行业执法和管理带来了较大困难。另一方面,北京方向出租车往返 50 km 的短途运营范围仅能覆盖六环外和天宫院边角区域。出租车日间平均待运时间达 3.5 h 之久,而天宫院社区作为大兴机场主要客源地之一,因往返距离恰好超过 50 km 无法享受短途车政策,导致一些司机中途甩客。针对以上问题,大兴机场积极向北京市交通委员会报告并共同协商解决方案。一方面结合廊坊市交通运输局的意见取消河北方向盘短政策；另一方面结合开航前期与北京市交通委员会沟通情况，合理弥补待运期间的机会成本，将北京方向出租车盘短距离调整为往返 60 km。

综上，公共区管理部的建设运营一体化工作措施不仅是大兴机场和北京新机场建设指挥部两个主要运营与建设主体的融合，更体现为大兴机场作为主要运营主体与其他运营相关单位的同步联动，体现了属地管理部门实时监控、及时分析、科学预测并多方协商的暴露问题和解决问题的思路，形成了"运营—运营"与"运营—建设"的双向一体化工作机制。对于开放性和复杂性较强的大型航空枢纽公共区运营工作，该一体化工作机制具有借鉴意义。

7.5 建设运营一体化组织协同平台

7.5.1 一体化协同委员会的成立背景及意义

习近平总书记在视察大兴机场时指出，既要高质量建设大兴国际机场，更要高水平运营大兴国际机场。牢牢把握大兴机场"世界级航空枢纽、国家发展新动力源"的战略定位，深入贯彻落实习近平总书记视察大兴机场的重要指示精神，重点实现"四个工程"建设对大兴机场"四型机场"建设的支撑，是大兴机场、北京新机场建设指挥部以及各驻场单位需要长期为之奋斗的共同使命[1]。而深化完善建设运营一体化理念与实践体系，是大兴机场建设国际一流"四型机场"、持续引领"四个工程"建设的应有之义。

为推进建设运营一体化深化落实，在大兴机场投运一年后，由大兴机场、指挥部共同倡议发起，于 2020 年 12 月成立大兴机场建设运营一体化协同委员会，构建大兴机场建设运营一体化深化组织协同平台，建立建设运营一体化工作机制，亦即"四个工程""四型机场"建设深度融合协同发展模式。

7.5.2 一体化组织协同平台的构成

大兴机场建设运营一体化协同委员会在成立之初以大兴机场、北京新机场建设指挥部和首都机场集团的相关成员企业为基础，由大兴机场、指挥部作为联合发起人，共同邀请首都机场集团在大兴机场驻场从事相关业务的成员企业，共同成立。协同委成立之后，新委员单位的加入由大兴机场或指挥部推荐，并由协同委研究通过后加入。协同委中除大兴机场和北京新机场建设指挥部两家主要单位外，还包括首都机场集团有限公司北京建设项目管理总指挥部、贵宾公司、物业公司和动力能源公司等 11 家集团成员企业。同时，协同委下设办公室，作为综合协调办事机构，人员按照因事用人、

---

[1] 首都机场集团公司.北京大兴国际机场建设运营一体化协同委员会工作机制[R].2020.

精简高效的原则,主要由大兴机场和北京新机场建设指挥部选派中层管理人员担任。其中办公室主任由大兴机场和北京新机场建设指挥部各派一名人员共同担任,其他成员由大兴机场及北京新机场建设指挥部有关部门人员担任。图7.2为大兴机场建设运营一体化协同委员会组织架构示意图。

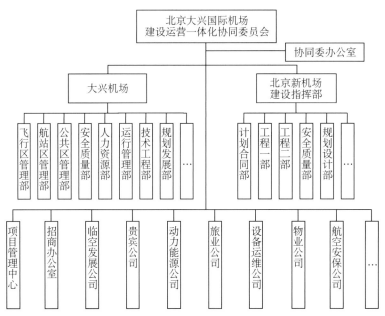

图7.2　大兴机场建设运营一体化协同委员会组织架构示意图

7.5.3　一体化协同委的组织目标

　　大兴机场建设运营一体化协同委员会第一次会议将大兴机场建设运营一体化工作机制定位为"四个工程"和"四型机场"建设深度融合协同发展模式。基于此,协同委确立了五个核心组织目标,即通过建设运营一体化委员会的建立,实现加强机场安全管控、引领机场绿色共建、赋能机场智慧运行、推行人文机场共享理念以及提升"四个工程"建设能力。[1]

　　(1)加强机场安全管控,旨在通过协同委平台充分发挥北京新机场建设指挥部在"平安工程"建设的先进经验,努力探索机场在建项目安全管理的新模式。①大兴机场与北京新机场建设指挥部两个主要运营与建设管理单位基于建设运营一体化平台,通过统一安全标准及安全管理流程制订,共同开展在建项目安全隐患排查和整治;②统筹调配委员会各成员企业的安全管理人力、物力资源,做好机场安全设施和安全系统运行的技术支持;③依托一体化委员会营造的创新平台,建设单位配合运营单位共同

[1]　首都机场集团公司.北京大兴国际机场建设运营一体化协同委员会工作机制[R].2020.

开展安全运营新技术研究。

（2）引领绿色机场共建，旨在"保持大兴机场在绿色机场中的领先优势，努力将大兴机场打造成为全球绿色机场的标杆和样板"。①各运营单位要努力配合北京新机场建设指挥部共同做好绿色机场建设成果的总结，参与行业标准制定，形成知识产权；②大兴机场与指挥部两个主要运营与建设单位应协同编制完成大兴机场可持续发展手册，为大兴机场在未来各不同发展阶段打造绿色机场提供全面指导；③依托一体化委员会营造的创新平台，建设单位应配合运营单位共同开展绿色机场运营技术研究，调动协同委内外专业公司共同提供绿色运营服务技术支持；④基于一体化委员会，共建绿色生态环保的科研教育基地，为持续推动绿色机场建设与运营输送充沛的技术与人才。

（3）赋能智慧机场运行，是要"充分发挥大兴机场的示范引领作用，打造智慧机场高地"。①大兴机场和北京新机场建设指挥部要联合一体化委员会各委员单位，与人工智能、物联网、区块链等前沿技术的科研机构，如高新技术企业、科研高校等，一同推动建立"产、学、研"深度融合的创新链条；②共同开展"新基建"的研究与应用，共建以数字孪生机场、机场工程技术中心、"四型机场"重点实验室和博士后工作站为核心的创新技术体系和产业平台，形成机场建设运营的创新成果和自主知识产权；③依托一体化协同平台，培育强大的研究成果面向实际应用的转化能力，通过建设与运营单位的密切协作，真正通过课题研究的创新成果实现运营效率、效果的切实提升。

（4）推行人文机场共享，是要"坚持'以人民为中心'的人文共享的发展理念"。协同委要动员和号召以大兴机场和北京新机场建设指挥部为主的各委员单位，持续追踪机场用户如旅客、航空公司等的功能需求和服务要求的变化，基于密切的沟通协作，不断优化机场运行环境、提升公共设施配置标准并按需实现各类设备优化升级，以持续提高旅客和员工的满意度，为大兴机场建设国际一流的"四型机场"作出更大贡献。

（5）提升"四个工程"建设能力。基于协同委平台，要推动大兴机场与北京新机场建设指挥部的常态化联动，不断总结、固化"四个工程"建设的宝贵经验，在大兴机场卫星厅及配套设施等重大工程建设任务中，牢固树立"以客户为中心"的理念，紧密对接大兴机场"十四五"规划和"四型机场"建设需求，通过建设、运营团队的无缝衔接和专业协作，不断提高工程质量、安全、进度、资金和廉洁管理水平，着力展示既有民族精神又有现代化水平的大国工匠风范，持续打造世界一流水平的"四个工程"。

7.5.4 一体化协同委工作机制

大兴机场建设运营一体化委员会工作机制主要包括基本工作机制和专项工作机制，二者共同保障和支撑一体化委员会组织目标的实现。

1）基本工作机制

一体化委员会基本工作机制是指规范其日常工作流程、组织日常工作开展的基本工作规则。首先，其明确了委员会日常工作内容，主要包括研究重点建设项目、工作计划和有关事项，研究解决大兴机场、北京新机场建设指挥部及协同委委员单位在基础设施建设领域的难以解决或存在分歧的重点、难点问题。其次，协同委确定了定期季度全体会议以及不定期专题会议的工作机制。对于定期的季度全体会议，每季度第二个月的月末召开一次全体会议，对推进协同委五大组织目标有关重要内容进行研究。全体会议由协同委主任主持，并签发纪要或协同委有关制度、文件。而对涉及安全运行服务等时效性较强的工作，或者确有需要的议题，可不定期召开专题会议。专题会议由协同委主任主持，或者根据议题内容由协同委主任授权副主任主持召开，并签发纪要或协同委有关制度、文件。专题会议由协同委办公室主任与各组组长梳理汇总需要上专题会议研究的议题。有关议题在上会前应履行必要的会签或论证程序。会议结束后，由协同委办公室会同各组组长对有关决议进行督办。

2）专项工作机制

大兴机场建设运营一体化协同委员会确立了以“四库”为核心的专项工作机制，即建设项目库、课题标准库、复合人才库以及问题督办库。

（1）建设项目库的设立旨在将需协同委审议的“四型机场”建设项目，以及其他需协同委研究的建设、改造项目重点研究统筹管理。根据有关规定或协同委认为需上报民航局、首都机场集团审批、备案的，在履行相关手续后进入建设项目库。根据实际制订项目综合管控计划，有效推动项目协同发展。表7.1所列为项目库中已完成建设的部分项目。每个建设项目库中项目在入库时即明确主要责任部门及主要协助部门，并随即建立基于该项目的专员、专班等一体化沟通机制，确保项目按照既定目标完成。

表7.1 协同委建设项目库部分已完成项目

编号	项目名称	建设内容	责任部门	协助部门
1	大兴机场公务机楼工程建设	本工程占地面积约8.15万m^2，总建筑面积4.4万m^2，包括公务机楼（1.15万m^2）、维修机库（5 000 m^2）、1#至5#停机库（2.7万m^2）及人防地下室（800 m^2），公务机楼为3层钢框架结构，停机库为1层混凝土柱加排架结构，维修机库为1层混凝土柱加网架结构	北京新机场建设指挥部工程一部	公务机公司（资产接收） 贵宾公司（资产接收） 北京大兴国际机场公共区管理部（属地管理） 动力能源公司（能源接驳）

（续表）

编号	项目名称	建设内容	责任部门	协助部门
2	远机位APU替代设施	79个远机位APU替代设施	北京新机场建设指挥部工程二部	北京大兴国际机场技术工程部(资产管理) 北京大兴国际机场飞行区管理部(属地管理) 北京大兴国际机场公共区管理部(交通管制) 北京大兴国际机场运行管理部(协调机位) 动力能源公司(能源接驳) 安保公司(安检道口)
3	N0泵站建设	泵站占地面积约820 m²，为地下构筑物，二级泵站，外排流量为15 m³/s	北京新机场建设指挥部工程二部	北京大兴国际机场技术工程部(资产管理) 北京大兴国际机场飞行区管理部(净空管理) 北京大兴国际机场公共区管理部(属地管理、资产接收) 动力能源公司(能源接驳)
4	非主基地航空公司生活服务设施工程建设	总建筑面积为83 917.79 m²，总高度为31.6 m，分为A座、B座、C座三个单体，A座、B座主要功能为轮班宿舍区，C座主要功能为职工餐厅	北京新机场建设指挥部工程二部	机场物业公司(资产接收) 北京大兴国际机场飞行区管理部(净空管理) 北京大兴国际机场公共区管理部(属地管理) 动力能源公司(能源接驳)
5	行政综合楼业务用房、安防中心业务用房建设	总建筑面积69 345 m²，总共分为1♯～4♯四栋楼，局部最高9层，其功能为集餐厅、报告厅、档案室和陈列厅一体的多种功能组合建筑	北京新机场建设指挥部工程二部	北京大兴国际机场技术工程部(资产管理) 北京大兴国际机场行政事务部(资产接收) 北京大兴国际机场飞行区管理部(净空管理) 北京大兴国际机场公共区管理部(属地管理) 动力能源公司(能源接驳)

（2）课题标准库的建立旨在对获得国家、地方、民航局和其他政府部门、首都机场集团立项批准的"四型机场""四个工程"相关的基础设施建设类课题进行着重研究和统筹管理。另外，其他国家、民航局、首都机场集团关于大兴机场基础设施建设相关的重大政策导向和重要决策部署的课题也相应入库，作为重点研究对象；课题标准库还包括受委托编制的行业标准、引领机场业发展的企业标准以及协同委认为有必要开展的其他课题。

入库的课题和标准覆盖方向广泛，同时包含管理类和技术类课题和标准，不仅致力于已建成项目的运营优化,还服务于大兴机场后续工程的建设及运营能力提升,全面支撑一体化委员会助力建设"四型机场",提升打造"四个工程"能力的宗旨和目标。具体来说,在推动"平安机场"建设方面,如施工现场数字化动态安全质量管理系统研究,基于共享、安全的机场社区云设计和建设研究等;在推动"智慧机场"建设方面,如大兴机场智慧雨水管理模型构建研究,适用于"智慧机场"的乘客电梯系统应用方案研究,大兴机场智慧电网管控系统研究等;在推动"绿色机场"建设方面,如《绿色机场评价导则》标准制定和绿色机场评价标准研究等;在推动"人文机场"建设方面,如《民用机场旅客航站楼无障碍设施设备配置》的修订等。待研究的课题或标准在入库时就明确主责单位、主管单位、参研单位以及资助渠道等,有利于对课题研究进度进行实时追踪和过程监督与支持。同时,课题标准库中大部分课题由大兴机场和北京新机场建设指挥部共同作为主责单位,一方面充分实现二者运营和建设两部分技术、资源的互补和融合,提升研究效率和技术应用水平;另一方面鼓励二者互相监督,确保课题的研究质量。

(3)复合人才库工作机制则主要以建设项目和研究课题为抓手,以建立既懂建设、又懂运营管理的复合人才库为目的,通过面向协同委委员单位举办专题培训、短期借调、挂职交流、抽调骨干成立专项小组等方式加强对复合人才的培养。协同委第一次会议后,大兴机场和北京新机场建设指挥部基于建立复合人才库的专项工作机制,牵头建立了工程建设与机场运行人才挂职交流机制,编制了北京新机场建设指挥部与首都机场集团管理学院战略合作框架协议,并开展了国际项目管理专业资质认证、建设运营一体化以及工程建设管理的专项培训,为大兴机场后续工程建设运营储备了大量的复合人才。

(4)问题督办库专注于全面暴露并解决阻碍机场完成各类建设及运营目标的重点、难点问题,这类问题多为同时涉及建设及运营单位的建设运营界面问题。该机制的运作需要大兴机场、北京新机场建设指挥部以及相关委员单位持续体察并提出需协同委协调解决的基础设施建设类问题,经协同委审议后纳入督办问题库,进行动态跟踪管理。待重点督办的建设或运营问题在入库时则明确问题督办的主责单位和协助单位,当即建立同时包含运营单位和建设单位的问题导向的专班或专员等一体化沟通机制,确保问题按照预计完成时限解决,力争对运营影响最小化。

第8章
建设与运营信息一体化

信息指的是用口头、书面或者电子的方式传输(传达、传递)的知识、新闻等,常见的信息表达形式有声音、文字、数字等。项目的信息管理可理解为通过对各个系统、各项工作、各种数据的管理,使项目的信息能方便有效地获取、存储、存档、处理和交流,它最终为项目的增值而服务[1]。在传统项目管理中,信息管理是重要的组成部分,也是较为薄弱的环节。工程项目的信息涵盖项目全生命周期产生的各种信息,具有数量巨大、类型复杂、来源广泛、动态变化和应用环境复杂等特征,随着项目复杂性的增加,管理工作面临严峻考验。在科学技术飞速发展的今天,如何运用信息化手段实现信息价值已成为建筑业的重要研究课题。

8.1 建设与运营信息分离的弊病

8.1.1 传统信息流失的弊病

建设工程从开始到结束通常持续时间较长,在传统管理模式下可分为前期决策、设计、招投标、施工、运营及结束回收等多个阶段。建设工程信息是一个广泛的概念,它自项目开始之日起创建,涵盖决策、实施、运营等多个阶段,包括技术、经济、管理和法律等各个方面,经历了从无到有的累积过程。

鉴于建设工程的特殊性,在相当长的项目周期内,原来没有直接关系的多个单位、各种工作人员相继参与到项目中来,了解项目具体需求、掌握相应信息、产生并处理新的工程信息,在工作结束后相继退出,并将一部分不为其他单位或人员所掌握的信息带走,造成了一定程度的信息流失[1]。

建设工程生命周期的信息可分为工作信息和 As-built 信息两类,工作信息是指从

---

[1] 丁士昭.建设工程信息化导论[M].北京:中国建筑工业出版社,2005.

决策、设计到施工等各个阶段的所有信息，As-built 信息是指描述建筑物如何建造的信息，包括现场变更等。目前，不同阶段间的信息流失主要由各个阶段信息的分离管理以及基于纸介质的信息传递技术造成，如图8.1所示[1]。

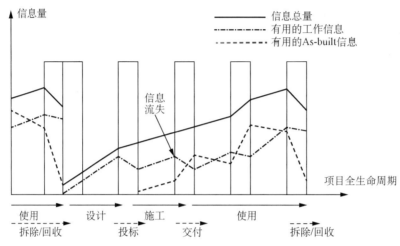

图 8.1   建设工程不同阶段的信息流失

（1）从信息总量看，使用阶段的信息很少用于工程的设计和施工过程，信息流失严重，再利用水平较低。

（2）从工作信息来看，随着项目各阶段的推进，信息得到了积累和发展，但是，各阶段交替之时，新的单位和人员参与项目中，他们对原有大量信息未知，信息存在流失，缺乏体系性和完整性。

（3）在设计阶段，设计者无法利用已有的 As-built 信息，设计信息可利用性大大降低。

（4）在施工阶段，由于传统设计信息表达的缺陷、信息传递手段的落后、信息管理和知识管理的水平较低等，施工单位在投标时无法完全掌握设计信息，在施工时无法获取必要的 As-built 信息，在项目交付时无法将 As-built 信息交付给业主，从而造成了有用信息的大量流失。

（5）在运营阶段，运营管理人员不断积累新的信息，但这些信息仍然只掌握在运营管理单位手里，没有和前一阶段的信息进行集成，信息的再利用性较差。

传统信息流失的现象对于项目实施具有非常严重的负面影响，主要集中在两个方面。①造成了时间和资源的浪费。每个阶段工作的前半段时间都需要投入大量的人力来重复上一阶段已经进行过的一些工作，以得到一部分的丢失信息，严重影响了工作的效率。②反复的信息流失造成了无法避免的工作失误和经济损失。某些信息损

[1]   李永奎.建设项目管理信息化[M].北京:中国建筑工业出版社,2010.

失难以完全恢复，这就存在信息误差，反复的信息流失容易形成各阶段信息误差的累积，影响工作的衔接和相互配合，造成严重工作失误，项目难以达到理想的准确性和完整性。

因此，如何避免传统信息流失的弊病是工程领域信息化的一项重要任务，这需要结合国内外信息技术的发展，对传统项目管理方法、工作程序、手段和工具等进行系统性变革。

8.1.2 传统信息交流的弊病

信息交流指项目参与方对项目信息的交换与共享，交流是协调与合作的前提和基础，对项目的进展具有重要影响。许多研究表明，有效的信息交流对于项目的成功执行具有重大的意义。国际有关文献显示，建设工程项目增加的 10%～33% 费用与信息交流问题有关，在大型建设工程项目中，信息交流的问题导致工程变更和工程实施的错误约占总成本的 3%～5%，这充分显示了信息交流的重要性[1]。

如图 8.2 所示，由于传统建设工程项目实施过程的分离性，各项目参与方的沟通方式基本上采用基于纸质媒介的点对点沟通。这种信息沟通方式常存在以下弊端。

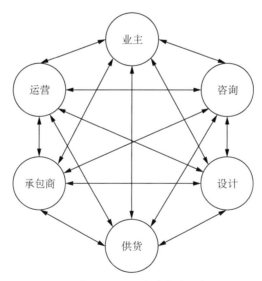

图 8.2　建设工程项目各参与方信息交流

（1）沟通手段落后。传统信息沟通常使用纸质文档、电话、快递和项目协调会等方式，这样不仅容易造成信息传递的延迟，还大大增加了信息沟通的成本。

（2）沟通方式缺陷。传统信息交流方式加大了信息沟通的路径和层次，过长的路径和过多的层次不仅造成了信息传递的延误，更容易造成信息传递过程中的信息缺失

[1]　丁士昭.建设工程信息化导论[M].北京：中国建筑工业出版社，2005.

和扭曲,这些都会直接影响项目实施的协同工作效率和决策质量。

（3）缺乏业主参与和控制。分散的、点对点的沟通方式使得业主无法对各参与方的信息交流进行有效的参与、控制和管理,增加了业主方在项目实施时的风险。更为重要的是,在传统信息交流中,业主往往被动接受大量信息,容易造成信息过载现象,降低了业主方的信息处理效率。

（4）造成信息流失。在传统项目管理中,与项目有关的信息广泛使用纸质文档,给信息的传递和存储带来不便。此外,由于项目参与方众多,每个参与方退出后都有一部分不为其他单位所掌握的信息被带走,使得项目信息大量流失。

（5）信息加工利用深度不够。原始信息一般情况下处于一种初始的、零散的、无序和彼此独立的状态,不利于传递和利用,通过加工能够将其转化为便于传递和利用的形式。然而,在点对点的信息沟通方式中,许多项目的管理人员容易直接传递和应用原始信息,忽略对信息的加工和利用,无法充分发挥信息的价值。

（6）出现"信息孤岛"问题。在我国建筑领域信息化发展的过程中,由于缺乏统一的信息交换标准和信息集成机制,使得项目各参与方难以进行合理的互联互通,信息呈现出分离割裂的状态,交换和共享困难,因而形成"信息孤岛"问题[1]。目前,"信息孤岛"问题让项目管理人员难以对工程进行全局把控,严重影响了建筑业的生产效率,制约了信息技术在工程建设中的应用和发展,是亟待解决的重要问题。

传统信息交流的弊病严重制约了项目信息的传递、加工和应用,影响了项目信息的准确性、系统性和完整性,要解决信息交流难题,除了要对传统建筑业生产方式和组织方式进行变革,还需要先进的信息技术和通信技术的支撑。20世纪90年代以互联网为核心的信息技术的突破,为改善传统建筑业中信息交流状况提供了前所未有的机遇[2]。

8.1.3 建筑业的"数字鸿沟"与"信息孤岛"

1）数字鸿沟

"数字鸿沟"（Digital Divide）,又称为信息鸿沟,该概念最早于20世纪90年代提出。国内外许多学者和组织都对"数字鸿沟"提出了相应的概念。其中,美国国家远程通信和信息管理局（NTIA）将"数字鸿沟"定义为当代信息技术领域中存在的差距现象,它既存在于信息技术的开发领域,也存在于信息技术的应用领域,特别是指由网络技术产生的差距[3]。经济合作与发展组织（OECD）认为"数字鸿沟"是指不同社会经济层面的个人、家庭、企业和地理区域,在获取信息和通信技术以及在各种活动中利用

[1] 肖晶.建筑信息模型（BIM）在成本管理中的应用[J].环球市场,2018（7）:100.
[2] 丁士昭.建设工程信息化导论[M].北京:中国建筑工业出版社,2005.
[3] 陈旭东.数字鸿沟:信息时代的基尼系数[J].信息产业报道,2001（9）:50-51.

互联网的机会及其使用方面的差距[1]。

"数字鸿沟"通常可分为国家之间的数字鸿沟（全球的数字鸿沟）和国家内个人/群体之间的数字鸿沟（国家内部的数字鸿沟），它广泛存在于国与国、地区与地区、产业与产业之间，已经渗透到人们生活的方方面面。而且，数字鸿沟在近年来呈现出扩大而非缩小的趋势，是各国及各个群体需要克服的重要障碍[2]。

在建筑业和基本建设领域，我国和发达国家之间存在一定的数字鸿沟，主要反映在信息技术在工程管理应用的观念上，也反映在有关的知识管理以及书籍的应用等方面。在产业与产业之间，由于建筑业的特性，目前建筑业信息技术的开发和应用及信息资源的开发和利用效率较差，使建筑业相对其他产业之间也存在较大的数字鸿沟[2]。如何找到跨越"数字鸿沟"的有效途径是整个建筑业需要迫切解决的问题。

2）信息孤岛

"信息孤岛"指的是一个个相对独立的不同类型、不同学科的数字资源系统[3]。当前建设工程项目管理中普遍存在着"信息孤岛"问题：建筑业的信息应用并没有从整个建筑业的角度考虑跨领域的信息传递和共享需求，实际建设项目实施过程中也缺乏立足于项目角度统一的信息交流机制，造成了建筑业各领域、项目各参与方之间难以进行有效的信息沟通，形成了分离割裂的一个个"岛屿"[2]。

"信息孤岛"所带来的弊端是显而易见的，可分为以下四个方面。

（1）信息不能及时地共享和反馈是"信息孤岛"的突出问题，各项目参与方不能有效掌握项目信息，影响工作的顺利开展。

（2）"信息孤岛"无法有效提供跨组织、跨部门的综合性信息，各类数据不能形成有价值的信息，局部的信息不能提升为管理知识，决策支持只能是空谈。

（3）"信息孤岛"导致信息需要多向采集和重复输入，影响数据的一致性和正确性，项目参与方面对不一致的数据可能无所适从，使得大量的信息资源不能充分发挥应有的作用。

（4）"信息孤岛"使得业主对外与设计方、咨询方、建设方和运营方，对内各部门之间的沟通、协调和协作无法形成集成化管理。

相互独立、各自封闭的"信息孤岛"，严重阻碍了管理人员对于信息的获取，已成为制约工程领域信息技术应用和发展的瓶颈，如何从"孤岛"走向"联通"成为越来越多专家关注的重点问题。

随着全球化的进一步发展，建设工程项目逐步向复杂化、智能化和集成化发展，项目完成速度要求越来越快，集成化服务越来越普及，建筑业面临着新的挑战，传统项目管理

［1］ 徐芳，马丽.国外数字鸿沟研究综述[J].情报学报，2020，39(11)：1232-1244.
［2］ 丁士昭.建设工程信息化导论[M].北京：中国建筑工业出版社，2005.
［3］ 李希明，梁蜀忠，苏春萍.浅谈信息孤岛的消除对策[J].情报杂志，2003，22(3)：61-62.

中信息流失、信息交流的问题越来越突出,"数字鸿沟"和"信息孤岛"问题也亟待解决,必须对传统建筑业的生产方式和组织方式进行一场深刻变革,通过引入和利用新的方法和工具来减少建设与运营信息分离的危害,对传统建筑业进行根本性的重构和改造[1]。

8.2 全生命周期集成管理的核心

传统的管理模式中项目从开始到结束所经历的各阶段相互独立,缺少对建设项目真正从全生命周期角度进行分析,难以实现所谓的全生命周期目标,且各参与方负责的工作内容不同,参与的阶段不同,无法共同服务于项目整体,创造项目的最大价值。因此,针对"分离"所带来的现实问题,需要运用集成化管理的思想进行变革,全生命周期集成管理应运而生。

8.2.1 全生命周期集成管理的定义

目前,有关建设工程生命周期的概念有很多,包括全生命周期管理、生命周期管理、全生命周期集成管理等。

项目全生命周期可理解为包括整个建设项目的建造、使用以及最终清理的全过程[2]。针对建设工程生命周期管理(Building Lifecycle Management,BLM),目前大多引用 Autodesk 的定义:贯穿于建设全过程即从概念设计到拆除或拆除后再利用,通过数字化的方法来创建、管理和共享所建造资本资产的信息[3]。

建设工程生命周期管理理念的核心是通过在建设工程全生命过程中有效的信息管理为建设工程项目的建设和使用增值,有效的信息管理是指有效地共享信息。BLM 理念的提出是集成化管理在建设工程信息管理中的体现,是建设工程信息管理领域的一项重大变革和创新[4]。通过 BLM 的基本内涵可加深对 BLM 概念的理解,主要包括以下几个方面[4]。

(1)BLM 是一种理念,目的是使建设工程项目增值。

(2)BLM 覆盖工程项目的全生命周期,包括决策阶段、实施阶段和运营阶段(甚至包括再建和拆除)。

(3)BLM 的核心是信息管理,包括信息的创建、管理、共享和使用等,充分挖掘信息的再利用价值。

(4)实现 BLM 所必不可少的手段是相关软件系统。

[1] 李永奎.建设工程生命周期信息管理(BLM)的理论与实现方法研究[D].上海:同济大学,2007.

[2] 周和生,尹贻林.政府投资项目全生命周期项目管理[M].天津:天津大学出版社,2010.

[3] 李永奎.建设项目管理信息化[M].北京:中国建筑工业出版社,2010.

[4] 丁士昭.建设工程信息化导论[M].北京:中国建筑工业出版社,2005.

建设项目全生命周期集成管理（Life Cycle Integrated Management，LCIM）是一种新型的管理模式，它将传统的管理模式中相对独立的决策阶段开发管理（DM），实施阶段业主方项目管理（PM），运营阶段设施管理（FM）运用管理集成理念，在管理目标、管理组织、管理方法和管理手段等各方面进行有机集成（不是简单叠加）[1]。

基于全生命周期集成管理这一理论基础，以建设运营一体化、项目全生命整体利益最大化为目标，旨在通过协调和整合项目的建设与运营各方面的工作，实现对项目的综合性管理。BLM 和 LCIM 都是集成化理念的具体应用，都为项目增值提供服务，都强调管理理念、管理组织、管理方法和管理手段等各要素的有机集成。

8.2.2 信息一体化的意义

建设与运营信息一体化与全生命周期集成管理一脉相承，关键是要树立全生命周期管理思路。信息一体化可理解为通过系统解决方案，支持协作性地创建、管理、共享和使用项目相关信息，将工程项目决策、实施和运营阶段的信息有机集成，通过充分的信息交流和传递，实现项目增值。

建设工程信息化为信息一体化提供了实现的有效途径。建设工程信息化指的是建设工程信息资源的开发和利用，以及信息技术在建设工程中的开发和应用。一方面，在投资建设一个新的工程项目时，应重视开发和充分利用国内和国外同类或类似建设项目的有关信息资源；另一方面，应在建设项目决策阶段的开发管理、实施阶段的项目管理和使用阶段的设施管理中应用信息技术。

建设工程信息化背景下的信息一体化具有如下意义。

（1）为消除产业之间的"数字鸿沟"提供了可能性。

建筑业与制造业之间存在着明显的"数字鸿沟"。建筑业本身具有涉及专业广泛复杂、参与方众多、从业人员素质参差不齐的特点，信息化水平不高，信息技术的应用和发展明显落后于制造业。

信息一体化为跨越"数字鸿沟"提供了良好的机遇，以改善建设工程中的有效沟通和实现信息化管理为契机，通过建设工程信息资源和信息技术的全过程、全方位开发和利用，推动建筑业拥抱信息时代，促进行业进步，为产业之间"数字鸿沟"的跨越创造条件[1]。

（2）通过信息资源开发和利用，在项目延伸中发挥信息资源的价值。

信息一体化能够实现信息资源的充分开发和利用，在吸取类似建设项目经验和教训的基础上，许多有价值的组织、管理、经济、技术和法律信息会进一步整合，这些信息将为新项目决策阶段方案选择、实施阶段目标控制、运营阶段设施管理提供参考和依据。

---

[1] 丁士昭.建设工程信息化导论[M].北京：中国建筑工业出版社，2005.

（3）运用信息技术的应用，重构项目信息的创建、管理和共享，促进信息高效传递与共享。

信息技术在工程管理中的开发和应用有以下益处：①信息存储数字化和存储相对集中，有利于数据和文件版本的统一，为建设项目信息检索和查询以及文档管理提供便利；②信息处理和变换程序化，有利于提高数据处理的准确性和效率；③信息传输的数字化和电子化，可提高数据传输的抗干扰能力，使数据传输不受距离限制并可提高数据传输的保真性和保密性；④信息获取便捷、信息透明性提高、信息流扁平化，有利于项目各参与方之间的信息交流和协同工作[1]。

8.2.3　建设运营一体化信息平台

1）建设运营一体化信息平台的概念

建设运营一体化信息平台是实现信息一体化的重要载体，它是基于互联网技术为建设工程增值的重要管理工具，也是工程管理领域信息化的重要标志。建设运营一体化信息平台是一种项目信息门户（PIP），它是在对项目全生命过程中项目各参与方产生的信息和知识进行集中管理的基础上，为项目参与各方在互联网平台上提供一个获取个性化项目信息的单一入口、高效率信息交流和共同工作的环境。其中，全生命过程包括项目的决策阶段、实施阶段（设计阶段、施工阶段、动用前准备阶段和保修期）和运营阶段。项目各参与方涵盖政府主管部门和项目法人的上级部门、金融机构（银行、保险及融资咨询机构）、业主方、工程管理和技术咨询方、设计方、施工方及运营方等。信息和知识包括以数字、文字、图像和语音表达的组织类信息、管理类信息、经济类信息、技术类信息以及法律法规信息[2]。

通过集成大量的项目信息交流和协同工作的工具，并以项目为中心对项目实施过程中产生与使用的信息进行集中存储和管理，项目的任一参与方通过网络能够在任何时间和任何地点获取工程信息，摆脱了传统信息交流与协同工作所面临的时间和空间的限制，大大提高了信息的准确性、可获取性和可重用性。此外，项目参与方在项目实施过程中通过信息门户进行的所有通信、会议纪要、工程变更和图纸版本等都将被记录下来，保证了工程状态的可追溯性，从而为项目参与方之间工作冲突、合同纠纷的解决以及索赔的分析和裁定提供充足的资料保证[3]。

2）建设运营一体化信息平台的功能与应用

建设运营一体化信息平台的核心功能有三项，分别为：文档管理（Document Management）、项目信息交流（Project Communication）和协同工作（Collaboration

［1］李永奎.建设项目管理信息化［M］.北京：中国建筑工业出版社，2010.
［2］丁士昭.建设工程信息化导论［M］.北京：中国建筑工业出版社.2005.
［3］戴彬.项目信息门户的概念及实施分析［J］.同济大学学报（自然科学版），2005，33（7）：990-994

Work），如图 8.3 所示。

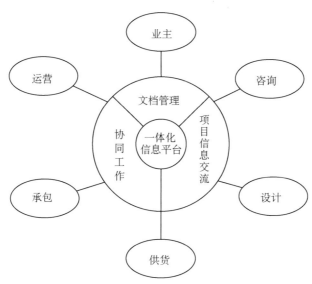

图 8.3　建设运营一体化信息平台核心功能图

除了核心功能，建设运营一体化信息平台还具备一些拓展功能，图 8.4 较为系统地展示了平台应具备的各项功能，包括系统管理、桌面管理、任务管理、文档管理、工作流程管理、项目信息交流和项目协同工作七项，在具体项目的应用中可结合实际情况进行选择和拓展[1,2]。

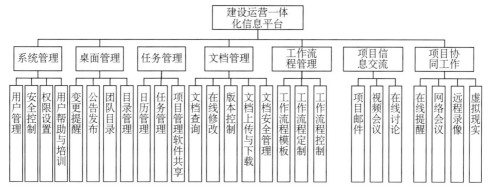

图 8.4　建设运营一体化信息平台功能结构图

具体功能说明如下：

（1）系统管理，包括用户管理、安全控制、权限设置及用户帮助与培训。

［1］　乐云，马继伟.工程项目信息门户的开发与应用实践［J］.同济大学学报（自然科学版），2005，33（4）：564-568.

［2］　丁士昭.建设工程信息化导论［M］.北京：中国建筑工业出版社，2005.

（2）桌面管理，包括变更提醒、公告发布、团队目录和目录管理。

（3）任务管理，包括日历管理、任务管理和项目管理软件共享。

（4）文档管理，包括文档查询、文档在线修改、版本控制、文档上传和下载以及文档安全管理。

（5）工作流程管理，包括基于工作流程理论的流程模板、流程定制及流程控制。

（6）项目信息交流，主要是使项目主持方和项目参与方之间，以及项目参与各方之间在项目范围内进行信息交流和传递，包括项目邮件、视频会议、在线讨论等。

（7）项目协同工作，包括在线提醒、网络会议、远程录像，以及虚拟现实等内容。

3）建设运营一体化信息平台的价值与意义

建设运营一体化信息平台应用于建设项目全生命周期之中，对于信息管理具有重要意义，主要表现在以下几个方面。

（1）降低项目的实施成本。

传统的工程管理主要依靠纸质函件、电话、会议、传真和商务旅行等进行信息交流，成本高、效率低，信息归档麻烦，且不便于二次查找和利用。加之项目各参与方的组织分离，需在各方中交流的信息处理程序更为复杂，信息流转中失误很多，容易造成不必要工程变更，增加实施成本。建设运营一体化信息平台能够使项目参与方可以通过单一入口访问工程所需信息，达到降低信息交流与协同工作的复杂程度，从而大大提高信息交流的效率，降低获得所需工程信息的成本，也减少了不必要工程变更造成的成本增加。

（2）缩短项目实施时间。

据统计，现代建设项目中，工程师工作时间的 10%～30% 是在寻找合适的信息上，而项目管理人员则有 80% 的时间是用在信息的收集和准备上[1]。建设运营一体化信息平台采用对信息集中存储和管理的方式，改变了传统信息分散、无序的状态，有利于各方的信息管理，从而提高项目各参与方的工作和决策效率，加快项目实施进度，缩短项目实施时间。

（3）提高工程建设的质量。

建设运营一体化信息平台可以为业主、设计单位、施工单位及供货单位提供有关设计、施工和材料设备供货的信息。在一定的授权范围内，这些信息对业主、设计单位、施工单位及供货商是透明的，从而避免了传统信息交流方式带来的弊端，有利于工程项目的设计、施工和材料设备采购的管理与控制，为获得高质量的工程提供有力的保障[2]。

［1］ 丁士昭.建设工程信息化导论[M].北京:中国建筑工业出版社,2005.

［2］ 乐云,马继伟.工程项目信息门户的开发与应用实践[J].同济大学学报(自然科学版),2005,33(4):564-
568.

（4）降低项目实施风险。

建设运营一体化信息平台最突出的优点是在对项目文档进行集中管理的基础上，通过互联网实现项目信息的有效交流，以保证项目参与各方的同步工作。有效交流的特征之一是及时性，要求交流各方在尽可能短的时间内交换信息，并使其发生效用，及时准确的信息能够减少项目的不确定性，降低工程风险，提高决策人员对于工程实施的预见性，做出高质量决策[1]。

（5）促进项目总体价值最大化。

在传统的项目管理中，建设工程项目的各个阶段相互割裂，运营方较难获得项目实施阶段的信息，对实施的全过程进行有效跟进，容易造成项目建成后不能完全满足运营需求的结果，而此时再对项目进行整改则要付出巨大代价。建设运营一体化平台的应用，能够让运营方及时获取项目实施过程中的各种信息，并适时参与决策和变更之中。畅通的信息交流为项目目标的控制和实现打下了良好的基础，有利于项目在运营阶段发挥出最大的价值，实现项目总体价值最大化。

8.2.4　BIM 技术对信息一体化的影响

建设工程产品信息的集成是实现信息一体化的基础。建设工程项目信息一体化要求信息必须具备完整性、唯一性和整体性，看似并不复杂，但在实际工作中实现程度并不高。目前，建筑信息模型（Building Information Model，BIM）的应用趋势，让信息一体化从理想变为现实。

BIM 的内涵比较抽象，具有不同的界定视角，同时也在不断的发展中，国际标准组织设施信息委员会将 BIM 定义为：在开放的工业标准下对设施的物理特性、功能特性及其相关的项目生命周期信息的可计算的形式表现，因此能为决策提供更好的支持，以更好地实现项目的价值。其补充说明中强调，建筑信息模型将所有的相关方面集成在一个连贯有序的数据组织中，相关的应用软件在被许可的情况下可以获取、修改或增加数据[2]。

BIM 的标准化主要包含两个方面的内容：一是建筑模型的标准化，涉及建筑构件、材料配件、设计标准等方面的问题；二是信息模型数据的标准化，涉及数据结构和数据的管理、输入、输出等技术问题。

BIM 的应用可以极大地提升建筑业的生产效率，进而使其成为更具竞争性又持续对经济贡献价值的行业，它对于建设工程项目信息一体化的影响是多方面的，具体如下。

［1］　曹萍，谢立言，王庆熙.项目信息门户及其比较分析[J].管理学报，2005，2(z1)：43-46.
［2］　丁士昭.建设工程信息化导论[M].北京：中国建筑工业出版社，2005.

（1）BIM 技术的应用实现了建设工程项目信息全面、系统的数字化。数字化是信息一体化的核心。近年来，以大数据、云计算为代表的新一代信息技术正不断培育新的产品形态和服务方式，多方面冲击着各行业的运作模式，在此背景下，相比制造、服务等行业，建筑业长期面临着经济增长方式落后、行业整体效益低下、资源能源消耗较高和科技含量偏低等问题，迫切需要数字化转型[1]。BIM 技术以数据为关键要素，能够深化建筑行业的数字化，减少建筑业与其他行业之间的"数字鸿沟"，改变建设工程项目的信息交流方式，继而优化项目管理模式，消除各参与方之间的"信息孤岛"，发挥信息的再利用价值。

（2）BIM 技术在信息数字化的基础上还会催生出信息处理的半自动化和自动化。可大量减少信息在处理过程中受人的影响因素，从而减少其中的随意性。BIM 的技术核心是一个由计算机三维模型形成的数据库，容纳从概念产生到使用终结的全过程信息，并且将各种信息始终建立在一个三维模型数据库中。基于此，建筑信息模型可以持续即时地提供设计、进度、成本等信息，软件的信息汇总和处理能够解放人工数据采集和计算，从而在理论上达到数据的准确性和完整性，避免各种失误。

（3）BIM 技术使得信息管理过程具备良好的条理性和逻辑性，确保了信息的唯一性，可有效避免因多方管理和多次处理造成管理混乱。在传统项目管理中，很容易出现一个文件有多个版本、各方相关数据不吻合等问题，BIM 能够持续即时地提供各种项目信息，形成不同信息主体间完整可靠的协调关系，并在综合数字环境中保持信息不断更新且可提供访问，让各参与方清楚、全面地了解项目，确保信息的准确性和唯一性，促进信息流动。

（4）BIM 的应用在促进信息数字化的基础上，改变了所传递信息的内容格式，重构了项目各参与方之间信息交流和沟通的方式，促进了信息共享。基于信息技术的应用，建设工程各参与方之间、管理人员之间的纸质媒介交流将逐步被软件之间的数据传输取代，数据传输在信息准确性和完整性方面也远超传统点对点的沟通方式。此外，信息的可利用性和信息的标准化密切相关，BIM 的标准化也减少了信息之间不兼容的问题。这些都大大提高了项目各参与方信息共享的程度，通过改变沟通方式，确保了共享的深度，减少了信息传递的含糊不清、信息的流失和误解，一定程度上解决了信息一体化所需的信息整体性问题。

8.3　建设与运营信息的集成

在传统的项目管理中，由于时间和空间的限制，建设与运营信息呈现分离的状态，

[1] 陈珂,杜鹏,方伟立等.我国建筑业数字化转型:内涵、参与主体和政策工具[J].土木工程与管理学报,
2021,38(4):23-29.

造成信息管理的低效。信息一体化提供了基于项目全生命周期视角对项目各参与方、各阶段的信息进行集成管理的新思路。信息一体化的起点是信息,首要条件是信息的集成,应用以 BIM 为代表的信息技术,可重构建设工程项目信息的创建、收集、管理和共享,弥补"数字鸿沟"、消除"信息孤岛",实现信息一次创建、多次使用、高度共享。

8.3.1 信息的创建

建设项目信息是一个复杂、庞大的系统,不同类型的信息源于项目的不同阶段、不同的参与方,根据不同的分类标准,建设项目信息可以分为不同的类型。按照信息的存在方式,可分为数字、文字、图片、图像和声音等;按照信息的内容,可分为技术信息、经济信息、管理信息和法律信息等;按照建设工程项目实施的主要工作环节,可分为决策阶段的信息、设计阶段的信息、招投标阶段的信息、施工安装信息和设备材料供应信息等;按照项目参与方,可分为业主单位信息、设计方信息、建设单位信息、施工单位信息和运营单位信息等[1]。

建设工程项目各个阶段的信息有着明显不同的特征,对项目实施也呈现出不同的影响,创建过程存在较大差异,并需要在不同程度上进行完善和发展,以满足信息一体化的要求。以项目实施各阶段为前提,基于全生命周期视角对信息的创建阐述如下:[2]。

建设工程的决策阶段主要定义项目目标、项目选址、各阶段任务和平衡功能及成本之间的关系,包括定性和定量的信息,多以非几何信息对项目情况进行抽象描述。决策阶段的信息是初始信息,以宏观项目描述为主,影响设计与后续工作,需要具备灵活性,在不需要太多损耗的情况下,可修改、删减主要信息。对于项目本身,参数和功能描述类信息,如规模、功能分区、面积参数等,对后续设计影响较大。因此,决策阶段信息的创建是在综合性的层面上,涉及多个领域、多个阶段、多个方面。

决策阶段所创建的信息会在后续的设计阶段以及实施阶段中进一步分解,成为详细的、系统的技术、经济和其他信息。虽然没有相应的工具用于决策阶段的信息创建,但这些信息会在实施阶段的各个方面表现出来,并作为整个信息模型的有机组成部分[3]。

建设工程的设计阶段主要产生技术性解决方案,将功能性标准转化为可实施的模型,以用于实施建造,确保项目既定目标的实现,设计阶段需要更多的抽象和模拟信息。设计工作是多专业共同的工作,设计过程是一个不断修改、变更和完善的过程,变更管理、版本管理、并行控制和信息跟踪是设计信息管理的重要内容。设计阶段的成

---

[1] 杨洁.建设项目全寿命周期信息管理研究[D].南京:东南大学,2004.
[2] 李永奎.建设工程生命周期信息管理(BLM)的理论与实现方法研究[D].上海:同济大学,2007.
[3] 丁士昭.建设工程信息化导论[M].北京:中国建筑工业出版社,2005.

果是项目产品模型的一系列规格说明和描述。

设计阶段创建信息的过程是一个渐进的过程,整个过程所产生的设计文件和数据将构成信息模型的核心信息,而其他方面的技术、经济、管理和其他信息则成为核心信息的附属数据。目前,信息技术能够让设计人员利用软件工具直接生成模型中的核心数据,但附属数据仍缺乏有效的工具和手段,难以形成完整的、系统的信息模型,有待于进一步的技术发展。

建设工程的项目实施阶段的主要内容包括制订计划和动态管理。该阶段首要工作是招投标管理,内容涵盖制订施工计划、材料计划以及估算施工成本,主要信息源于设计成果,是设计成果的再加工与创造,产生的信息有可能反馈到设计阶段,引起设计的变更,以优化设计,成果为编制详尽的技术规格书。动态控制是对计划的执行,是支持设计信息和施工计划向建筑实体转化的过程,包括更为详尽的信息,例如增加工具、任务细分、材料采购和设备分配、进度采集、风险管理等,信息包括设计信息、施工计划以及其他相关信息。实施阶段结束后,反映施工方法和过程计划的信息逐渐减少,强调使用性质的信息完整地记录下来。

实施阶段所产生的信息主要是信息模型的核心信息相关联的数据资料,属于附属数据。在这些信息的创建中,有些方面已经具备比较成熟的软件工具,如造价估算、进度计划等,有些仍缺乏相应的软件工具。因此,目前该阶段的数据难以与信息模型中的核心数据建立紧密的对应关系,信息模型缺乏整体性。为这一阶段的信息创建工作开发系统性、成熟的软件工具是未来发展的重点方向[1]。

建设工程的运营阶段主要包括设施设备的运行维护和建筑物的维护管理,需确保大兴机场平稳顺畅运行,发挥自身使用价值。在运营阶段,需要的信息主要包括功能区布局、设备布局、空间房间信息、流量数据、设备参数、运行计划、周围环境信息和气候条件等,以使设备能尽可能地保值增值,项目运行达到既定目标。运营阶段与实施阶段有着较大的差异,该阶段信息主要以设备维护和运行的技术和经济数据为主,信息创建和管理通常有专用的软件工具,且能完成一定的数据处理和整合,未来将会对这些数据资料与实施阶段信息模型进行进一步整合和管理。

8.3.2　信息的收集

信息收集是信息得以利用的第一步,也是关键的一步。信息收集工作的好坏,直接关系到整个信息管理工作的质量。建设工程信息的收集指的是通过各种方式将不同方面的信息集中起来,尤其是对项目至关重要的信息。通过信息的收集,和项目有关的信息能够被有效保存,并集中到信息管理人员手中,形成完整的建设工程项目文

[1]　丁士昭.建设工程信息化导论[M].北京:中国建筑工业出版社,2005.

档系统。建设工程项目的各种信息来自于不同的项目参与方,在项目实施的过程中不断产生,不能遗漏掉任何一类信息,不能忽视任何一个阶段的信息。整体而言,信息收集工作烦琐,持续时间较长。

在传统信息收集工作中,专职的信息管理人员通常以人工的方式在固定期限内(逐日/月/年)通过问询、函件、会议和报告等方式来进行信息的收集。近年来,随着信息技术的发展和应用,各类软件工具为大家所熟知并在信息管理工作中发挥了巨大作用,信息收集的手段有了新的变化。一方面,软件之间直接的数据传递代替了传统的纸质媒介传输,如材料的市场价格信息,可直接通过软件查询,不需要烦琐且高成本的人工操作;另一方面,网络平台的应用给项目管理和技术人员提供了面对面进行信息管理工作的机会,大家可以把有关的数据资料传送到指定数据库中,减少了信息在收集中的流失,节约了传递时间。

BIM 的出现给信息的收集工作带来了全新变革。建筑信息模型作为信息的主要载体,要求尽可能让所有数据资料都成为模型的构成因素,BIM 的应用改变了传统信息收集工作中简单的集中和分类整理工作,通过对资料的数字化处理和整合,对项目信息进行全新的分类和处理,建立起信息间新型的应用关系。

在信息的收集工作中,不论是传统的收集方法还是基于信息技术的收集方法,整个工作的主导都是建设工程项目的业主方。业主方始终参与工程项目的实施,也拥有建设工程信息的所有权。在其主导下,设计方、咨询方、施工方和运营方等多方人员共同参与信息的交流和管理,每一方的参与和信息收集都不可缺少,各个方面的配合和协调才能保证收集到的信息具备准确性和完整性。在信息技术飞速发展的今天,网络平台在信息的收集阶段发挥了重要作用,成为信息收集的可靠工具。由相应软件创造的数字化信息可以自动地、或按照指令直接发送到相应的数据库中,不再需要人工的数据采集和汇总[1]。例如,一些市场材料价格信息就是由有关的软件通过网络连接自动汇总并对相应的数据库进行自动更新。总之,建设工程信息的收集应以业主为主导,各参与方积极参与,主动配合,共同应用信息技术搭建信息模型,实现信息的自动收集,确保工作准确性和完整性。

8.3.3　信息的管理

整个项目的实施过程中需要一个较为完整的工程项目数据资料库,对主要的数据资料进行集中存放和管理,以备随时查询和调阅,这就是建设工程信息的管理。信息的管理工作需要明确以下两点。

（1）信息的管理是在业主方主导,各参与方积极配合下所进行的管理工作。各参

---

[1]　丁士昭.建设工程信息化导论[M].北京:中国建筑工业出版社,2005.

与方是不同的信息创建者和使用者,例如设计人员所完成的信息由建设人员和运营人员使用,这种特性也造成在收集完各类信息后,需要各方共同参与信息管理工作中。

(2)信息管理工作还需考虑不同部门的工作职责和权限问题:有的单位或部门只有查询和浏览的权限,而有的单位和部门可以进行资料的修改、文档的管理和调整等工作;有的单位或部门只能接触到某一阶段或某一方面的信息,而有的单位或部门可以接触到更为广泛、宏观的信息。

信息集中管理的对象是建设工程项目的信息文档,故信息集中管理的第一项工作就是建立信息文档。基于项目管理的工作特性,无法规定一个标准的文档以适应所有的项目,但文档结构的建立通常可以综合参考项目的结构、项目的阶段、项目参与方和信息内容类别等几个方面的情况,根据实际需求进行建立。文档建立不仅需要具备多层次性和严密性,还需要保持一定的灵活性,因为随着需求的变化,文档结构也需要进行一定的调整,以适应信息管理工作的动态变化[1]。

针对特定的文档结构,还需要具备一个完整的文档编码系统,这是文档管理的核心手段,可显著地提升文档管理的效率和准确性。在传统的信息管理工作中,往往进行人工编码,并将所有的资料和文档存在指定的资料室中。随着信息技术的发展,不同的文档管理系统软件逐渐普及,运用文档管理系统实现自动编码,并以此为线索自动变化文档结构,满足不同的工作需求已成为主要的信息管理手段。

将信息的集中管理与网络平台工具相结合,就会产生高效的一体化信息平台,该平台为信息管理工作提供了极大的便利和应用空间,为实现信息集中管理创造了新的条件。

8.3.4　信息的共享

建设工程项目信息管理工作的信息收集和信息集中管理的一个主要目的是为了实现工程信息在各参与方之间的共享,保障信息通畅,在一定程度上消除项目实施过程中的"信息孤岛"。

在传统的工程项目实施过程中,信息共享常采取在各参与方之间建立信息沟通机制、设定信息处理工作流程、制订信息的报告制度等方法,来保证整个建设工程项目信息的透明性,主要通过会议、讨论、函件和公告等双方的、或多方的信息交流方式来实现部分信息的共享。但是,因为交流范围有限、受制于时间和空间限制,很难保证信息的即时性、准确性和完整性,"信息孤岛"现象普遍存在,造成信息可利用性不高,发挥作用有限。

BIM 的出现与应用,为信息的充分共享提供了前所未有的机遇,BIM 的核心是信息,它是集成了建筑物生命周期所有相关信息的数据模型,对建设功能工程项目相关

————————
[1]　丁士昭.建设工程信息化导论[M].北京:中国建筑工业出版社,2005.

信息进行了详尽、真实的表达。通过该模型可以实现建设工程项目全生命周期中信息共享,它包含了建筑项目所有信息的综合数据库,涵盖项目各个阶段、各个方面,这就在很大程度上方便了对建筑生命周期中所有相关信息进行集成管理。

一些新的中间性数据传输标准和传输格式也为信息共享提供了更多的便利和选择,例如微软制定的开放数据库连接标准(ODBC)、国际协同工作联盟发布的建筑产品数据表达标准(IFCs)等。这些都使信息的共享在技术上具有越来越高的可能性。

一体化信息平台的开发和应用也为实现建设功能工程项目信息的共享提供了机会。一体化信息平台消除了传统管理模式中空间上和通信手段上的限制,能够促进信息快捷、准确地流通和共享。基于一体化信息平台,信息管理工作的重心从事务性的信息交流转移到信息交流过程中的程序、权限、职能等功能性任务上,使得信息交流的效率和信息安全得到了更加充分的保障[1]。

此外,与信息收集和信息管理工作类似,信息的共享也需要以业主单位为主导,由其他单位和部门配合参与。业主需以项目的需求为出发点,以自身工作安排为中心,确定信息交流的范围、方式、方法、程序和规范及各参建方的权限和职责等,组织各方共同参与,消除传统管理模式下信息沟通的障碍,由点对点的沟通方式转化为基于平台的沟通方式,基于全生命周期视角,达到整个项目实施过程和实施范围的信息集成和高度共享。

8.3.5　BIM 应用实践

大兴机场基于信息一体化理念,高度重视信息集成化管理,以标准化为前提,大力推行建筑信息模型,使用核心建模软件、碰撞检测软件、算量建模软件和项目管理软件等多种以 BIM 技术为核心的软件,极大地改变了建设工程信息的应用,取得了良好的成效。大兴机场 BIM 的应用贯穿整个项目的全生命周期。BIM 一经建立,持续产生着巨大价值。

在设计阶段,BIM 为大兴机场提供方案论证、解决各专业不协调、不交圈问题,基于 BIM 的协同设计和实时统计分析功能实现设计协调,将设计工作量前移,事前将图纸错误降至最低范围,减少创建文档和协调工作,完成结构分析,快速测算工程量、造价等指标,辅助设计阶段的投资预测。

在施工阶段,BIM 提供可施工性分析,解决工期拖延,避免返工问题,基于 BIM 的可视化沟通和模拟分析功能,对复杂施工技术方案、节点、施工工序进行模拟,进行各专业深化设计及管线综合,将 BIM 与施工现场管理紧密结合,实现基于 BIM 的进度、成本、竣工交付管理,收集整理项目过程信息,实现项目动态管理。

[1]　丁士昭.建设工程信息化导论[M].北京:中国建筑工业出版社,2005.

在运营阶段,BIM 提供设施管理服务,运用 BIM 技术与运营维护管理系统相结合,对建筑的空间、设备资产进行科学管理,对可能发生的灾害进行预防,降低运营维护成本,可将 BIM、运维系统与移动终端等结合起来应用,最终实现设备运行管理、能源管理、安保系统管理等应用。

BIM 技术应用的具体例子如下。

1)航站楼隧道方案比选

由于中南指廊下有京雄高铁、廊涿城际、大兴机场线、预留 R4 在内的高铁、地铁并行穿越而过,在施工过程中,需要为这些线路预留隧道。隧道施工要在外围浇筑一道 2 m 厚的混凝土墙。采用传统的工艺浇筑,可能影响工期。机场技术人员利用 BIM 搭建好的三维模型,依据现场情况搭建"木工字梁"整体模板模型,通过接口插件导入分析软件,在此基础上进行可行性分析论证。在经过反复论证后,该方案可行。同时配合钢木混合龙骨搭建结构骨架,配合使用混凝土智能化测试仪,采用传感技术和微电脑技术,直接通过液晶显示器显示混凝土温度、预测 28 天强度等参数,以此来控制混凝土质量,确保质量过关,大幅提升了施工效率。

2)地下管网系统施工

大兴机场飞行区工程中涉及大量的地下管网,包括给水、污水、再生水、供电电缆和通信电缆等,在以往的项目管理中,都是由施工单位按照施工图进行施工,最终提交竣工图作为成果文件。

在机场扩建过程中,最难的就是探明地下管网,扩建工程大部分属于不停航施工,地下管网如果被破坏,很有可能影响机场正常运行。

大兴机场创新建设地下生命线工程,运用智慧管理平台,对地下管线实现动态监控,采用最先进的设备及技术手段,采集实际的管线位置和管顶高程等信息,对管廊本体及各类管线实时监测,在事故发生时可快速进行应急预案的启动,并根据事故及路径等相关分析功能提高辅助决策能力,实现管廊的智慧管控。智慧管理平台实现了对大数据的综合分析和交互,将信息及时、准确地传输到监控中心,实现设备位置坐标的可视化追踪,建筑信息模型(BIM)展示、3D 动画系统展示、三维模型系统展示和 GIS 地图系统展示等功能,方便机场后期运营维修和后续工程扩建,实现可视化运维管理模式。

3)钢结构施工

大兴机场的钢结构具有体量大、分布广、种类多和结构复杂等特点,用钢量逾 1 万 t,与混凝土结构大直径钢筋连接错综复杂。在正式施工前,深化设计人员利用 BIM 技术,建立空间模型,对所有劲性钢结构和钢筋进行放样模拟,在钢结构加工阶段完成钢骨开孔和钢筋连接器焊接工作,通过节点建模及有限元计算、结构整体变形计算和施工过程模拟优化设计,形成完善的深化设计方案,在指导现场施工方面发挥了重要作用。

8.3.6 未来展望

大兴机场在信息集成上,灵活运用 BIM 技术,着重于将 BIM 技术与设计管理、建造技术、信息化技术和运营管理相融合,用系统论的方法集成化考虑项目的建设与运营,构建建筑信息模型,在设计与建设阶段提前发现运营可能出现的问题、防范风险,科学高效地解决项目难题,提升了管理效率,已成为 BIM 技术应用发展的典型案例。如图 8.5 所示,基于 BIM 技术的应用,大兴机场打破了各阶段互不连通的局面,通过构建多个完整的数据库,使得前一阶段的信息完整交付下一阶段,发挥协同作用,促进信息再利用,发挥项目的价值。

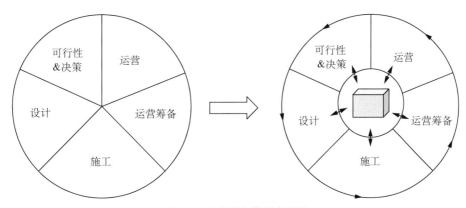

图 8.5　建筑信息模型应用图

在大兴机场后续项目建设中,首都机场集团将以信息一体化为行动指南,将 BIM 技术的应用摆在战略高度,基于一期工程的成功经验,将运营信息作为后续设计与建设的参考,整合两期信息资源,创新应用模式,持续扩大 BIM 技术的应用群体和应用深度,逐步实现 BIM 技术全覆盖,形成项目价值最大化。

8.4　建设与运营信息系统的集成

信息集成的下一个层次就是信息系统集成,信息系统的集成是实施信息一体化的重要手段。重大工程参与方众多,各参与方使用软件系统的不兼容性造成了自动化孤岛,给生命周期信息流带来了人为障碍,使得设计、施工和运行之间仍然依赖以纸张和文档为主的信息交流,从而产生了传递错误、时间浪费和工作重复。信息系统的集成为自动化孤岛的消除创造了条件,它能够打破软件系统的限制,将各类信息系统进行有效集成,充分发挥信息价值。

本节参考同济大学李永奎教授关于建设工程生命周期信息管理的研究,提出信息系统集成的要求、框架与可实现方法[1]。

8.4.1 信息系统集成要求

重大项目全生命周期内涉及的系统通常繁多且复杂，系统集成具有不同的集成层次和集成范围，要根据需要进行动态扩展。针对信息系统的使用现状，信息系统的集成要考虑以下要求。

(1) 基于信息一体化理念。全生命周期系统集成的目的是实现信息一体化，因此在进行数据、信息及系统集成时均应考虑这一目标。系统集成要充分考虑生命周期内信息的再利用、共享和知识管理，项目参与各方的信息交流、沟通与协作，以及对业务、决策和战略目标的支持。例如，支持过程管理，能从设计、施工阶段的 BIM 中获取信息为后期运营和维护服务。

(2) 注重非结构化信息的管理。非结构化信息占信息总量的绝大部分，其表达方式多样，而且依赖于不同的具体情况。目前，由国际协同工作联盟发布的建筑产品数据表达标准（Industry Foundation Classes，IFCs）等标准虽然能有效减少非结构化信息，但只能覆盖核心信息，大量的信息仍需通过其他方式进行集成。因此，项目中仍会存在大量不同表达和不同格式的文档信息。鉴于此，可将适用于结构化信息处理的关系型数据库系统和适用于非结构化信息处理的文档数据库结合应用，从而有效处理各类信息。

(3) 关注数据和信息处理的效率。重大工程信息数量庞大、格式多样，包含投资、进度、合约和运营等方方面面，将这些信息集成后，信息量和数据量极其巨大，将给目前的软硬件设备和系统运行带来巨大压力。因此，系统集成应充分考虑信息的特征、软硬件和网络基础设施现状等实际因素，注重数据和信息处理的效率。

(4) 基于现有系统的利用。项目的全生命周期运用了多种信息系统，复杂多样的数据存储于这些系统之中，全生命周期信息系统的集成应充分考虑现有系统的利用，而不是仅仅开发更多新系统和新的数据格式，可采用分布式系统集成技术以有效地对现有系统进行集成。

(5) 推进数据挖掘、信息的共享与再利用以及知识管理。信息一体化不是为了创建更多的信息，而是要创建有效的信息，如何通过对现有数据的挖掘实现信息的再利用和知识管理，以及如何通过信息共享和工作流管理等实现沟通、协调和协作是解决问题的关键。因此，系统集成时需要考虑数据挖掘技术、协同工作技术以及知识管理技术等，使得信息价值最大化。

(6) 保持子系统的相对独立性。从目前现状来看，满足理论上的高度集成化管理信息系统并不存在，也很难实现，因此必须首先确保子系统的相对独立性，例如协同设

---

[1] 李永奎.建设工程生命周期信息管理（BLM）的理论与实现方法研究[D].上海：同济大学,2007.

计、项目管理、进度管理和合同管理等子系统,在这些子系统均采用独立、成熟软件的基础上,进行下一步集成。

(7) 关注灵活性。基于全生命周期系统的复杂性特征,系统的灵活性是应对这种复杂性的关键要求,系统必须能适应高度灵活的、动态的和分布的环境,故系统应能灵活地进行扩展,包括开放性、模块化、分布性和动态更新及扩展等。

(8) 关注安全性。集成化管理信息系统用户源于不同的项目参与方,包括不同层次的技术人员、管理人员和决策人员。各方具有不同的需求与工作权限,严密的安全管理和访问控制是系统集成的重要设计要求,包括在非法用户的侵入、权限控制、操作信息的保护、可靠的数据传输、历史记录保留和工作成果的安全维护等方面,确保在信息共享和高度协同工作的同时,各方信息不会在数字化合作中受损。

8.4.2 信息系统集成的体系架构

在重大工程项目全生命周期过程中,应用系统众多,数据海量,信息关系复杂,信息系统集成必须满足多项要求,建立模块化、体系化和开放性的集成体系架构。在设计时应考虑以下要素:支持传统的应用软件、支持分布式系统架构、支持基于文件的数据交换和支持多模型的数据读取等。

信息系统的集成可以四层体系架构为核心,逐步完善系统建设与应用,四层架构体系如图8.6所示。

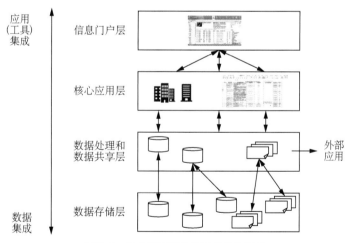

图8.6 集成化管理信息系统总体架构

(1) 信息门户层:该层对复杂多样的信息和服务进行提炼,为用户提供一个满足个性化需求和利益的单一界面,作为 Web 应用程序简单统一的访问点,为用户提供了集成的内容和应用,以及统一的协同工作环境,提供全面的项目信息和应用。

(2) 核心应用层:该层为集成化管理提供服务,包括各个阶段和各个方面的子系统,例如设计软件、项目管理系统、运营管理系统和文档管理系统等,该层可将现有软件系统进行有效集成。

(3)数据处理和数据共享层:该层包括对建设工程生命周期内信息采集、项目对象版本控制、命令集、数据库存取、信息处理与分析、数据交换、元数据存储及服务和应用支撑等,例如采集决策阶段的需求信息为设计服务、采集 BIM 中的信息为施工管理和运营管理服务等。此外,数据处理和数据共享层也为其他外部程序提供服务基础,如能量模拟、荷载分析和出入口分析等。

(4)数据存储层:该层对建设工程生命周期过程中所有产生和需要的信息进行存储,功能包括存储、数据同步、数据安全控制和数据记录事务,内容包括结构化和非结构化的信息库、知识库和能力库等,其中 BIM 是核心数据。该层存储了项目原始信息,为以上各层提供数据支撑。数据存储可以是集中式,也可以是分布式。

此外,由于数据格式和应用程序之间并不一定对应,因此在数据处理和数据共享层及核心应用层之间还缺乏一个集成途径,可采用模型服务器(模型服务代理)和中间件等进行弥补,模型服务代理服务提供两个主要功能:①当中心数据库无法访问时(例如不在线)进行项目数据访问;②当与远程的应用程序项目模型服务器对话时,通过将数据链路与应用程序分离,直接与本地数据集连接,以提高性能。模型服务代理可嵌到应用程序内部。

8.4.3　信息系统集成的实现

信息系统集成不仅要考虑集中数据的输入和输出,而且要考虑分布式系统内的数据集成,以及数据格式和复杂的应用环境。因此,要实现信息系统集成,应考虑多模型解决方案,以及各种情况下的数据交换。

综合各方面影响因素,如图 8.7 所示,信息系统集成的实践可采用文档管理服务器和关系型数据库系统进行数据管理;采用模型服务器进行特定模型信息的处理;采用中间件等实现分布式异构多应用程序集成;采用项目信息门户实现分布式协同工作;采用统一的信息分类与编码体系实现信息全生命周期管理。

1)采用文档管理服务器和关系型数据库系统进行数据管理

文档管理是信息系统数据管理的关键,其内容包括版本控制、配置管理、工作流管理与任务管理、访问控制、变更管理、状态跟踪及浏览与查询服务。文档管理包括集成的文档管理方法和基于模型的方法,前者被目前大多数电子文档管理所采用,是基于现状的一种文档信息管理方法,而后者是理想的目标。大兴机场系统采用文档管理服务器能有效处理非结构化的数据,该方法并不关心文档的内容信息,而是将文档视为黑盒,通过文档元数据来管理文档,例如用组织维、产品维、表示维和生命周期维来表达文档自身的特性以及建筑产品和工程建设活动之间的关联。

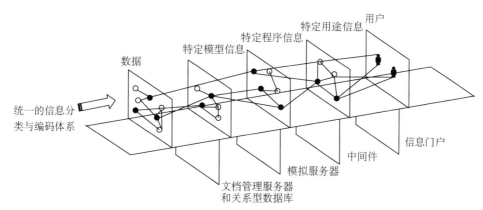

图 8.7　集成化管理信息系统的实现方法

绝大多数文档只是可计算数据的"产品",而数据的可计算性是实现信息一体化的关键。在大多数情况下,人们创建了大量不可计算的图示数据,但又假定数据是可计算的,之后开始先查看数据,再解释数据,然后将其传递到新的应用程序中进行其他分析,这个过程既浪费又容易产生错误。因此,必须进行可计算信息的转变,要意识到可计算数据的价值并且强调可计算是针对建筑创建的,这样才能形成信息的价值形态,这正是解决问题的关键。大兴机场采用关系型数据库系统管理可计算信息等结构化信息,利用该系统实现全生命周期信息集成,进而形成系统的集成。

2)采用模型服务器进行特定模型信息的处理

目前建设项目拥有众多设计工具,但任何一个 BIM 系统都不可能提供全套的功能,以此来全面解决建筑业中的设计和分析问题的多样性和广泛性。试图面面俱到的单一数据模型和软件应用程序通常不会做好任一方面,专注于某一方面的数据模型和应用程序通常会远远超过客户的要求,这给模型服务器的使用提供了背景。

从实践方面来看,单个信息模型很难应用于实际的项目,尤其是大型复杂项目,一个项目上往往存在多个不同目的的信息模型,例如需求模型、设计模型、性能模型、过程模型和设施管理模型等,模型之间的关联或集成是多模型需要解决的一个关键问题。IFC 相容模型服务器是一种有效办法,它能够存储所有的模型间共享信息,实现对数据输入、输出的控制,即任何数据的修改必须经过数据所有权人的同意,以防止其他人使用错误的信息。大兴机场采用模型服务器实现对多模型的处理。

3)采用中间件等实现分布式异构多应用程序集成

中间件没有明确的定义,通常认为是一种软件,能使处于应用层中的各应用成分之间实现跨网络的协同工作(应用间的互操作),允许各应用成分之下所涉及的"系统结构、操作系统、通信协议、数据库和其他应用服务"各不相同。中间件能对应用之间的协同工作提供合作对象透明设施以及下层设备透明设施,这是它的主要贡献。其中，分布式中间件实现了真正的通用软件总线，具有优良的互操作和应用集成能力，数据访问中间件适用于应用程序与数据源之间的互操作模型，客户端使用面向数据库的应用程序接口（Application Programming Interface，API），以提请直接访问和更新基于服务器的数据源，数据源可以是关系型、非关系型和对象型。

大规模数据交换和共享是集成化管理信息系统面临的问题，大兴机场采用中间件等实现分布式异构多应用程序集成，搭建高效的数据共享平台，实现集成化管理。

4）采用项目信息门户实现分布式协同工作

项目信息门户（PIP）是项目各参与方在项目全生命周期各个阶段为项目信息交流、共同工作、共同使用和互动的管理工具。PIP 在设计阶段为 BIM 的构建提供协同支撑，实现以 BIM 为核心的集中共享沟通方式，主要功能为项目资料完整信息的存储中心、项目成员协同作业的沟通平台、项目进展动态追踪的检查手段以及版本控制浏览批注的实施工具等。PIP 在施工阶段和投运准备阶段解决图纸版本的准确控制和图纸修改、可施工性分析、信息的远程共享和交流、可视化施工、现场布置模拟和实时决策等问题，其核心问题是通过数字化、信息化手段，及时决策、及时解决问题，避免返工现象。PIP 在运营阶段需要利用大量项目实施期形成和积累的信息，沟通协同各方，实现项目价值，节省运营成本。此外，PIP 还可使运营方在设计阶段就可以实时了解项目信息，从最终用户角度为设计提供建议。

由于设计阶段、施工阶段和运营阶段相互联系但又彼此相对独立，各自的工作内容和工作特点也有所不同，因此，可从应用的角度出发，设置分层 PIP，即：第一层 PIP，主要功能是处理面向全生命周期的应用集成和公共信息处理；第二层 PIP，主要功能是处理面向分阶段的文档管理、信息交流和协同工作，第一层 PIP 的一部分信息源于第二层 PIP，保持信息来源的唯一性，如图 8.8 所示。

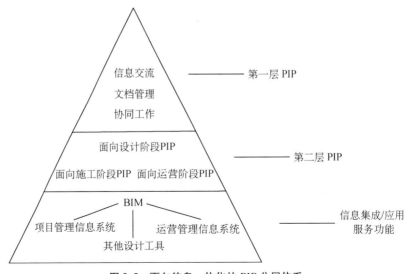

图 8.8　面向信息一体化的 PIP 分层体系

5）采用统一的信息分类与编码体系实现生命周期信息管理

信息本身具有从产生到消亡的生命周期，有些信息可能在设计阶段就已经发挥其作用，之后就可以存档，而有些信息可能需要持续到整个项目的报废才消亡。在信息的生命周期过程中，信息的价值也在不断发生变化，例如平面布局信息，在设计阶段影响水暖电和设备等专业的方案设计，在施工阶段是施工组织设计的重要依据，在运营管理阶段是空间管理的主要内容等。因此，必须采取信息生命周期管理策略，使信息的存储、管理与大兴机场生命周期管理的价值相一致，实现该成果的基础就是信息的统一分类与编码。

大兴机场集成化管理信息系统基于项目结构分解（Project Breakdown Structure），细化信息类别，实现基于功能/空间的项目分解结构，建立统一编码体系，实现信息自产生之初到最终消亡的追踪管理。

8.4.4　未来展望

大兴机场在建设运营过程中，产生了多个和项目有关的信息系统，如项目管理系统、总进度综合管控平台、数字化施工管理系统等。这些系统在项目的推进过程中，发挥了重要作用，提升了信息管理的效率，促进了信息价值的传递。大兴机场将以此为出发点，进一步探索信息系统的集成，研究不同阶段子系统集成的可能性，通过先进的技术手段构建集成化管理信息系统，实现项目全生命周期的信息集成与项目价值增值。

目前，信息系统的集成已具备一定的基础，大兴机场将持续探索，奋力拼搏，不畏艰难，在机场运营阶段和后续建设过程中，以信息一体化为指引，以集成化信息系统为手段，搭建信息集成与共享渠道，消除信息沟通障碍，提升项目管理效率。

8.5　北京大兴国际机场弱电信息系统一体化实践

大兴机场服务人数众多，业务规模庞大，运行主体繁多，数据汇集难度高，信息化水平直接影响服务质量和运行效率，信息化建设面临重大挑战。首都机场集团高度重视建设运营一体化管理理念的探索和应用，以运营需求为导向，采取了一系列措施推进弱电信息系统的建设。

8.5.1　项目历程

1）总体规划阶段

2010年12月23日，首都机场集团成立了北京新机场建设指挥部，自指挥部成立之初，便借调部分人员，开展信息总体规划工作。这些人员普遍具有多年首都机场集团信息化运营管理经验,了解业务细节内容,能够站在运营角度思考信息系统运营需求,从宏观层面思考大兴机场信息化总体规划与建设。

2012年5月,在对大兴机场业务模式和信息化建设方面具备初始设想后,北京新机场建设指挥部对各类弱电信息系统进行规划,对大兴机场与首都机场的信息共享、交换、联动机制进行规划,对大兴机场与首都机场集团其他成员机场的信息交换机制进行规划。

2012年9月,对国内外标杆机场进行深入研究,汲取先进经验,先后开展两轮访谈,对象涵盖首都机场集团、北京新机场建设指挥部、首都机场股份公司、航空公司、空管局等23家单位,共访谈130余人次,形成20余份调研纪要,在调研基础上,进行详尽的业务和系统需求分析。

2013年1月,北京新机场建设指挥部召开了大兴机场信息弱电规划中期汇报会,指挥部向时任首都机场集团总经理、北京新机场建设指挥部总指挥董志毅汇报了信息弱电规划项目的前期工作成果和后期工作计划,重点提出Airport 3.0规划设想。

Airport 3.0的IT系统使机场成为"虚拟服务提供者",实现实时数据交换、先进的安全管理功能,具备"感知—分析—反馈"的能力,支持所有相关方的业务流程整合与协作,成为"智慧型机场"。时任首都机场集团总经理董志毅充分肯定Airport 3.0给机场运行管理带来的好处,表示要将Airport 3.0作为大兴机场信息化目标,结合全球标杆机场的经验,坚持建设运营一体化理念,与机场实际相联系,做到全方位保障,让规划要点落地。

2013年2—4月,基于前期成果对大兴机场信息弱电系统进行了具体的规划,内容包括信息系统的总体架构、主要平台的功能架构、Airport 3.0的实现路径、网络系统规划、信息安全及系统部署策略、飞行区航站楼等业务和系统平台。

2013年6—11月,走访相关专家,对规划成果进行了深入的完善和优化,形成最终成果报告,北京新机场建设指挥部领导和专家对规划成果予以了肯定。在修改完善后,确定终稿,大兴机场弱电信息系统规划工作正式完成。

2)设计阶段

2014年,北京新机场建设指挥部在前期借调专业人员参与弱电信息系统总体规划的基础上,成立指挥部弱电信息部,进一步落实总体规划,深化信息系统设计工作,研究具体实施路径。

2014—2015年,宏观的总体规划逐步细化形成相应设计报告。2015年2月,北京新机场建设指挥部弱电信息部启动弱电信息系统初步设计。为了进一步匹配运营单位需求,做到大兴机场信息化工作价值最大化,弱电信息部开展了大规模用户调研工作,范围覆盖20多家驻场单位,丰富完善了具体信息设计的业务指标,完成了60多个系统的初步设计,最终形成《北京新机场弱电信息系统初步设计报告》。

2015 年 6 月,启动信息弱电系统的深化设计和施工图设计工作,同年 12 月,《北京新机场弱电信息系统初步设计》通过民航局评审,2016 年 6 月完成深化设计及施工图设计。

3）建设与运营筹备阶段

鉴于大兴机场工程的特殊性,为确保大兴机场 2019 年 9 月底前具备开航投运条件,信息系统全面投入使用,进入建设阶段后,弱电信息部便将运营筹备工作计划提上了日程安排,综合考虑建设与运营筹备工作。

2017 年,弱电信息部开展运营筹备相关工作。2018 年 7 月,管理中心正式成立,下设信息管理部。北京新机场建设指挥部弱电信息部与管理中心信息管理部为同一个团队,在组织层面贯彻落实建设运营信息一体化。2018 年 7—12 月,信息管理部进行弱电工程、信息系统设备安装及单系统测试工作,2019 年 1—6 月,完成系统联调和集成测试,为大兴机场的顺利投运奠定了重要基础。

4）持续运营阶段

2019 年 9 月 25 日,习近平总书记亲临大兴机场投运仪式,宣布"北京大兴国际机场正式投运"。弱电信息部搭建的 4 个基础设施平台、6 个基础平台、9 个应用平台,合计 60 多个信息系统平稳运行,为旅客提供完善的服务内容和便捷的出行体验。

大兴机场以"Airport 3.0 智慧型机场"的运行管理理念为核心,辅以"互联网＋机场"的理念,利用云计算、物联网、大数据和移动互联网等新一代信息技术,构建立体感知、全面互联的机场信息系统,实现信息共享和全面协同。

管理中心信息管理部作为机场神经中枢的建设者和运行后的管理者,始终坚持信息一体化,在运营阶段也毫不松懈,一方面持续收集运营信息,日常维护数据和信息系统,根据业务需求优化更新系统,助力机场智慧运行;另一方面总结项目经验,发挥运营阶段信息的价值,为大兴机场后续建设做好铺垫。

8.5.2 初步设计成果

大兴机场信息弱电系统设计立足于全机场业务的需要,基于"互联网＋机场""智慧机场"的理念,落实国家京津冀协同发展的要求,应用云计算、大数据、互联网等技术,设计了支撑大兴机场各项业务的系统,具体包括基础弱电和通信系统、基础平台、6 个业务平台和智能数据中心系统。

（1）基础弱电和通信系统:包括综合布线系统、时钟系统、弱电桥架及管路系统、UPS 及弱电配电系统、弱电机房工程、有线电视系统、公共广播系统、智能停车管理系统、陆侧道路监控系统、内通系统、数字无线通信系统及统一通信平台。这些系统是机场的信息通信基础设施。

（2）基础平台:包括云平台、数据总线和服务总线、网络系统及信息安全系统。这些系统为其他所有信息系统的运行提供基础环境。

（3）6个业务平台：包括航班生产平台、安全平台、管理平台、能源环境平台、商业平台和旅客及交通平台。这些平台中包含若干系统，支撑机场所有生产运行、安全、管理和服务等业务。

（4）智能数据中心系统：应用大数据技术，整合机场各类数据，进行数据挖掘分析和集中展现；感知机场运行态势，提出改善建议以维持机场高效正常运作。该系统基于其他业务系统的数据，其分析结果指导其他业务的改进。

上述设计内容又可分为"传统系统"和"创新系统"两大类。传统信息弱电系统用于支持机场基本生产运行、安全、管理和经营等业务，本次设计对传统系统进行了合理的优化调整和业务创新，增强了系统之间的数据共享。创新系统依照信息一体化理念，为机场运行管理部门和其他相关单位提供更为精细化的、更高效的、更智能的运行管理手段，为旅客提供更全面透明的信息、更快捷方便的服务渠道。具体初步设计成果如表8.1所示，弱电信息系统已满足业务发展的需要，并逐步向"智慧机场"的目标迈进。

表 8.1　弱电信息系统汇总表

系统类别	覆盖范围/内容/支持业务	系统数量
基础弱电类系统	传统信息系统包括综合布线系统、时钟系统、弱电桥架及管路系统、UPS及弱电配电系统、弱电机房工程、有线电视系统、公共广播系统、智能停车管理系统、陆侧道路监控系统、内通系统。覆盖航站楼及换乘中心、停车楼、综合服务楼、制冷站、路侧交通	12
基础通信系统	创新信息系统包括数字无线通信系统和统一通信平台，为机场所有单位提供无线终端接入服务，融合机场多种通信系统，增强统一指挥的便利性和各单位相互沟通的灵活性	2
基础平台	传统信息系统包括云平台、数据总线和服务总线、网络系统、信息安全系统，是所有系统运行的基础	4
航班生产平台	传统信息系统包括航班生产数据交换与共享中间件、生产运行管理系统、航班查询系统、航班信息显示系统、离港控制系统、地服管理系统、登机桥管理系统；创新信息系统包括行李再确认系统、空侧运行管理系统、机坪车辆管理系统，支持以航班运行为核心的生产业务	11
安全平台	传统信息系统包括安全数据交换与共享中间件、视频监控（报警）系统、门禁（巡更）系统、安保报警事件管理系统、安防视频管理系统、安检信息系统；创新信息系统包括安全运行管理系统，支持机场安全、安防、安检业务	7
管理平台	传统信息系统包括管理数据交换与共享中间件、应急救援管理系统、统一门户网站、呼叫中心；创新信息系统包括机场运行协调管理系统、设备设施维护维修管理系统、机场地理信息系统（AGIS）、高精度综合定位系统，支持机场的智能化运行、管理决策、地理信息	8
旅客及交通平台	创新信息系统包括旅客运行管理系统、旅客体验系统、交通运行管理系统、出租车蓄车场管理系统、大巴车场站管理系统、智能交通系统，支持旅客服务、综合交通信息协同运行与信息发布	7

（续表）

系统类别	覆盖范围/内容/支持业务	系统数量
能源环境平台	传统信息系统包括能源环境数据交换与共享中间件、噪声监测系统；创新信息系统包括能源管理系统、环境管理系统、场区排水监测系统，支持能源生产与消耗的监控管理、环境监测与环保决策管理	5
商业平台	传统信息系统包括商业数据交换与共享中间件、商业 POS 系统；创新信息系统包括商业管理系统，支持商业销售及商业业态管理，是支撑"互联网＋机场商业"的核心系统	3
智能数据中心系统	属于创新系统，建设机场智能数据库（AIR）和数据仓库（DW），提供机场运行态势感知、数据发掘分析和运行管理决策支持服务，是"智慧机场"中的智囊团	1
合计		60

8.5.3　建设运营职责与任务

1）工作职责

弱电信息部是大兴机场弱电信息系统的牵头部门，在负责信息系统建设工作的同时，还需考虑运营筹备工作安排。弱电信息部推进信息一体化的前提条件是明确部门职责，弱电信息部的职责共有以下七项。

（1）作为大兴机场生产运行、经营管理业务与相应信息系统之间的桥梁，与运营筹备部其他业务筹备小组共同讨论研究运营管理业务模式，转化为信息系统的建设需求。

（2）负责与在机场运行的其他外部单位（如航空公司、联检单位等）对接，汇集信息弱电系统建设需求。

（3）联系北京新机场建设指挥部弱电信息部的系统建设负责人、系统承包商，与运营筹备部相应小组对接。

（4）从弱电信息资源管理者的角度，筹划大兴机场弱电信息系统的运营筹备和未来的信息资源管理。

（5）参与大兴机场信息弱电系统的建设过程，了解系统情况，为信息系统运营管理奠定基础。

（6）参与信息系统运营管理模式的设计和系统运行准备工作。

（7）负责大兴机场运营所需其他经营管理信息系统（不在北京新机场建设指挥部建设范围，如 OA/ERP/HR 等）的建设筹划和实施组织。

弱电信息部在明确自身职责后，将任务划分为运控中心业务、航站楼业务、飞行区业务、公共区和交通业务、系统运行管理、信息资源管理业务和经营管理业务六大业务板块，通过建立对接关系矩阵，让各业务板块对接不同条线，共同推进信息系统的建设与运筹工作。对接矩阵如表 8.2 所示。

表 8.2 业务对接关系矩阵（部分）

序号	信息系统名称	航站楼	飞行区	公共区	航空业务	经营规划	商业管理	安全管理	机电设备	党委办公室	行政办公室	财务	航空公司	空管局	交通委及相关单位	地服公司
1	航班信息集成系统	●	●	●	●								●	●		●
2	航班信息显示系统	●											●			
3	航班查询系统	●	●	●	●								●	●	●	●
4	A-CDM 系统	●	●	●	●								●	●		●
5	应急救援管理系统	●	●	●	●			●					●	●		●
6	机场运行协调管理系统	●	●	●	●			●	●				●	●		●
7	行李再确认系统	●							●				●			●
8	综合布线系统	●							●							
9	有线电视系统	●					●									
10	时钟系统	●							●							
11	机房环境监控系统	●							●							
12	广播系统	●											●			

运控中心业务主要涉及航班信息集成系统、航班查询系统、A-CDM 系统、应急救援管理系统、机场运行协调管理系统和智能数据中心系统等系统,重点对接运筹办航空业务小组、空管局、航空公司等单位。

航站楼业务主要涉及广播系统、离港系统、旅客运行管理系统、呼叫中心、时钟系统、有线电视系统、地理信息系统、安检信息系统、旅客体验系统、航站楼安防系统、门禁系统、设备设施维护系统及智能数据中心系统等,重点对接运筹办航站楼小组等单位。

飞行区业务主要涉及地理信息系统、空侧运行管理系统、机坪车辆管理系统、设备设施维护系统、高精度定位系统、登机桥管理系统及智能数据中心系统等,重点对接部门为运筹办飞行区小组、地服公司、航空公司等单位。

公共区和交通业务主要涉及陆侧道路监控系统、停车场管理系统、交通运行管理系统、大巴车场站管理系统、出租车蓄车场管理系统、智能交通系统、噪声监测系统、环境管理系统及智能数据中心系统等,重点对接运筹办公共区小组和交通管理相关单位。

系统运行管理、信息资源管理业务主要涉及所有弱电信息系统、云计算平台、自动化运维管理系统、信息安全系统、网络系统、内通系统、综合布线系统、无线数字通信系统、室内无线覆盖系统、智能数据中心系统、通信管道及 ITC 大楼等,重点对接航站楼、飞行区、公共区等部门。

经营管理业务主要涉及商业系统、OA 系统、人力资源管理系统和 ERP 系统等,重点对接运筹办商业管理小组、行政办公室、党委办公室等部门。

2)工作任务

弱电信息部基于大兴机场投运总目标,综合考虑建设与运营筹备期间的工作职责和业务内容,针对大兴机场建设计划,制订了弱电信息部的工作计划,工作计划如图 8.9 所示。弱电信息部还研究梳理了 2017—2019 年三年的年度重点工作任务,内容涵盖需求调研、设计确认、系统建设、方案编制、联调联试和运行管理等多个方面,具备全面性和专业性,是推动各项工作有序进行的行动指南、制订年度工作计划的基础资料、把控建设运营信息一体化的关键抓手。

2017 年重点工作任务主要包括:①全面开展招标工作,陆续完成招标后承包商进场实施;②承包商进场后,调研大兴机场总体运营模式和业务模式,为确保进度以及系统与未来运营的匹配,需北京新机场建设指挥部运营筹备组先行或同步研究未来的运营模式和业务管理模式;③弱电信息组与运营筹备部其他业务筹备小组对接,共同讨论研究运营管理业务模式,细化信息系统的建设需求,确保弱电信息承包商能够快速、准确地完成需求调研分析;④以弱电信息资源管理者的角度,初步筹划完成大兴机场弱电信息系统的运营管理模式和未来的信息资源管理模式。

图 8.9　北京大兴国际机场与弱电信息组目标对比图

2018 年重点工作任务主要包括：①所有信息系统相继进入深化设计和系统客户化开发阶段，弱电信息组人员深入参与。②一方面以之前的运行和业务经验为基础向承包商提出更多精细化的要求；另一方面运营筹备人员能够更清晰地了解和理解系统的设计理念及细节，为系统运行投产后的管理打好基础。

2019 年重点工作任务主要包括：①系统基本进入后期测试和联调阶段，此时已基本具备运行手册编制的条件，弱电信息组将在开航前半年编制运行手册、系统维护手册，确定组织架构、制订系统运行维护组织流程。同时，通过招标等方式采购外包服务，将一些可交由市场化信息技术运维团队承担的工作外包。②开航后，信息部运行人员开始运行工作，承包商提供驻场支持，暂时计划在各承包合同中约定由承包商提供一年的驻场陪伴运行。在此期间，视系统实际运行情况来决定一年后是否购买承包商的服务，以及购买何种级别的服务。

在梳理重点工作任务的基础上，弱电信息部进一步进行工作任务分解，将宏观的指导性目标具象为微观的可执行易监控性工作任务，具体可分解为六项重点工作，以此为行动指南，全面推进各项工作。

（1）组织运筹办、北京新机场建设指挥部、系统承包商和外部单位之间的对接工作。

主要包括：收集运筹办、外部单位的业务需求，反馈至北京新机场建设指挥部；组织系统承包商对运筹办、外部单位进行需求调研工作；参与运筹办其他业务筹备小组的业务运营模式设计工作，将业务流程反馈至北京新机场建设指挥部；组织运筹办对系统承包商的设计方案进行确认；组织运筹办人员、外部单位人员参加用户培训、系统测试。

（2）参与大兴机场信息弱电系统的建设过程，学习系统知识，打好运营基础。

主要包括：参与需求分析工作，持续收集运营筹备中产生的业务需求，保证信息系统建设始终符合业务要求；参与信息系统运营管理模式的设计和系统设计工作；深度参与系统实施,掌握系统业务逻辑和核心技术;参与系统测试工作,编制测试用例和测试方案;参与编制系统维护手册、应急手册、培训手册;参与系统验收工作。

（3）负责大兴机场运营所需其他经营管理信息系统的建设筹划和实施组织。

主要包括:对经营管理类系统涉及的用户进行需求调研;根据需求分析结果进行系统设计;组织系统承包商开发实施;组织系统测试工作,编制测试用例和测试方案;组织用户培训和技术移交;组织系统验收工作。

（4）完成开航准备工作。

主要包括:信息基础设施资源运营模式确定（涵盖通信管道、综合布线、机房、网络、离港和对外提供服务的多个信息系统）;研究确定信息基础设施资源管理模式,为相关单位提供资源服务;参与大兴机场开航演练,组织信息系统深度参与演练配合;组织信息系统用户培训,系统管理员培训;编制并发布弱电信息系统体系文件（值班管理规范、应急管理及通报流程、风险管理规范、安全管理规范、内保管理规范、发布管理规范和机房管理规范等）;负责弱电信息系统外包服务采购工作。

8.5.4　建设运营组织结构调整

在信息化工作推进过程中,弱电信息部始终以运营需求为导向,践行"建设运营一体化"理念,在建设阶段即将进入尾声之时,优化组织结构,协调各方进度,合理配置资源,综合解决难题,使得弱电信息系统顺利投运。

2014 年北京新机场建设指挥部成立弱电信息部,负责信息化工作的推进;2017 年弱电信息系统正式进入建设阶段,同年运营筹备工作开始启动;2018 年 7 月,管理中心正式成立,下设信息管理部,主要负责信息化工作的运营筹备工作。本质上,北京新机场建设指挥部弱电信息部与管理中心信息管理部为"一套班子,两块牌子"。

基于信息一体化理念,在建设工作开始减轻、运营筹备工作逐步成为重点的转换阶段,弱电信息部对人员分工进行了科学调整,将建设期以项目划分的 12 个模块进行整合,转化为综合业务、系统运行管理、数据中心管理、信息规划与应用管理和信息安全与标准这 5 个模块。

基于组织结构的调整,工作开展随之变化。首先,针对建设工作,原各项目负责人及具体系统负责人保持不变,只是将相关项目合并为一个组,利于组内人员相互支持;让助理人员接触更多系统,增加广度,满足人员成长和部门运营需要。其次,所有项目装入"数据中心管理"和"应用管理"两个模块,与原来"弱电"与"信息"两个大组保持一致,原弱电组和信息组牵头负责人兼任模块负责人,同时每个模块各增加一位模块负责人,专职负责与该模块职责相关的运营筹备工作。最后,模块内各小组内人员调配、小组间人员调配,由模块"运营筹备牵头负责人"协商意见后,报部门确认。另外,大兴机场"9·25"投入运营后,信息基础设施以及各系统前端均纳入"系统运行管理"模块

直接管理,其他系统保持"数据中心管理"和"应用管理"不变。最后,"9·25"投入运营后,根据各模块工作的实际需要,对人员所属模块另行调整(包括在"9·25"前跨模块工作的人员)。

　　针对后期加入弱电信息部的员工,部门还另设 5 个工作小组,在建设与运营筹备双线开展的关键时期,以后期加入的同事为主力,统筹做好运营筹备各类核心工作,专心做好最后的建设冲刺,建设与运营工作相配合,确保建设与运营筹备任务的高质量完成。5 个工作小组的工作职责和主要任务如表 8.3 所示。

表 8.3　建设运营一体化工作机制

小组	职责	主责模块	协助
进度管控组	合并总进度管控、投运计划管控工作,将这两个管控计划中有价值的内容补充到部门工作计划中,进行统一管控	系统运行管理,数据中心管理,应用管理	综合业务
验收及接收组	负责工程概算调概过程中对各项目概算与实际合同的对照及解释,负责合同支付,负责竣工验收后各项目结算工作 全面负责弱电信息部建设项目的验收组织。负责信息管理中心从弱电信息部、航站区、飞行区、配套、机电等部门接收的组织	综合业务,牵头负责概算、支付、结算。 应用管理,数据中心管理为验收主责模块。 系统运行、标准与安全为接收主责模块,对交付的项目提要求	
信息管理与流程设计组	1. 公司级信息管理与信息服务管理规定、部门内部管理规定、工作流程、机制 2. 基础设施、基础系统、应用系统配置标准,ITSM 监控项梳理 3. 各平台、各系统文档模板,根据模板编制各系统各类文件,满足系统介绍、培训、运维管理的需要,并在以后不断持续更新。同时,基于所有这些文档进行总结提炼,作为部门宣传、向领导汇报、外部单位来访的介绍材料	应用管理,数据中心管理,标准与安全,系统运行,综合业务	
需求管理组	部门所有需求统一接收,基于服务目录和部门现有系统现状,提出分配给相应模块的意见(运营阶段,列出常态化需求,直接由系统运行模块实施,但要求系统运行模块将需求及其实施情况抄送需求管理组),部门确认后由相应模块实施并反馈需求管理组。暂时不能满足的需求,记录并阶段性向部门汇报,经部门集体评估后,提出通过升级改造或采购服务等形式予以解决,并上报智慧机场领导小组研讨确认解决方案	应用管理,数据中心	
采购组	各类外部服务、固投、预算等采购需求和技术要求编制,制订时间计划并按期推进	各类采购需求模块	综合业务

在建设与运筹阶段,大兴机场坚持建设运营信息一体化,厘清工作职责,综合编制建设计划与运筹计划,紧抓重点工作,调整组织机构,优化人员配置,在大兴机场投运前做到人员招聘到位、培训考核到位、设备设施到位、资源配置到位、标准合约到位、程序方案到位、风险管控到位及应急机制到位,以良好的姿态完成弱电信息系统工作任务。

第 9 章
建设运营一体化典型项目实践

2020 年 12 月，大兴机场建设运营一体化协同委员会成立并召开第一次会议，首都机场集团成员企业首都空港贵宾服务管理有限公司、首都机场集团设备运维管理有限公司、北京首都机场物业管理有限公司、北京首都机场动力能源有限公司等 11 家单位参加会议。会上，大兴机场总经理、北京新机场建设指挥部总指挥姚亚波强调，建设运营好大兴机场，落实好建设运营一体化，绝不是一两家单位的事，离不开所有驻场单位长期、共同的努力和相互支持帮助。各成员企业在大兴机场的全生命周期中，灵活变通，开拓创新，积极践行建设运营一体化，创造了宝贵的实践经验，树立了优秀的行业标杆，这些案例都是珍贵的财富，值得深入研究和学习推广。

建设运营一体化典型项目实践主要包括动力能源系统、教育科研基地项目、设施设备系统、配餐系统、地服系统、物业服务和贵宾系统七部分内容，项目资料分别由北京首都机场动力能源有限公司、首都机场集团有限公司北京建设项目管理总指挥部、首都机场集团设备运维管理有限公司、大兴机场航空食品有限公司、北京首新航空地面服务有限公司、北京首都机场物业管理有限公司和首都空港贵宾服务管理有限公司提供。

9.1 能源系统建设运营一体化实践

9.1.1 概况

能源供应保障是机场平稳、顺畅运营的基础。大兴机场动力能源系统主要包括供配电系统、供水系统、供气系统、供冷系统和排水系统等部分，具有建设标准高、建设主体多、工期任务紧、区域跨度大及能源系统必须前期投运等特点。

2015 年 12 月 4 日，首都机场集团大兴机场工作委员会第十次会议确定了由北京首都机场动力能源有限公司负责大兴机场能源系统的运行管理和维护工作，确定了北京首都机场动力能源有限公司在能源系统运行管理的主体地位。

大兴机场能源系统建设主体是北京新机场建设指挥部,而运营主体则是北京首都机场动力能源有限公司。按照通常的做法,如果建设方与运营方为两家不同单位,运营方一般会在建设完成之后才开始介入,容易给接收工作带来一些问题,尤其是能源系统这样比较复杂的系统。一方面,运营方的运行人员需要一定周期来熟悉系统,系统越复杂,所需的周期就会相对较长,在运营的初始阶段可能会因人员熟悉度不够而影响运行效率甚至可能产生安全风险;另一方面,能源系统存在大量的隐蔽工程,一旦建成后,许多问题难以发现,发现后,处理难度也较大,有的遗留问题甚至可能对系统整体运行产生一定的影响。

因此,对于运营方来讲,最好的方式就是从建设阶段开始介入,提前应对可能出现的问题,同时将运行经验融入其中,为提高能源系统运行效率打下基础。

为有效避免从建设到接收再到运营的衔接过程中可能产生的各种风险,北京首都机场动力能源有限公司从建设之初便提前行动,投入到大兴机场能源系统的建设中,圆满实现能源系统平稳投运,并总结出了一套有效的工作思路和方法。

9.1.2 提出一体化服务模式

1)一体化服务模式的构成

我国机场能源系统服务模式,常见以下三种类型:①只负责部分能源的生产供应;②只在运营阶段对能源系统实施管理,建设阶段不参与;③只负责能源系统的供应输配侧,不负责下游末端。站在整个区域综合能源管理的角度来看,以上模式均"不完整",可能出现能源系统一旦发生问题,无法及时恢复,直接影响机场运行,降低机场运行的品质和效率,同时也增加了机场运行管理的成本和风险。

为了更好地契合首都机场集团的整体要求,满足大兴机场客观现实的需求,北京首都机场动力能源有限公司始终在思考和研究这个问题,力图通过服务模式的创新来改变这种局面。最终在开拓视野思路、调研用户需求、深入思考研究的基础上,运用"建设运营一体化"的理念,以用户需求为导向,通过服务前移和全程陪伴,创新性地提出了机场区域能源的一体化解决方案的服务模式,从而更好地实现大兴机场综合能源使用效率、管控效能和经济效益的整体提升。

能源系统一体化服务模式可理解为:按照大兴机场总体规划要求,通过提早介入,为主要驻场单位提供基本建设项目中有关能源系统的设计优化、设备选型、安装调试、接收运行和系统节能等全过程一揽子解决方案的服务创新模式,并借助信息化手段,实现对大兴机场能源干线网络和重要设施设备的集中统一管理,进而实现大幅提高安全裕度、降低能源浪费的能源系统管控模式。

对比各大机场现有服务模式,一体化服务模式最为突出的特点可概括为"三全",即:全能源品类、全生命周期、全区域范围。全能源品类,指实现机场红线区域范围内水、电、冷、暖、气等所有能源的综合管理。全生命周期,指实现从能源系统建设期、运行初期到运行平稳期的全过程管理。全区域范围,指实现对机场规划红线范围内所有能源设备设施的集中统一管理。总之,一体化服务模式能够完美克服传统模式中只负责部分、只负责建设阶段、只负责上游的弊端,形成综合、全过程、集中统一的管理。

2)服务前移理念

未来北京首都机场动力能源有限公司不再是传统的能源供应者,而是要从能源供应保障型向能源管理服务型进行转变,成为一家综合能源管理服务商。基于"服务前移"的理念,北京首都机场动力能源有限公司将服务由原来的运营阶段前移至建设阶段,为用户提供从规划设计、设计优化、施工安装和验收调试到运营阶段的综合运维、系统节能全过程、一揽子服务(图9.1)。在项目立项到竣工验收阶段提供技术支持服务,在运行初期提供综合运维服务,在运行平稳期提供合同能源管理服务。

针对如何让用户愿意接受这种服务模式创新的问题,北京首都机场动力能源有限公司切实站在用户的角度上,挖掘用户需求,影响用户,为用户创造价值,最为核心的体现就是"三省":通过专业的人干专业的事,让用户省心;合理把握建设技术要点,把钱用在刀刃上,让用户省钱;统筹考虑主体工程建设和用户自建项目的能源系统投运时间,为用户省时。

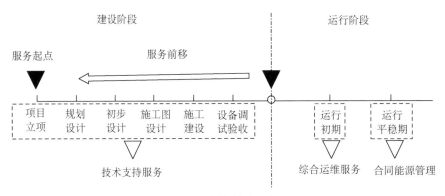

图9.1　服务前移理念

3)建设阶段服务

一体化服务模式具体包括建设和运行两个阶段。建设阶段的定位是就能源系统建设,为建设单位提供设计优化、工艺选择、设备选型和施工陪伴等方面的专业技术服务,做到避免建设运营脱节,掌控能源系统建设工程质量,确保能源系统设备安全、正常、高效投运。该阶段涵盖初步设计、施工图设计、招标、施工、设备调试和竣工验收等能源系统建设各个阶段,从系统性能可靠性、工程技术先进性、能源利用环保性、建设标准统一性、运行操作便捷性及成本费用经济性等各个维度提出专业建议。具体内容与成果如表9.1所示。

表 9.1 能源系统一体化服务内容(建设阶段)

方案阶段	
服务内容	1. 提供能源系统专业建设建议,对重要设备设施技术问题提供解决方案并进行综合技术分析。 2. 从能源运行管理的角度对各系统提出相关的技术要求
服务成果	重要设备设施技术建议
初步设计阶段	
服务内容	1. 依据可研报告中明确的相关内容如设计原则、设计标准、技术要求和原料选择等对初步设计内容进行核对。 2. 准确把握甲方的需求,同时结合乙方的实际运行维护经验,对委托项目的初步设计内容进行专业技术分析,提出专业意见具体包括负荷用量、主要设备选型、新技的应用、环境保护及节能绿色指标。 3. 根据甲方需求,分析初设中设备选型和工艺标准的经济性,评估设备及工艺在设计概算中的合理性。 4. 结合甲方的需求,从运维角度出发,在设备定型阶段对管线路由、走向交叉情况、专业配合等问题进行深入分析并提出建议。 5. 配合甲方组织召开专家评审会,并跟踪评审结果在初步设计中的落实情况
服务成果	初步设计评审意见落实情况报告;初步设计优化建议
施工图设计阶段	
服务内容	1. 在已批复的初步设计基础上对施工图进行研读,对施工图的深度提出相关意见。 2. 从确保系统及设备设施安全、稳定、可靠、高效和经济的角度出发,结合后期运行维护,提出施工图优化的相关建议。 3. 从专业技术角度对的设备工艺、设备选型进行优化,在满足功能需求与安全的情况下,合理控制设备概算。 4. 对图纸进行会审,整理书面意见并提交甲方
服务成果	设备选型方案;施工图优化建议
招标阶段	
服务内容	1. 编写施工招标文件中有关技术内容以及设备采购招标文件中的相关技术标准和要求。包括:设备概况、技术参数、性能要求等技术部分。 2. 参加施工招标、设备招标前的现场踏勘,进行相关技术内容介绍和招标前技术、图纸答疑。 3. 审核回标的技术标文件,提交澄清问卷及答疑中的技术分析
服务成果	设备采购技术标准;施工招标技术文件;施工招标补遗、澄清、设计图调整的相关内容

（续表）

施工阶段	
服务内容	1. 审查施工方编写的施工组织设计、施工技术方案和施工进度计划,对方案中重要节点、特殊施工工艺、施工方法提出建议。 2. 参加施工技术交底会议,参与关键工序的技术交底工作并做好记录。 3. 协助甲方对其招标采购的设备做进场验收,查验设备外观、构配件完整、各类报告是否齐全有效,是否符合国家质量标准及设计要求。对施工单位采购的主材、设备进行抽查。 4. 从设备运维的角度出发,重点检查施工工艺是否合理。 5. 对工程质量与工程进度进行定期检查和抽查,发现问题及时上报甲方和协调施工方,并跟踪记录问题的解决过程和结果,对关键的施工环节做好旁站工作。 6. 对施工过程中可能出现的设计变更从专业技术角度提出相关建议。 7. 参加施工过程中的技术研讨会,对施工中出现的技术问题作出分析,为甲方选取解决方案给予建议。 8. 对甲方应签署的施工技术资料文件给予意见(如:现场技术核定单、工程检验批质量验收记录表)
服务成果	施工组织设计、施工技术方案建议书;甲供设备到场开箱检验记录
设备调试阶段	
服务内容	1. 参与调试工作,与甲方、施工单位、监理单位、设备厂商共同确定测试方法。 2. 监督施工单位对施工过程中的设备空负荷试运转。 3. 监督施工单位对设备联动运转进行调试,对保护装置全面试验。 4. 监督施工单位和设备厂商对设备带载荷进行调试。 5. 记录调试测试结果和遗留问题
服务成果	设备调试过程中的试验数据;各阶段调试验收报告
竣工验收阶段	
服务内容	1. 配合甲方进行系统的验收、试验和功能测试,确保所有系统功能符合设计及项目要求。 2. 与设计单位、监理单位、施工单位进行系统及现场设备的工程分部验收。 3. 配合甲方完成竣工验收。 4. 监督竣工验收后的缺陷整改落实情况。 5. 梳理竣工验收前应向行业主管部门提交备案手续清单,使其具备验收投运条件。 6. 核对施工单位、监理单位应提交的竣工资料,与甲方共同完成竣工资料的报备工作
服务成果	缺陷整改清单;备案手续清单

4）运营阶段服务

运营阶段可细化为运维服务和节能服务两部分,运维服务主要提供水、电、气、暖、冷等综合能源的运行维护,提供安全平稳、便捷高效的能源服务;节能服务主要向用户提供节能技术咨询、节能技改等节能服务,以便降低用户生产运行成本,提高能源使用效率。具体内容与成果如表 9.2 所示。

表 9.2 能源系统一体化服务模式(运营阶段)

运维服务	
服务内容	1. 提供红线范围内水、电、气、暖、冷等能源系统以及相关自控系统设备设施的巡视、检查、维护保养、维修及应急处置等服务。 2. 提供设备试验、检测、技术改造等方面的增值服务
服务成果	系统运维方案;系统运维标准;系统运维报告;相关档案和资料
节能服务	
服务内容	1. 提供能源审计服务,包括能耗数据分析、节能优化方案制订、经济技术评价分析等方面。 2. 制订节能改造方案,提供节能改造服务,实施节能改造项目
服务成果	能源审计报告;节能优化方案;节能改造方案

5)一体化服务模式成效

从全局角度来看,一体化服务模式的落地实施,对于机场运行管理的主体方、机场建设的主体方、能源的使用方和能源专业化管理方,能够取得四方共赢的良好局面。此外,一体化服务模式的应用还确保系统整体运行安全、优质、高效,确保绿色机场概念的诠释和目标实现,为可持续发展奠定基础。

9.1.3 一体化服务模式实践

北京首都机场动力能源有限公司承担着大兴机场能源系统的运行管理和维护工作,在工作开展之初,吸取现有实践经验,思考降低能源系统建设和运营衔接风险、促进系统平稳过渡、提高整体运行效率的方法,以运营方的身份提前介入能源系统建设工作中,通过高效的工作模式,在前期准备、规划设计和施工阶段发挥作用,在短短一个月内完成了系统接收工作,确保了建设运营的平稳过渡,实现了能源系统平稳投运,这一切成果都与建设运营一体化理念密不可分。

1)前期准备阶段

自北京新机场建设指挥部成立开始,北京首都机场动力能源有限公司按照建设运营一体化的理念,吸取普遍的工程建设接收经验,从建设阶段开始介入,提前应对可能出现的问题,同时能够将运行经验融入其中,为提高能源系统运行效率打下基础。

在大兴机场,建设能源系统的建设方是北京新机场建设指挥部,运营方是北京首都机场动力能源有限公司。为更好地实现能源系统平稳过渡,北京首都机场动力能源有限公司提出了"全程参与、协助管理、技术支撑"的方针,并经过首都机场集团大兴机场工作委员会第十次会议审议通过。

在大兴机场动工不久后,北京首都机场动力能源有限公司便抽调专人,组建了专职机构——大兴机场工作办公室,并成立了一支80余人的兼职团队共同协作,投身大兴机场建设当中。

2)规划设计阶段

团队成立后,北京首都机场动力能源有限公司的专业技术骨干在能源系统尚处于设计阶段时,迅速和北京新机场建设指挥部建立联系,指挥部与设计院协调,向动力能源团队提供了一整套能源系统相关的设计图纸。结合运行经验和自身定位,动力能源团队总结出一套建议机制。第一是变更后可使资料利用率显著提高。比如制冷站"螺旋脱气出渣装置"的设计优化巧妙地解决了乙二醇溶液的腐蚀性问题。第二是效率可显著提升。比如设计伊始,航站楼内"网状供风"的设计优化解决了原模式能源损耗大、调节不灵敏、温度覆盖不均匀等问题。另外,成本的增加也是一个关键要素,成本包含很多方面:投资成本、工期成本、变更的时间成本等。综合诸多要素,动力能源团队提出"建议分级矩阵"(图9.2),从三大维度进行建议分级,有节奏地向北京新机场建设指挥部和设计院提出建议。

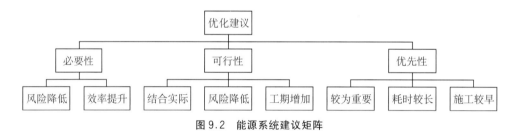

图9.2　能源系统建议矩阵

由于航站楼空调机组清理难度大、耗时长,动力能源团队深入研究图纸,前往设备厂家实地调研,思考出一个另辟蹊径的办法:如果能够在空调机组中增加一段能够允许一人进入的检修空间,且不妨碍机组正常运行,这样就可以定期进入,清理机组内积水及表冷器,且不用拆卸机组,更为便捷。与厂家一同多次沟通试验,验证方法的可行性,并与北京新机场建设指挥部、设计院、厂家一起,通过厂家的权威认定与毫无偏差的试验结果,推动了设计变更。

每个具体方案的提出,都需要经过反复地研究、试验。动力能源团队站在北京新机场建设指挥部与设计院的角度想问题,建议提出后,专业骨干也反复计算,不断探索,寻找缩减成本、降低风险的最优解决方案。

3)施工阶段

动力能源团队将"全程参与、协助管理、技术支撑"的方针贯穿整个建设过程。

进入施工阶段,动力能源团队走进施工现场,展开施工陪伴工作,希望能够通过施工陪伴实地了解各个系统内部情况,及时发现解决问题。在这个阶段,团队与设计院、施工单位建立了联系单机制——将踏勘所发现的问题以书面形式通过北京新机场建设指挥部发送给设计院或施工单位,协助优化能源系统,降低安全风险隐患。

以航站楼管道变更为例,在踏勘中,动力能源团队发现航站楼 G 区空调系统干总管与总管接口处为逆流斜焊接。逆流斜插会造成水系统产生涡流,加大局部阻力,不利于系统循环,会造成整个区域流量缩减。发现问题后,动力能源团队立刻通过北京新机场建设指挥部向施工单位发送联系单,并与北京新机场建设指挥部、设计院、施工单位和监理一同前往实地踏勘,根据现场实际情况分析当前模式可能出现的隐患。踏勘后,施工单位开展施工变更工作,变更完成后动力能源团队再次邀请各方前往现场,确认问题成功消项。这两套机制被动力能源团队称为"联合巡检"与"联合销项"机制。

9.1.4 项目小结

在大兴机场能源系统"建设运营一体化"之路的探索过程中,动力能源团队遇到过很多挫折,也收获了累累的硕果。整个建设过程中,被采纳的建议数量高达 8 646 条;短短 20 天完成了航站楼能源系统主体设备的集中接收,确保航站楼能源系统顺利投运;从 7 月 19 日大兴机场第一次综合演练至今,能源系统平稳运行,未出现较大级别的系统故障和不安全事件。回顾总结整个过程,可以得出三个关键环节:找准定位、全程参与、创新机制。

1) 找准定位

运营单位要想成功介入建设阶段,融入整个建设体系,并充分利用自身优势,切实发挥作用,首先要做的就是正确认识自己,找准自身定位。根据大兴机场能源系统建设的经验,这个定位就是运营单位作为建设单位的"军师""拐棍",通过建设单位发挥作用,做到"只添彩、不越位"。

2) 全程参与

运营单位的介入时点要尽可能提早,要从工程项目的初始阶段——初步设计阶段开始介入,如果具备条件,甚至可以从规划设计阶段介入。介入时点越早,所有的优化建议就越容易实现,运营单位的作用发挥得就会越充分。

同时,介入之后,要做到"善始善终",建议提出后,要从初步设计、深化设计、施工和问题整改等各个阶段全程跟进,始终坚持"发现问题—提出优化建议—跟进问题解决"的闭环管理思路,最终确保建议的有效落地,为接收和运行打下一个良好基础。

另外,在全程参与的过程中,包括组织架构设计、人员配置、资源配备等所有的配套机制也必须同步跟上,否则也会使运营单位的作用发挥大打折扣。

3）创新机制

通过参与大兴机场能源系统建设的整个过程，北京首都机场动力能源有限公司也摸索出了一系列行之有效的工作机制和沟通方法。比如：工作机制方面，建立"问题联系单机制"，通过将问题正确描述，以书面形式确保各方能够正确理解问题并加以解决；"联合巡检机制"和"联合销项机制"，通过现场确认，促成一些复杂问题的有效解决。而沟通方法方面，则重在准确理解建设工程各参与方的关注点，并做到换位思考，从而能够精准捕捉到问题的痛点，进而促进建议被充分采纳和问题的高效解决。

9.2　教育科研基地项目建设运营一体化实践

9.2.1　概况

首都机场集团有限公司北京建设项目管理总指挥部在大兴机场负责建设管理的项目为教育科研基地项目。教育科研基地项目是首都机场集团实施创新基础设施建设的重要组成部分，致力于成为首都机场集团实现教育科研跨越式发展、助力产品研发和产业数字化的重要平台，肩负着向首都机场集团持续输送民航专业人才的重任，是大兴机场后续长期平稳运行的重要保障。

该项目位于大兴机场楼前核心区 Q-01-02 地块，蓄滞洪区东侧，空防安保培训中心北侧，包含新建教育教学用房、综合业务用房、学员宿舍、体育馆、食堂、报告厅和地下车库（人防工程）等内容，建成后主要由首都机场集团管理学院负责运营。

首都机场集团高度关注教育科研基地项目建设及运营工作情况，在项目立项阶段就明确了要按照"建设运营一体化"理念，建立高效的工作协调机制。首都机场集团有限公司北京建设项目管理总指挥部在建设期间认真贯彻首都机场集团要求，与首都机场集团管理学院高效配合，在建设项目管理上取得了良好的效果。

9.2.2　一体化工作亮点

1）融合团队及沟通机制

首都机场集团有限公司北京建设项目管理总指挥部与首都机场集团管理学院在项目立项初期即各派专业人员组成建设团队，在首都机场集团批复范围内，由首都机场集团管理学院研究运营方案，提出使用需求，首都机场集团有限公司北京建设项目管理总指挥部负责项目全过程建设管理，并将使用需求落地，在满足经济实用的同时又便于施工。进入施工阶段，首都机场集团有限公司北京建设项目管理总指挥部邀请首都机场集团管理学院每周派专人参加项目监理例会,及时了解工程进展,提出需求意见,为助力项目建设工作,双方多次开展工会共建等活动。此外,为打造"四个工程",项目确定了争创"鲁班奖"的创优目标。首都机场集团有限公司北京建设项目管理总指挥部与首都机场集团管理学院、总包单位、监理单位共同成立了联合创优领导小组,共同参加创优工作会,推进各项创优工作有序开展。

2)使用需求与项目落地

首都机场集团有限公司北京建设项目管理总指挥部与首都机场集团管理学院从项目方案设计阶段到施工阶段密切合作,各阶段使用需求在项目中均得到较好实现。在项目方案设计阶段,双方共同学习了企业内部培训机构建设及运营经验,及时总结并运用于教育科研基地项目方案设计中。同时,将首都机场集团企业文化、经营理念融入项目自身设计方案,通过以上工作,最终形成了"云中书院"设计方案,如图9.3所示。

图9.3 "云中书院"设计方案

在初步设计及施工图设计阶段,首都机场集团有限公司北京建设项目管理总指挥部积极征求首都机场集团管理学院意见,共收集到首都机场集团管理学院提出的96条使用需求调整意见。双方先后召开20余次设计协调会,逐条梳理分析其提出问题的可行性并制订调整方案,在"不影响施工、不发生拆改、费用可控、不影响报规报建"的前提下充分满足首都机场集团管理学院的需求,最终达成一致意见87项(表9.3)。

表 9.3 方案调整意见表(部分)

达成一致的调整意见		
序号	使用需求	调整方案
1	A1 楼——扩大东侧入口,保证步行参观动线	A1 楼——为满足使用单位对步行参观动线要求,将东侧入口扩展至 3.6 m,配套增设雨棚、增设门厅、内门斗,已满足内部人员使用需求
2	A1 楼——增设大型设备出入口,满足未来可能发生的超大超高型设备进出的需求	A1 楼——为满足使用单位对未来可能发生的超大超高型设备进出的需求,在首层增加约 4 m 高的大门,已满足使用单位需求。该出入口设置于 x/3—4 轴之间,目前外门形式建议会展式采用平开式
3	A1 楼——货梯与楼梯位置互换,货梯厅(前室)的功能及是否有必要设置,货梯深度约达 4 m 但门宽不足 2 m。若有大型物品有无法旋转推出走廊问题	涉及消防及结构安全问题,楼电梯位置无法调整;考虑货梯区域的清洁卫生,前室功能保留;首层调整门位置,二、三层增加门宽度

项目深化设计阶段,项目开展了景观、精装、幕墙、标识、弱电、厨房和泛光照明等专业深化设计工作。在此期间,首都机场集团有限公司北京建设项目管理总指挥部充分征询首都机场集团管理学院意见,每项深化设计方案效果都经过首都机场集团管理学院最终确认,首都机场集团管理学院"智慧校园""智慧安防"等理念均在深化设计中得到充分体现。

3)"四型机场"理念落实

首都机场集团有限公司北京建设项目管理总指挥部与首都机场集团管理学院在对标"四型机场"建设方面达成共识,共同研究推进项目"四型机场"建设。

(1)对标"绿色机场"。双方明确将项目建设成为三星级绿色建筑,为学员、工作人员提供健康、适用、高效的使用空间,最大限度地实现人与自然和谐共生。在施工阶段,项目使用焊烟净化器、围挡喷淋、太阳能热水器和太阳能路灯等设备降低环境污染,引入雨水收集系统,让绿色体现在项目方方面面。

(2)对标"智慧机场"。首都机场集团有限公司北京建设项目管理总指挥部与首都机场集团管理学院共同打造"智慧工地""智慧校园":项目引入业主方安全监管系统,将安全管理、质量管理、进度管理和视频监控集成在线上平台;首都机场集团管理学院在运营阶段着力打造办公、学习、餐饮和住宿等一站式管理平台,在建设期根据使用需求配置合理的强弱电硬件设施。

(3)对标"人文机场"。首都机场集团有限公司北京建设项目管理总指挥部与首都机场集团管理学院"以人为本"的思路在项目设计方案与深化设计中具体体现。教学楼、宿舍楼、报告厅及体育馆等功能全面的单体建筑错落有致并通过连廊形成一个整体,俯瞰宛若"云中书院";建筑的分隔与围合之间形成了春夏秋冬各有特色的"云中八景"景观小品;采用干挂石材与玻璃幕墙搭配的外墙体系,满足通风、采光、保温功能的需求;现代明快的精装风格搭配良好的自然采光及庭院景观视野,为学员、员工提供了良好的工作学习休息环境,同时全部建筑单体均设置了无障碍设施,体现对特殊群体的关怀。

（4）对标"平安机场"。首都机场集团管理学院提出引入"智慧安防"理念,打造"平安校园",首都机场集团有限公司北京建设项目管理总指挥部在深化设计、施工阶段预留了强弱电接入路由。

4）投资动态控制

首都机场集团有限公司北京建设项目管理总指挥部与首都机场集团管理学院都非常重视总投资控制,随着项目的深入开展,首都机场集团管理学院的运营思路不断完善,对于新增的使用需求,双方在尽可能满足功能实现的同时,确保项目概算不突破。如:A1 楼增设大型设备出入口,满足未来可能发生的超大超高型设备进出的需求,投资增加;另外,通过对设备使用频率的预估,综合业务楼 1～3 层扶梯可替换为步梯,投资相应减少。

5）基础数据助力运营

本项目将 BIM 技术应用在设计、施工、运营全过程工程项目管理中。通过 BIM 建模,设计阶段可实现能耗分析、管线构件冲突分析、辅助成本计算等功能,施工阶段可实现虚拟样板段搭设、施工进度分析和预警、现场巡查对照做到指导辅助施工等功能。此外设计、施工阶段的基础数据还可以通过整合应用到运营管理中,实现信息集成和共享,基于 BIM 提供的信息共享及可视化操作平台,整合分析建筑设备运行维护管理所有信息,并对设备维护状态、故障定位、成本控制等进行可视化管理。

9.2.3　项目小结

大兴机场教育科研基地项目在立项阶段就明确了"建设运营一体化"理念,在工作推进过程中,首都机场集团有限公司北京建设项目管理总指挥部和首都机场集团管理学院全过程参与,双方积极沟通,高效配合,取得了良好的成效。教育科研基地项目的经验启示可总结为以下三点。

1）组建融合团队,构建沟通机制

首都机场集团有限公司北京建设项目管理总指挥部和首都机场集团管理学院成立融合建设团队,配合完成需求的提出和落地,促进项目建设经济高效;成立联合创优领导小组,推进各项创优工作。双方共同参与项目例会和学习培训,多次召开协调会,通过灵活的沟通机制促进信息交流,推动建设和运营的融合。

2）关注项目需求,跟踪后期落实

首都机场集团有限公司北京建设项目管理总指挥部和首都机场集团管理学院始

终关注使用需求，共同落实"四型机场"理念，在初步设计和施工图设计阶段，积极征集首都机场集团管理学院的意见，多次召开设计协调会，充分满足使用需求，在建设阶段持续跟踪，将各项需求——落实。

3）抓牢投资控制，加强技术应用

首都机场集团有限公司北京建设项目管理总指挥部和首都机场集团管理学院高度重视投资控制，双方研究商讨，在尽可能满足运营需求的前提下确保概算不突破。在全过程项目管理中，双方加大 BIM 技术的使用力度，实现设计、施工、运营阶段信息集成和共享，通过可视化管理促进信息价值的实现。

9.3 设施设备系统建设运营一体化实践

9.3.1 概况

首都机场集团设备运维管理有限公司暨北京博维航空设施管理有限公司担负着大兴机场正常投运行李、客桥、信息等重要设备，从接收、运行、管理到维护的保障任务，设备运维质量直接关系着人流、物流、信息流的畅通与否。为助力大兴机场平稳运行，努力打造高品质运行的样板典范，北京博维航空设施管理有限公司践行落实建设运营一体化理念，对行李系统、客桥系统、机电设备、弱电信息系统及特种车辆维保等业务，全流程参与系统设计、安装、调试、验收、设备交接等过程，熟知设备设施的设计思想、施工情况、运行维保需求情况，为设施设备的运维工作顺利进行打下了坚实的基础。投运以来积极与多方协调沟通，在质保窗口期内梳理和解决设备系统的不足，提升了系统设备的可靠性，完善运行机制，保障各设备系统运行平稳高效。

9.3.2 运维管理模式创新

为确保大兴机场顺利启用，设施设备运行平稳顺畅、高效便捷，北京博维航空设施管理有限公司基于"建设运营一体化"理念，在运营筹备过程中，以"改变运营模式、提升管理能力、整合运行标准"为目标，推动大运行、大维保新模式改革，设备全生命周期管理理念落地，构建全委托管家式机场运维管理模式。

1）全委托管家式运维管理模式

基于"建设运营一体化"理念，以"四型机场"和"四个工程"为目标，北京博维航空设施管理有限公司创新性地提出全委托管家式运维管理模式，该模式能够对业务进行全委托管理，提供管家式服务，在建设初期就参与融入，尽早熟悉项目，运用最高标准、最严要求、最强阵容和最优配置树立专业的运维管理理念，形成牢固的运维管理体系。

如图 9.4、图 9.5 所示。

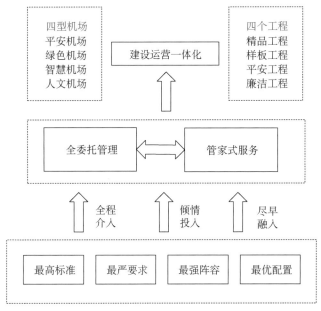

图 9.4　运维管理模式

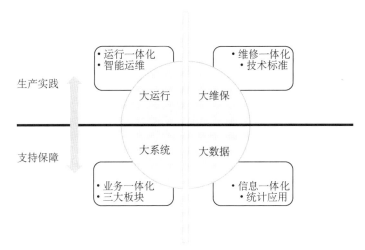

图 9.5　运维管理模式内涵

　　全委托管家式机场运维管理模式的业务范围相比于传统模式得到了进一步的拓展,它是基于原有业务,对业务链条上下游的扩展。针对机电业务板块,采取产业化合作模式,提供涵盖行李系统、客桥系统、电扶梯系统的辅助设计、安装调试、运行维保及大修技改的全委托服务,在建设阶段全过程参与设备厂检、安装、调试、验收与交接和运行维护方案的制订及实施,在质保期间进行设备日常运维管理,在质保期后进行设备全生命周期管理。针对弱电信息业务板块,采取智能化发展模式,提供系统运维、系统升级和系统改造服务。针对特种车辆业务板块，采取平台化运作模式，打造车辆智能监控系统，建立车辆服务标准。

2）大运行模式

全委托管家式运维管理模式可拆分为大运行模式和大维保模式。

大运行模式可理解为在统一标准、统一管理、统一指挥、统一品牌、资源共享的要求下，实现运维模式的集中统一、机构精简、工作协同和规范高效。

大运行模式的工作流程包括运行指挥流程、设备监控流程、数据分析流程、现场督查流程、勤务保障流程和应急管理流程。具体如下。

（1）运行指挥流程：①重点提高实时运行的控制能力及大系统的资源配置优化能力；②在基于传统运行指挥调度及运行监控值班业务的基础上，增加设备运行集中监控功能与管控。

（2）设备监控流程：①重点保障设备运行与设备维修维保的业务协同，建立设备集中监控平台；②实施设备运行信息的分类分送，加强设备运行状态监测与健康状态评估，对设备进行远程操作与现场巡检，对异常状况、故障问题等进行维修维保工单派发，全面提高日常运行效率与应急处置的时效性。

（3）数据分析流程：①重点保障运行指挥的统筹安排；②依托智能运维支持系统，积累设备运维大数据，对运行状态、维保标准、备件配备等数据信息进行汇总，对设备进行安全预警分析，及时优化调整各类运行预案及应急处置预案。

（4）现场督查流程：重点建立关键业务节点和突发应急事件的现场督查机制，对运行指挥实施全方位评估和反馈。

（5）勤务保障流程：制订并维护勤务保障及重大运输任务保障工作流程及标准，编制保障方案并系统部署保障工作。

（6）应急管理流程：对各级应急预案演练及应急处置情况进行全流程监控、指挥，评估实施效果。

3）大维保模式

大维保模式在横向上对机场管理方、北京博维航空设施管理有限公司、设备厂商和合约方进行集成，在纵向上对设备采购、招标、设计、制造、安装、调试、运维及报废等不同阶段进行集成，通过业务整合与拓展，形成设计制造、安装调试、运维管理、设备大修和改造升级的全业务链条，打破人才、技术、资源界限，打造三大板块，优化资源配置，巩固运维基础，提升运维效能。

大维保模式的工作流程包括全委托生命周期管理流程、技术管理流程和设备状态检测流程。具体如下。

（1）全委托生命周期管理流程：①涵盖设备全生命周期各阶段的业务环节，包括工程设计、设备采购、安装调试、交接验收、运行维护、大修技改和报废处置全过程；

②运用大兴机场智能运维管理平台，依据厂家的技术标准和设备参数，全方位实时统计设备全生命周期设备故障类型、备件消耗、故障周期等运行数据，建立设备运行大数据库；③利用大数据系统对关键数据进行提取、分析，建设不同系统设备的个性化档案，为实现和优化全生命周期管理提供支撑。

(2) 技术管理流程：①明确设备维修维保技术标准，制订维修维保计划，对设备全生命周期管理和设备状态检修管理进行质量管控，对备件采购提出明确要求、指导和技术检测；②建立质量管控—人员管理—作业执行职责体系，制订设备分级巡检计划、维保标准和维保计划。

(3) 设备状态检修流程：①对设备状态全过程管理，进一步规范设备状态的监/检测、信息收集、状态评价、检修策略选择和实施后再评价等工作；②全面收集设备全过程状态信息，加强检测与监测；③根据评价报告制订并实施设备状态管理(运维、检修、改造和报废)。

9.3.3 规划设计阶段工程实践

从大兴机场规划设计之初，北京博维航空设施管理有限公司就坚持做到高度重视、密切关注、及时跟进和积极参与。从各系统选派优秀人员支援北京大兴国际机场建设，有了运维基础，再经过建设锻炼，快速成长为大兴机场运营管理的业务骨干。

在大兴机场建设规划设计征求意见阶段，北京博维航空设施管理有限公司认真总结首都机场运维经验，负责任地反馈情况和建议。行李运维部、客桥运维部、机电运营部、车辆保障部和弱电信息部五大部门共提出 41 条建议，其中 12 条建议和建筑设计有关，29 条建议和设备设计有关。团队的运维经验对大兴机场系统设备优化、提升起到了推动、促进作用，运维工作价值在机场建设过程中得到了有效体现。

为了确保大兴机场航站楼电梯设备的质量，北京博维航空设施管理有限公司技术人员先后 3 次赴电梯厂家参加监造。在监造过程中，及时从有利于运维的角度，提出了观光梯厅门、轿厢监控等方面的优化设计建议，避免了将设计制造阶段的问题积压到运营中去解决。

9.3.4 建设阶段工程实践

在建设阶段，北京博维航空设施管理有限公司积极参与大兴机场设施设备建设全过程，为后期的顺利投运保驾护航，工作重点可概括为深入建设全程和多方协同合作。

1) 深入建设全程，运维前延

大兴机场行李系统采用先进的 RFID 技术对行李进行分拣处理和全流程跟踪，相比传统的 ATR 技术识别率有了大幅提高，达到了 99.5%以上。北京博维航空设施管理有限公司深入整个系统的安装建设工程中，承接了出港设备总长 9 492 m 的设备安装工作。向厂家技术人员、安装人员学习系统运行的设计理念、机械设备的构造、电气系统的控制逻辑等;在安装调试工作中与建设方共同发现安装、质量、附属设施等问题,协助设备厂商在开航前全部完成整改;在投运前期,与设备厂家进行技术交流沟通,对系统如控制逻辑完善、流程优化等进行优化变更约 40 项,弥补了厂商在设计阶段考虑运行经验不足的问题,保障了设备投运后的稳定运行。

弱电信息系统在大兴机场建设期间,依托现有资源,开展弱电信息机房监管服务工作,充分发挥主观能动性,多措并举、排忧解难:①现场踏勘,确定机房位置。自 2018 年 4 月开始,主动联系北京新机场建设指挥部及相关工程建设人员,安排专人以现场并行方式,每周不少于 3 次进入施工现场熟悉、摸排环境,对各区域、各楼层的弱电信息机房的位置进行确认。②创新思维、绘制 CAD 路线图。弱电信息和技术室模块经过数次研讨、沟通,确定了通过手绘标注和利用电子版图纸相结合的方式,绘制 CAD 弱电信息机房路线及分布图;通过手机客户端实现了图纸便携化、踏勘高效化、路线最优化的目标。③形成弱电信息系统运维管理及风险分析报告,积极搭建各弱电系统的集成管控平台和智能运维平台。④协助管理中心信息管理部进行项目监管,主动承担并出色完成各系统竣工前大量的信息统计工作,为"6·30"弱电信息系统竣工验收的顺利进行作出了突出贡献,并受到管理中心的表彰。

2)多方协同合作,提升技能

客桥系统主动承担预验收工作,与厂家共同调试设备,配合大兴机场测试机位、确定机位停止线等机坪测试工作;机下无动力组织开展操作人员培训工作,在开航前完成设备进场、配置工作,确保保障工作顺利高效进行。客桥在实际运行过程中,出现非受控动作时会切断主电源,运行中造成误报警故障,提出解决方案,顺利排除故障。

各业务系统与设备提供商签订伴随运行协议,在保障设备稳定可靠运行的同时,设备提供商与北京博维航空设施管理有限公司共同开展设备相关技术培训,全程参与故障诊断及排除过程,提升自身技术水平,形成自己的运维思想。

充分利用北京博维航空设施管理有限公司两场运行模式特点,在运行初期从首都国际机场抽调各系统模块的骨干力量,指导北京博维航空设施管理有限公司各模块业务开展和培养业务人才,确保了大兴机场顺利投运,提升首都机场集团设备运维管理有限公司各模块业务能力。

9.3.5 运营筹备阶段工程实践

在运筹期间,北京博维航空设施管理有限公司重点开展了六个方面的工作。

(1)健全组织机构。2017 年成立北京博维航空设施管理有限公司大兴机场运筹办,正式入驻建设中的大兴机场开展工作。为确保万无一失,经首都机场集团批准,自 2018 年初开始筹备,2019 年 7 月正式成立了首都机场集团设备运维管理有限公司,全面承接大兴机场行李、客桥、机电、弱电信息等重要系统设备的运维工作，实现了运筹工作从北京博维航空设施管理有限公司到首都机场集团设备运维管理有限公司的平稳顺利交接过渡。

（2）摸清设备家底。各系统人员深入建设现场，熟悉系统环境，逐一摸排系统设备情况和信息，逐一编号建账确认，做到图纸与实际相符、台账与实物相符。收集整理系统设备原始技术资料和手册，方便后续运维工作有据可依。

（3）盯紧调试整改。全程参加各系统设备调试，发现问题立即盯嘱厂商整改，直到调试合格达标。例如，机电系统在建设期间，面临电扶梯型号多、数量多、范围广、安装工期紧和质量标准高等一系列问题，电扶梯设备较其他设备先期投入运行，支撑航站楼建设，且面临投运前的多次重大演练和各种重大保障活动。机电系统联合设备厂家对全部保障设备进行专项维保，确保设备符合标准规定。制订专项电梯隐患排查整改方案，以"检查一台、整改一台、放行一台、承诺一台"为原则，有效解决电梯隐患。开展直梯变频器控制系统升级、货梯强迫关门时间调整、观光直梯加装应急导向装置及轿顶护栏改造作业，有效控制了直梯困人风险，实现了困人"零"事件的目标，顺利完成各项重大保障任务，实现开航至今的平稳运行。

（4）独立指挥演练。与厂商相比，懂运行是团队最大的优势，运行管理也是专业化公司的核心竞争力。在运筹阶段，首都机场集团设备运维管理有限公司就做到了运行管理人员与维修维保人员同步提前入驻熟悉系统设备和工作环境。例如，在行李系统运行方面，大兴机场投运前的7次重要综合演练，都是由首都机场集团设备运维管理有限公司负责中控指挥，顺利完成了演练任务，没有出现任何差错。

（5）完善管理文件。在运筹期间，首都机场集团设备运维管理有限公司集中骨干人员编写各类工作方案、预案、制度及程序等管理文件、手册共计60余项、累计百余万字。团队编写的投运分方案，得到了管理中心的高度评价。

（6）明确运维模式。把握大兴机场投运初期"新环境、新系统、新设备、新人员"的四新风险特点，按照"1＋1＋1"（正常运维＋质保服务＋陪伴运行）模式组织实施运维，用1～3年时间，培养自己的技术骨干和技术团队；统筹考虑技术能力、保障能力、用工成本等因素，员工队伍按照"3∶3∶4"（核心骨干＋专业技术＋生产服务）的构成比例实施合理控制，确保员工队伍科学、合理、稳定。

9.3.6 运营阶段工程实践

首都机场集团设备运维管理有限公司全面贯彻落实首都机场集团"三大战略"，在投运阶段继续秉承"建设运营一体化"理念，聚焦建设"平安、绿色、智慧、人文"机场要求，持续推进各项工作。

（1）助力建设平安机场。大兴机场投运以来，在管理中心的领导下，首都机场集团设备运维管理有限公司各相关方密切协作,坚持精细、深入查找问题,持续优化、整改、提升,行李、客桥、机电和弱电信息等系统运行总体平稳,各项安全运行指标均逐步向好,没有发生系统设备原因造成的安全运行事件。

（2）助力智慧机场建设。首都机场集团设备运维管理有限公司认真探索系统智能运维项目研究,积极采用运维新技术、新手段,实现整合运维资源、降低运维成本、提升运维品质的目标。例如与管理中心合作,重点开展了弱电信息系统集中管控平台和智能运维平台研究。

（3）助力绿色机场建设。在大兴机场的大力推动下,机下无动力设备共享这一新业务逐步趋于规范、形成规模,设备共享模式得到了民航局、航空公司的认可。逐步完善航空器工作梯技术标准,填补了行业空白,新型轮挡在国内行业中品质领先。公司取得了北京市一类汽车维修企业资质和北京市行政事业单位车辆定点维修服务资质,车辆租赁和维修共享平台运营顺利,新能源车辆维修维保能力能够满足机场安全运行保障需要。

（4）助力人文机场建设。大兴机场行李系统迟下率由开航初期的 0.3% 降至 0,保持了行李零错分、零迟运、零投诉;RFID 读取率达到了 99.6%,实现了出港行李全流程追踪,为旅客提供最优的行李服务体验。配合大兴机场全面开展航班预登机桥对接、预推出项目,廊桥对接时间降低幅度达 40%,争分夺秒提升机场保障效率和航班正常水平。登机桥单桥、双桥、三桥对接标准为 2 min、3 min、5 min,在国内机场中领先。联合大兴机场,推出"大兴一心、惠爱员工"活动,帮助驻场员工解决洗车难、修车难的问题,为员工工作生活提供便利。

9.4 配餐系统建设运营一体化实践

9.4.1 概述

配餐业务作为机场地面保障功能的重要一环,是机场运营的重要组成部分,事关服务质量和航班正常,直接影响旅客的体验和感受。大兴机场配餐系统主要包含空港配餐楼建设和新配餐公司运营两大部分。航空配餐设施是大兴机场重要的生产性保障配套项目,对保障大兴机场正常运行,提升机场服务水平和整体形象具有重要意义。新配餐公司的成立是提升大兴机场综合服务保障能力必然需求,是满足非主基地国内航空公司和部分国际航空公司配餐业务的必备条件。

2017 年 8 月,北京空港配餐有限公司抽调两名人员到货运办成立专项工作小组,负责大兴机场配餐楼建设项目工作;2018 年 3 月,首都机场集团会同北京空港配餐有限公司研究新配餐公司组建工作,完成了新配餐公司可研立项报告;2018 年 7 月,民航局正式批复同意组建新机场配餐公司。新机场配餐公司的全称为北京大兴国际机场航空食品有限公司,公司工作开展坚持"规范、专业、高效、创新"的指导思想,紧跟首都机场集团"建设运营一体化"理念,始终坚持配餐楼工程建设和公司运营筹备两条主线齐头并进,全力配合大兴机场的建设运营。

9.4.2 一体化工作亮点

随着大兴机场工程建设的持续推进,空港配餐楼项目的规划建设提上了日程,大兴机场空港配餐楼是保障机场正常运行的需要,是满足民航业务量增长和北京空港配餐有限公司自身发展的需要,是补充和完善大兴机场机上服务保障水平的需要,是提升大兴机场整体服务形象的需求。根据首都机场集团的整体安排,本着"建设先行"的原则,2017 年 8 月北京空港配餐有限公司抽调两名人员到货运办成立专项工作小组,负责大兴机场配餐楼建设项目工作,小组成员依据"建设运营一体化"管理理念,完成了大兴机场配餐楼建设可研报告及初步设计工作。

1) 配餐楼设计工作

航空配餐楼的设计技术含量高、功能繁杂、工艺流程控制严格,卫生检疫标准高,其工程设计的先进与否对生产成品的品质高低有直接的影响。专业合理的配餐楼平面布局设计、洁净区域划分、车间温度设计和内外部流线设计,均是航空食品生产中对食品安全和品质保证的关键因素。

自 2017 年配餐楼建设项目开始设计起,以未来运营为目标导向,北京空港配餐有限公司专业人员与设计方密切联系,组建了专项工作组。工作组成员共同研究,确定配餐楼设计方案,空港配餐公司专业人员从运营角度提出设计优化建议,双方共同商讨后,从多角度决策是否变更。配餐楼设计中充分借鉴首都机场 K2 配餐楼实际运营的成功经验,将新配餐楼生产流程设计进一步改进完善,使生产流程更趋于合理,实现资源使用最优化,主要从优化流程、提高空间使用率和降低运营成本方面进行优化。例如:

(1) 调整平台朝向方位。若出车平台朝南,建筑空间温度较高,不利于餐食保存;回收平台朝西,收货平台朝北,而冬季常刮强烈偏北风,平台卷帘门打开后气流倒灌,同时温度过低不利于员工操作。新配餐楼将方位进行调整,出车平台朝东,可避开一天中温度较高时段;回收平台朝南,而回收垃圾刚好不需要控温;收货平台朝西,避开强烈的北风影响。

(2) 设置清真专线。生产厨房设置清真专线(清真食品生产需要,用于国内清真航线和阿拉伯国家的国际航线餐食生产),清真餐食从原材料入库至餐食完成生产包装,全部生产流程在独立空间内,与其他车间无交叉。

(3) 调整走廊宽度与车间高度。新配餐楼设计合理缩减走廊宽度,降低车间高度。主要考虑节约制冷能源费,降低运营成本。因为生产车间要求恒温 18℃,尤其是夏季,空调制冷使用较大,能源费用是公司运营成本的主要支出项。

（4）设置物理隔离。新配餐楼从后期运营角度出发，设置多个物理隔离，可有效提升后期运营品质和服务质量，如实现低清洁区和高清洁区物理隔离，符合卫生要求；出车平台点餐区域和出车卷帘门之间增加物理隔离区域，有效控制点餐区温度等。

（5）生产区域和行政办公区域一体化。大兴机场配餐楼实现一体化，将行政办公区域设计在局部三层，三层与一、二层生产区域使用门禁系统隔离，大大节约了占地面积和建设成本，同时便于日常办公。如图9.6所示。

图9.6　空港配餐楼设计方案

（6）合并航机部控制室与公司调度室。航机部控制室负责人员车辆的调配。公司调度室负责与航司客户、机场运控中心联络，下达餐食生产和航班保障任务，并在日常运行过程中实时接收航司和机场的航班信息，及时对应调整并传达至航机控制室。在大兴机场配餐楼设计时考虑未来运营，将航机部控制室和公司调度室工作区域合并（调度室在里，控制室在外），便于信息传递的及时和准确，使运行更顺畅。

2）新配餐公司成立

新配餐公司的成立是满足非主基地国内航空公司和部分国际航空公司配餐业务的必备条件，是统筹两场配餐资源的内在需求。2018年3月，首都机场集团资本运营部会同北京空港配餐有限公司相关人员研究新配餐公司组建工作，完成了新配餐公司可研立项报告。2018年7月，民航局正式批复同意组建新机场配餐公司。大兴机场航空食品有限公司自成立伊始，就设立了加强组织领导、完善集体领导决策的机制，确保新配餐运营筹备工作与基础工程建设协同推进，为新配餐公司如期投入运营奠定基础。2018年8月，成立新配餐公司筹备办公室。2018年9月，随着各项工作推进，由筹备办公室专设成立4个工作小组，分别为：工程设备组、质量运行组、综合保障组和财务组。2019年3月，随着筹备工作进一步深入，成立市场组。

新配餐公司始终坚持配餐楼工程建设和公司运营筹备两条主线齐头并进,通过将建设目标与运营筹备目标相融合,将建设工作内容与运营筹备工作内容相结合,新配餐公司抓取关键节点,设立建设与运营筹备进度计划,求精做实,着力打造配餐楼建设优质工程,抓早管细,有条不紊推进运营筹备工作。

3) 配餐楼建设工作

2018 年 9 月,航食配餐楼建设正式开工。由于配餐楼布局的复杂性、楼内水电气等各项能源隐蔽工程的复杂性,以及中央厨房设计的复杂性,为了实时发现问题、消除隐患,自 2019 年 1 月 11 日配餐楼主体结构性封顶,筹备办公室开始派驻专业人员主动介入,进行施工陪伴。筹备办公室、施工方、监理方建立了有效的工作协调沟通机制,在工程建设方面达成共识,目标一致。对于在陪伴施工中发现问题,四方采用现场沟通的方式及时纠偏整改;对于重大问题,四方通过召开专题会的形式研究解决方案。在时间紧、任务重、要求高的情况下,各方齐心协力推进工程进度。2019 年 6 月 28日,配餐楼建筑工程如期完成,与大兴机场实现同步竣工验收。

从配餐楼设计到工程施工,团队始终以未来运营单位需求为核心,无论施工方还是北京新机场建设指挥部,均非常重视运营方意见。运营方也积极配合北京新机场建设指挥部完成配餐楼建设施工,确保运行设备采购、安装、调试等工作有序进行,将建设与运营融合,在工期如此紧张的情况下,高效完成建设任务,并与运营无缝衔接。具体案例如下。

(1) 预留清洗设备安装区域问题。

由于开工时间晚,工期紧张,加之施工方不太了解使用方的运营需求。清洗车间未预留餐车清洗机的安装区域(需要低于地面,预留长方形凹槽),且餐车清洗机应靠近承重墙。大兴机场航空食品有限公司陪伴施工人员发现后立即与各方多次沟通,通过反复测算,确认开凹槽深度不影响楼体承重,及时进行施工。

(2) 预留冷库安装区域问题。

采购库房冷库原设计高度约 2.7 m,但层高 4.5 m,空间浪费较多,并且 2.7 m 高度满足不了未来运营的存货需求。大兴机场航空食品有限公司陪伴施工人员及时发现,经各方协调沟通,将冷库高度改为 4.3 m。

(3) 新配餐公司运营筹备工作。

2018 年 8 月,新配餐公司运营筹备方案得到大兴机场工作委员会审议通过。2018 年 9 月,首都机场集团成立新配餐筹备办公室。按计划 2019 年 6 月 30 日工程竣工至 9 月 30 日前正式投运仅有 3 个月时间,必须完成楼体内部装修、设备安装调试、整体联动压力测试等工作,而公司生产运行所需的大型设备制作工艺较复杂,工期较长。在公司尚未注册成立,资金尚未到位的情况下,筹备办公室主动请示、积极协调,得到了首都机场集团的大力支持和帮助。将公司运营所需设备进行拆分,先行采购运营初期所需设备,保障开航少量航班所需。筹备办公室联合首都机场集团财务管理部、经营管理部和机场建设部组成采购评审小组,采用多种方式完成了公司运营初期所需 12 项 127 类 608 件工艺设备的采购。所有设备均于 2019 年 6 月 30 日前完成制作,按时到位安装调试。2019 年 3 月公司注册成立、注册资金到位后,继续加快推进第二批工艺设备、厨房用具等设备物资采购,顺利完成采购工作。

9.4.3　工作保障机制

新配餐公司成立前,面临着起步晚、人员少、时间紧及任务重等诸多不利因素和实际问题,筹备办公室领导班子充分发挥集体作用,找准定位、瞄准目标。筹备办公室领导班子统筹协调各方资源,快速推进筹备工作。公司成立之初,在班子成员未配备齐全的情况下,筹备办公室与大兴机场航空食品有限公司双轨运行、合署办公,以工作例会和专题会的方式安排工作、决策事项。各项运营筹备工作的直接责任人直接参会,摒弃了层层传达的等级观念和繁琐程序,使任务部署一竿子到底。经营管理层直接盯住关键人员、盯住关键事项;各责任人快速掌握情况、快速解决问题和消化问题。充满活力的工作保障机制在时间紧、困难多的任务背景下,给团队成员灵活高效完成各项工作提供了有力保障,推动了配餐系统建设完成与顺利投运。

9.5　地服系统建设运营一体化实践

9.5.1　概述

随着人们对美好生活需求的日益增长,对民航的出行需求日趋强烈,将会有更多的人选择民航这种快捷的运输方式。大兴机场作为大型国际枢纽机场,同时服务于首都发展与京津冀一体化,其综合服务保障能力至关重要。

在此期间,地面服务保障是航空运输服务的基本服务,是确保机场安全、顺畅运行的重点环节,是影响航班正常性的关键保障节点,是体现机场综合服务保障能力的重要组成部分。但长期以来,地面服务始终是民航服务的短板之一,不仅是旅客投诉的热点,也是社会、媒体关注的焦点,更是提升服务的难点。大兴机场地面服务工作主要由北京首新航空地面服务有限公司负责,该公司由首都机场集团和新翔集团有限公司合资成立,是满足民航业务量增长、保障大兴机场正常运行的需要,是补充和完善大兴机场地面服务水平的需要,为大兴机场非主基地航空公司及外航提供更好的选择和服务,提升大兴机场整体服务形象。

北京首新航空地面服务有限公司成为首都机场集团确保大兴机场安全运行、航班正常性持续提升的一支重要力量,使得首都机场集团提升综合服务保障能力有了强有力的抓手和重要的支撑。

9.5.2　工作原则与业务范围

1）任务规划

北京首新航空地面服务有限公司的筹备，在前期工作规划中基于两点考虑：①充分准备实现平稳过渡，确保大兴机场地服顺利投运；②充分考虑行业发展趋势、科技进步对传统服务模式的影响、社会生活方式改变带来的市场需求变化，以及大兴机场市场格局变化等因素，积极拓展新业务，为长远发展打好基础。同时，机场地服应具备"满足应急保障、提高运行效率、助力枢纽建设"的功能。北京首新航空地面服务有限公司的目标是打造一个"高标准、高科技、高效率"的服务企业，致力于高度智能化、自动化运行，并具有良好的社会口碑和业内评价，在业内占有领先地位，从战略层面上北京首新航空地面服务有限公司以大兴机场为契机，围绕北京双枢纽建设，依托京津冀机场群，辐射成员机场，打造服务平台，并以科技创新为驱动来实现这一愿景。

2）工作原则

大兴机场的地面服务工作主要有三项原则，担当"四个服务"、落实"三大战略"和对标世界一流。

（1）担当"四个服务"，重点服务好航空公司，服务好广大旅客。

北京首新航空地面服务有限公司作为首都机场集团业务链最长、服务面最广的服务保障型专业公司，直接面向航空公司和旅客，要通过服务航空公司进一步服务广大旅客，不断满足人民日益增长的航空服务的需要，履行好地服的使命和责任。

（2）落实"三大战略"，贯穿地服发展战略全过程。

北京首新航空地面服务有限公司积极落实"新机场战略"，筹备运营好大兴机场地服，把握大兴机场地服市场的显著变化，抓住拓展新业务、新空间的战略机遇，创新发展方式，充分发挥资源平台的作用，促进地服业务转型升级和创新型业务的开发，推动地服取得突破性发展。落实"双枢纽战略"，谋划两场运行新格局。未来北京两场将逐步形成"并驾齐驱、独立运营、适度竞争、优势互补"的"双枢纽"格局；把握"双枢纽"的差异特点，北京首新航空地面服务有限公司在北京首都国际机场重在提质增效，确保安全运行，在大兴机场重在创新发展，推进地服转型升级。落实"机场群战略"，推动地服全面发展；把握发展时机，通过在京津冀机场群率先实现货运地面服务协同发展，起到示范引领和辐射带动作用，以点带面，促进地服业务的全面发展。

（3）对标世界一流，打造一流地服。

北京首新航空地面服务有限公司将围绕建设"四型机场"目标，持续提高安全运行水平，努力打造平安地服；积极应用新能源技术，努力打造绿色地服；利用先进信息技术，对接"一核两翼"，搭建地服智慧运营平台，实现地服相关资源集约化管理和使用，努力打造智慧地服;坚持将航空公司和旅客的需求及感受放在突出位置,配合航空公司拓展服务创新、产品创新、业务创新,提升运行效率和服务品质,为旅客提供便捷、个性、温情的服务产品,努力打造人文地服。

3）业务范围

大兴机场地面服务业务范围包括旅客服务、货运服务、航空器维修、机坪运输、机坪装卸、车辆及设备保障与维修和飞机除防冰。

旅客服务主要包括值机服务、行李及逾重服务、登机口服务、要客引导服务、机组服务、无人陪伴儿童、轮椅旅客等特殊旅客服务、两舱休息室服务、中转服务、票务服务和签派服务等。

货运服务主要包括货库的货邮收运、组装、仓储、交付、代理交接、运输及分拨等服务,含电商货物、冷链、快件和危险品等,以及代理服务、海关申报、卡车航班等业务。

航空器维修主要包括航线维修、航线勤务、维修工具设备及航材服务、飞机内外部清洁服务等。

机坪运输主要包括货物、邮件、行李、旅客的机坪运输及相关设备保障等。

机坪装卸主要包括配载服务、飞机装卸服务及相关设备保障等。

车辆及设备保障与维修主要包括客梯车、摆渡车、牵引车、装卸平台车、清水车、污水车、垃圾车、空调车、电源车、气源车、除冰车、小拖车、传送带车、不便旅客登机车和集装器转运车等地面服务运行保障车辆及设备等。

9.5.3 草桥城市航站楼建设运营一体化实践

大兴机场在地铁草桥站谋划设立了首个城市航站楼,并在开航投运仪式当日与大兴机场同步启用。草桥城市航站楼作为全国、北京市第一座以轨道运输为路由的城市航站楼,实现了多种交通方式的无缝衔接,以轨道运输与航空运输互联互通的方式,有效地缩短旅客的通达时间,提升了旅客的乘机体验,增强了大兴机场的服务水平,为大兴机场扩大服务人群和机场服务半径发挥了很大作用。作为先行先试的项目,草桥站的成功运营,发挥了很强的示范效应,得到社会各方的广泛赞誉。

北京首新航空地面服务有限公司始终按照建设与运营一体化的理念,坚持大兴机场运营筹备工作与草桥城市航站楼筹备工作同步开展,齐头并进。北京首新航空地面服务有限公司专门成立了草桥城市航站楼专业保障团队参与筹备,并全程参与了草桥城市航站楼的建设运营,全力投入,争分夺秒、加班加点、甘于奉献、敢于争先,在不到 90 天即实现了北京市内首个城市航站楼的正式投运,展现了运营筹备的高效率、高水平。

草桥城市航站楼的工作重点和成功经验可总结为以下七点。

（1）积极健全公司筹备组织机构。2019 年 7 月,公司接到首都机场集团关于开始草桥城市航站楼筹备工作的通知后,公司管理层积极响应,部署成立首新地服城市航站楼专项工作组(以下简称"专项工作组"),负责公司统筹城市航站楼各项建设的各项工作,公司总经理担任组长。专项工作组建立后,即明确建设筹备与正式运营为两个时间节点,积极对接首都机场集团各部门,全力推进各项筹备工作的进行。

(2)积极配合各部门优化草桥站流程方案。专项工作组与大兴机场公共区管理部、航空业务部、规划发展部和航站楼管理部等部门,以及中铁十四局、城市铁建公司、轨道运营公司深入对接,密切沟通,就值机托运流程、行李运输流程、行李导入流程等方面问题,进行十余次现场踏勘,召开九次专题工作会议,根据草桥地铁站站内实际结构,确定草桥城市航站楼在草桥地铁站内的选址,不断完善旅客值机、行李运输流程,使行李运输方案更加合理,旅客值机与乘车更加便捷。

(3)细化草桥站行李运输建设方案。值机区域的建设方案是全部工程的重中之重,为使草桥城市航站楼值机区域得到尽可能的利用,专项工作组积极配合管理中心各部门,召开专题工作会议7次,通过实地踏勘值机区域,以未来19号线开通后旅客流量为主要运营导向,最终决定配备值机柜台4个,安检机2台,使值机区域的使用更加合理。

(4)草桥站作为国内首个以轨道运输为路由的城市航站楼项目,工作影响面大,受关注程度高,且涉及单位多,协调难度大,为了解决托运行李运输与轨道运输在行李装卸过程中高效与安全的矛盾,专项工作组与大兴机场公共区管理部、中铁十四局、城市铁建公司和轨道运营公司深入研究行李运输方案十余种,在零经验零基础的情况下,最终选定以专用行李载具为托运行李运输载体,行李装卸渡板为装卸辅助工具的行李装卸模式,经过近30个昼夜的反复不间断测试,最终配合各单位设计出了匹配草桥站自身特点的行李载具与装卸渡板,有效解决了轨道运输托运行李及行李载具装卸的难题,提升了行李装卸效率,缓解了轨行区装卸的压力,权衡了民航地面服务质量与轨道运行效率的平衡点,得到了北京市、大兴机场的一致肯定。

(5)伴随施工力保建设进度。2019年7月草桥站正式开始施工建设,由于草桥地铁站初期建设时并未考虑值机功能,值机区值机柜台电源、行李分拣厅等区域的建设工作极具复杂性,为了实时发现问题,消除安全隐患,专项工作组与各单位建立了周例会工作协调机制,在工程建设方面的步调始终保持高度一致,对于在伴随施工中发现的问题及隐患,各单位负责人以直接到场的方式及时纠偏指正。在时间紧、任务重、要求高的情况下,专项工作组与各单位齐心协力推进工作进度,在保证各项建设工作严格对标大兴机场设备设施参数的前提下,仅仅历时80天的时间,就实现了与大兴机场同期投运。

(6)构建高效工作机制。北京首新航空地面服务有限公司面临起步晚、人员少、时间紧等诸多实际问题,领导班子发挥集体决策作用,找准定位,瞄准目标,始终以工作的高效为原则,统筹协调工作及资源,快速推进筹备工作。

（7）积极与各航司进行非航对接。随着草桥站值机区域的开工建设，运营筹备工作也已提上日程。为了更好地推进草桥站正式投运，引导各航司积极进驻城市航站楼，专项工作组积极与各航司负责人进行对接，先期明确了联航、南航（正式转场后）、北京首新航空地面服务有限公司代理航司（除吉祥航空外）进驻草桥站的相关事宜，实现了草桥站投运后各项业务无缝衔接、创新优质、协同发展和平稳开航的目标。

9.6　物业服务建设运营一体化实践

9.6.1　概述

大兴机场物业服务主要由北京首都机场物业管理有限公司负责。物业服务的价值和意义是让客户满意，机场物业服务的质量直接影响旅客出行的体验感和幸福感，北京首都机场物业管理有限公司高度重视物业服务的开展。自首都机场集团启动机场建设工作伊始，北京首都机场物业管理有限公司就充分认识到大兴机场必将成为物业服务发展的重要机遇。

北京首都机场物业管理有限公司全程贯彻"建设运营一体化"理念，积极推进各项工作。2014年9月，北京首都机场物业管理有限公司正式启动了大兴机场业务对接工作，成立了大兴机场业务对接领导小组，一方面与北京新机场建设指挥部积极沟通，力争对涉及北京首都机场物业管理有限公司的相关业务进行前期介入；另一方面与首都机场集团相关部门积极沟通，全面了解大兴机场的未来运行模式，力争实现对大兴机场航站楼、停车楼、办公楼及周边环境的相关物业（资产）管理。在此期间，北京首都机场物业管理有限公司充分总结北京首都国际机场运行管理经验，对大兴机场育苗基地、生活服务设施、教育科研基地等项目提供了大量的建设规划及工程施工建议，确保工程建设更符合后期运行的实际需求。

2017年，为进一步支持大兴机场建设，推进相关业务对接，北京首都机场物业管理有限公司从各分公司及职能部门抽调业务骨干成立了大兴机场运筹办公室并正式入驻大兴机场办公，各分公司按业务分工成立了专项业务运行办公室。经过夜以继日的现场踏勘、规划设计、方案编制和组织协调，最终圆满完成了大兴机场运营筹备工作，确保了大兴机场的顺利开航。

9.6.2　战略定位

物业服务建设运营一体化工作开展的前提即是要明确北京首都机场物业管理有限公司在大兴机场的定位，根据自身定位进而制订工作目标以及工作方案，从而实现北京首都机场物业管理有限公司的发展。

北京首都机场物业管理有限公司的总定位是大兴机场物业服务资源的统筹管理者，即作为大兴机场管理机构的一部分，以统筹者的身份，从物业服务项目前端设计入手，有效实施对资源的策划、组织、管理、安全、运行和标准制订等职责。

对总定位进行拆分细化，北京首都机场物业管理有限公司还具有5个具体定位，分别如下。

（1）航站楼旅客服务资源的整合开发者。北京首都机场物业管理有限公司将针对航站楼内旅客安全、便捷、愉悦和舒畅等服务要求，运用新思维和新的技术手段，在服务项目设计、服务场所环境提升、服务语言和行动艺术化等方面下功夫，通过整合、满足、创造旅客需求，在旅客服务的内涵和外延上深入挖掘，形成一体化的旅客服务链条，提升旅客服务资源价值。

（2）首都机场集团资产的管理和经营的中心。物业资产管理是物业管理工作的重要组成部分，物业资产管理不但可以延长房屋使用年限，确保其功能的正常发挥，同时良好的物业管理服务也可以提升房屋的市场价值，北京首都机场物业管理有限公司将通过对资产的全生命周期管理，辅以有效的房地产组合投资技术，实现物业资产收益的最大化。

（3）安全防范的重要组成部分。机场物业服务是旅客保障服务最基础、最直接的一环，服务覆盖机场的各个角落，北京首都机场物业管理有限公司将通过有效的物业管理，切实保证这些基础性服务的安全；依靠广大服务人员及时查找和发现安全隐患，杜绝不安全事故的发生；充分发挥群防群治的优势，将安全监管关口前移、重心下移；调动机场各方力量做好安全生产及应急保障工作，为旅客营造一个舒适、安全的出行环境，为机场的整体安全打下坚实的基础。

（4）服务水平持续提升的推动者。ACI满意度调查中显示，机场物业服务品质越高，旅客满意度就越高。北京首都机场物业管理有限公司从大兴机场整体目标出发，以旅客为核心，通过建立物业服务质量标准，采用现代化的管理手段和方法，引入智慧机场、绿色机场等理念，增强与机场其他相关服务单位的协同效应，全面系统地提升机场服务链每个环节的服务质量，助推机场的整体服务水平的提升。

（5）大兴机场员工的幸福平台。物业管理涵盖着机场员工后勤生活保障的重要职能，北京首都机场物业管理有限公司将立足大兴机场员工的各项生活需求，打造一个集超市、餐饮、购物、休闲娱乐、运动健身和酒店等于一体的综合性生活服务广场，以此保障员工的生活质量，提高员工的生活品质，为机场员工构建幸福的平台。

9.6.3　一体化工作安排

1）建设运营目标一体化

北京首都机场物业管理有限公司工作伊始就设定了一体化的目标，以此目标为准绳，推进各项工作，具体内容如下。

（1）成为大兴机场管理机构的一部分，通过专业、高效的物业管理方式，为旅客和首都机场集团服务,创造大兴机场物业服务资源价值。

（2）以现有经验,有效实施对大兴机场物业服务资源的统筹策划、组织、运行管理和服务的高标准为起点,实现对大兴机场物业资源的有效开发和优化运行组合。

（3）按照全覆盖、零容忍、严执法和重实效的工作要求,健全安全长效机制,重点抓安全风险管控,确保实现大兴机场持续安全运行。

（4）助力智慧机场建设、为旅客和客户打造高体验感、高舒适度的智慧物业服务链条。

（5）推动科技创新,发掘绿色潜力,创造资源价值,向高精尖、高科技含量、高附加值业务领域升级。

（6）全力做好机场员工后勤服务工作,营造幸福、和谐、温馨和舒适的生活氛围,解决首都机场集团的后顾之忧。

2）建设运营组织一体化

本着建设运营一体化的原则,北京首都机场物业管理有限公司大兴机场运筹办公室按照运营筹备与后期运营一体化的标准进行组织机构设置及人员选拔,确保运营筹备与现场运行无缝衔接。

北京首都机场物业管理有限公司运筹办组织机构设置如图9.7所示。

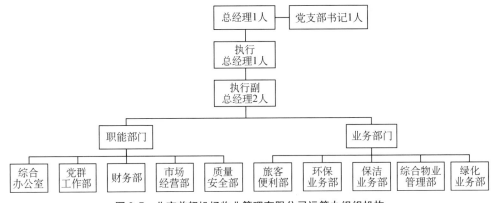

图9.7　北京首都机场物业管理有限公司运筹办组织机构

北京首都机场物业管理有限公司运筹办职责主要包括:①负责制订北京首都机场物业管理有限公司北京大兴国际机场运营筹备工作任务安排及进度计划;②协助制订北京首都机场物业管理有限公司北京大兴国际机场运营模式、管理体制、运行机制等方案;③协助制订北京首都机场物业管理有限公司北京大兴国际机场人力资源规划及人员储备培养等方案;④负责制订北京首都机场物业管理有限公司北京大兴国际机场运营数据预测及计划;⑤负责制订北京首都机场物业管理有限公司北京大兴国际机场业务分配方案;⑥负责组织制订北京首都机场物业管理有限公司北京大兴国际机场业务运行方案及管理体系;⑦负责与首都机场集团相关职能部门对接、沟通、协调涉及北京大兴国际机场业务相关事宜;⑧负责与北京新机场建设指挥部/北京大兴国际机场运筹办的统筹联系、对接、沟通协调工作;⑨负责各单位运行办的统筹协调工作;⑩负责北京大兴国际机场正式运行前,先期开展项目的统筹运行管理;⑪负责统筹安排北京首都机场物业管理有限公司北京大兴国际机场运营筹备其他重要工作;⑫公司领导安排的其他工作。

北京首都机场物业管理有限公司运行办职责主要包括:①负责拟定本单位北京大兴国际机场业务运行工作方案;②负责本单位相关业务与北京新机场建设指挥部相关部门及北京大兴国际机场运筹办的具体对接、落实工作;③积极配合公司对接领导小组和北京首都机场物业管理有限公司运筹办的各项工作;④积极配合北京首都机场物业管理有限公司运筹办的统筹协调以及工作安排;⑤积极配合北京首都机场物业管理有限公司运筹办承接的涉及本单位业务的运行保障;⑥领导安排的其他工作。

3)建设运营信息一体化

信息管控工作既是建设运筹工作的重要环节,也是确保建设运筹工作有序推进、促进建设运筹目标实现的重要因素。北京首都机场物业管理有限公司在信息管控方面始终坚持集中汇总、集中决策和统一行动的方式进行。

在内部信息管控方面,北京首都机场物业管理有限公司每月组织召开大兴机场运营筹备工作例会,由北京首都机场物业管理有限公司运筹办负责收集各分公司运行办当月运筹工作情况及下月工作计划,并汇总北京首都机场物业管理有限公司运筹整体工作进展向公司进行汇报,讨论重点难点问题,群策群力推进工作。如需要进行外部协调,则统一由北京首都机场物业管理有限公司运筹办负责外部对接、协调。

在外部信息管控方面,北京首都机场物业管理有限公司每月会向大兴机场运营筹备办公室汇报当月情况、下月工作计划以及需要协调解决的问题,并按时参加大兴机场运营筹备办公室组织的例会,了解大兴机场建设运筹的整体进展,确保各项业务筹备进度与总进度一致,同时解决建设运营过程中遇到的问题。

9.6.4　各阶段工程实践

1)前期研究阶段

北京首都机场物业管理有限公司全力确保"两个节点",全力做好设备、人员、方案的提前介入、提前运行,抓早、抓细各项环节,精心论证、精细组织,完成从运营筹备阶段向实战演练阶段过渡,工作重点由业务拓展、业务流程设计、服务方案及服务标准制订向人员招聘、演练、战略合作商储备等方面转变,确保大兴机场各项业务在 2019 年 9 月 30 日前安全平稳运行。在保障"两个节点"期间,北京首都机场物业管理有限公司对接投运方案,制订运筹工作进度倒排计划表,加强监督执纪,干干净净做工程,认认真真树丰碑,助力打造廉洁工程。

具体举措总结如下。

（1）坚持安全第一，根据实际情况，对北京首都机场物业管理有限公司在大兴机场的各业务建立修订管理 67 项制度、49 项应急预案，并与管理中心航站楼、飞行区、公共区等业务部门完成管理制度和预案的全面对接。

（2）为高效开展运营筹备工作，北京首都机场物业管理有限公司受邀入驻大兴机场 AOC 工作，管理部成立质安室，派驻值班经理 24 h 进驻 AOC 席位，加强与大兴机场驻场单位及公司内部部门的沟通协调，保证综合演练顺利开展。

（3）圆满完成大兴机场开航前的 7 次综合演练，参演人员超过 500 人，参演项目范围、设备、车辆伴随运筹工作进展逐步递增。在开航前的 7 次综合演练中，针对各业务所存在的实际问题，制订演练检查表，建立演练问题清单和安全隐患库，与管理中心组成问题沟通反馈闭环，持续完善隐患排查和整改记录。

（4）与大兴机场、国保二支队对接员工培训工作，组织员工进行大兴机场使用手册、交通安全、空防安全和服务质量培训，结合日常工作流程完善台账记录，规范台账填写，把控证件及工具管理、建立工作流程、日常及考核标准应急预案，组织安全及业务培训，落实班前班后会制度，统一管理，进一步完善规章制度。由于在大兴机场承接的多项业务有较高作业难度，北京首都机场物业管理有限公司在准入培训的基础上，分别准备公共区飞行区特种车驾驶员开展驾驶员培训，针对航站楼高位保洁的特殊性，从地砖承重能力、大型车辆进场路由、特殊材质清洁方式及现场具备的作业条件等多方面考虑，制订切实可行的清洁方案，确保航站楼内作业安全。

（5）对标行业先进，多次调研绿化生产基地，为《绿化基地运行方案》提供现场数据和方案支持。北京首都机场物业管理有限公司重点对大型清洁机器设备、清洁药剂及日常使用的清洁工具进行广泛的市场调研，对标行业先进技术和设备，在大兴机场航站楼和空防安保培训中心等综合写字楼试用，收效良好。

（6）落实真情服务，树立行业标杆，承接空防安保培训中心、信息中心及指挥中心、安防中心及公安用房物业管理服务工作，提供前台服务和礼仪会服，保障大型会议、仪式活动，积累了重要会议保障经验。在 3 次试飞保障期间，为飞行区近机位设置移动卫生间并提供保洁服务，为机坪工作人员提供便利。

（7）北京首都机场物业管理有限公司肩负着航站楼开荒保洁、机坪开荒保洁以及场区环境治理等多项难度大、时间紧的工作任务。提前取得垃圾清运资质，正式启动垃圾收集及转运业务；攻克航站楼"一边建设一边保洁"的开荒难题和"异形复杂结构"清洁难题，在 2 个月的时间里擦亮国门，顺利完成航站楼整体开荒；完成大兴机场场区 35 km 内 42 条道路建筑垃圾及道路遗撒清理和日常保洁工作；完成飞行区行车道及机位开荒，协助大兴机场进行了 80 次施工垃圾清理工作；承接大兴机场堆土场管理工作，推进堆土场项目建设并对施工期间建设单位堆土倾倒进行秩序维护和日常监管。

（8）根据首都机场集团要求，北京首都机场物业管理有限公司大兴机场业务已实现市场化运营，率先转变为管理型，确定了在大兴机场以航站楼保洁、旅客便利服务、绿化、环卫及综合楼宇物业管理为基本要素的集成服务格局，在大兴机场取得 11 个项目的委托管理。

（9）管理人员及业务骨干进驻大兴机场，丰富管理队伍构成，扩充了人才队伍建设，打造专业团队。

2）规划设计阶段

北京首都机场物业管理有限公司结合大兴机场的规划设计工作，此阶段的工作主要包括大兴机场项目整体规划、绿化基地规划思路、环卫基地规划思路、垃圾及转运整流程规划等。北京首都机场物业管理有限公司在规划设计阶段的工作策略与实施路径包括：

（1）坚持可持续发展规划思想。北京首都机场物业管理有限公司规划与大兴机场规划相结合，共同打造绿色机场，合理利用机场地理位置，以绿化基地打造机场景观绿化产学研一体化发展规划，以环卫基地打造大兴机场环境治理可持续发展规划，实现绿色机场设计理念中可持续发展思路，不断提升机场优美环境服务体验和旅客服务品质。

（2）贯彻需求为导向设计理念。结合运营实际深度参与规划设计，真正实现以运营需求为导向进行整体规划设计，以机场垃圾产生量及景观需求为导向进行规划设计、以旅客需求为导向进行高质量景观规划设计，整体降低机场的建设和运营成本。

（3）强化关键指标研究设计。加强对旅客量及机场工作人员垃圾产生量等影响运行效率的关键指标研究，充分运用仿真模拟技术优化设计方案，科学测算航空垃圾量，合理配置运营保障设施，夯实机场安全高效运营的基础。

（4）持续做好规划设计的优化工作。坚持抓好与大兴机场规划设计对接，对重要的规划设计积极跟进，深入对接。加强设计图纸的研讨应用，建立设计专项会议制度，确保设计工作以运营需求为导向，符合运营标准。贯彻动态设计理念，及时根据工程实际情况动态调整优化设计。

3）工程建设阶段

北京首都机场物业管理有限公司在工程建设阶段的工作策略主要如下。

（1）跟进项目施工组织设计。在项目实施前，参与对施工组织设计中的施工方案、施工进度计划、施工现场平面布置及资源需求量的供应与解决办法等内容的检查；在施工过程中，查看施工组织设计实施情况，了解施工细节及现场布局，熟悉各类建设图纸。

（2）严控项目招标投标管理。严格遵守公司招标投标管理规定，在编制招标文件过程中提出好的建议和意见。在招投标阶段,作为业主代表参与评标工作,邀请大兴机场参与评标工作。在确保项目质量、控制项目周期的前提下,降低工程造价,提高投资效益。

(3)建设阶段提前介入。参与制订并落实施工过程中的运行安全、空防安全、施工安全等安全保障措施,参与设备系统的安装、调试、试验和试运行工作。重点做好垃圾转运站各项设备的跟进及落实情况。

(4)确保专业人员有序到位。根据项目特点选择建设管理组织模式,根据工程项目规模、周期及运营的实际需求,落实运营管理人员的到位到岗,以航站楼保洁便利、公共区绿化环卫、飞行区机坪保洁及各产权楼物业服务等骨干员工组成专业团队,提升建设运营总体管理效能。

(5)做好移交和验收的有序衔接。确定运营主体后建设完成后,编制移交计划和机场使用手册,详细介绍机场运营布局、各类设施的技术参数、机场运营方式等。项目结束后,接收建设单位的全部材料,做好协调和配合,提高责任意识,规范移交的制度管理。

4)运营阶段

运营使用作为机场的最终目的,是"建设运营一体化"的收尾阶段,运营使用的功能体现是对前期研究、规划设计和工程建设阶段成果的全面综合检验。北京首都机场物业管理有限公司在机场建设完成后至投运使用前,参与大兴机场组织的3次试飞保障及7次模拟演练,包括试飞保障、全旅客流程保洁便利服务、各项应急演练等,根据演练中发生的状况和出现的问题,积极总结,主动调整,不断改进,最终为顺利投运打好基础。北京首都机场物业管理有限公司根据投运前多层次、多主体模拟演练所暴露出来的问题,结合具体运营单位的使用流程和运维实践从安全管理、资源配置、财政补贴、数据管理和人才调度等方面制订了以下工作策略和实施路径。

(1)持续加强运行安全管理。北京首都机场物业管理有限公司狠抓责任落实,牢固树立底线思维和红线意识,开展总经理现场督查工作,每周一次现场会进行安全检查,建立健全安全生产长效机制。提高突发事件应急处置实战能力,不断提升安全管理的人文内涵,确保安全可靠和优质服务和谐统一。

(2)优化配置各类运营资源。合理运用首都机场设施设备和运行资源,从服务质量、经济效益、商业和运行等角度做好两场资源的优化配置。在各项业务开展方面,做好资源市场化价值开发和限价资源成本控制,转换经营方式,进行市场化招标,逐步向管理型企业转化。

(3)做好运营数据库管理和应用。以 AOC 平台为基础,建立数据库并加强数据信息的分类管理。做好各项业务的基础数据分析,加强对标数据的应用,总结规律,持续完善。应针对运营中产生的新问题、提出的新需求,不定期地进行归纳总结,认真做好信息储备,积极主动为后期项目建设提供数据支持。

(4)稳步实现人员有序调配。北京首都机场物业管理有限公司通过开展公开竞聘,选择优秀员工参与大兴机场运营,通过大学生轮岗学习,有计划、有步骤地加强人才培养,建立健全人才培养和储备机制;通过引进专业化人才,加紧培养紧缺型、技能型人才,同步为后期建设储备人才。主动建立与高校的合作,建立产学研基地,提升人才综合实力。

9.6.5　项目小结

大兴机场的物业服务在建设与运营中建立了管家式服务思维,以运营成本低、运行效率高、服务品质优、经营效益好和绿色协调可持续发展为目标,以深化项目前期研究为抓手,取得了良好的实施效果。项目成果与经验启示可总结为以下六点。

(1)质量安全管理过硬。通过落实项目主管责任制,建立并完善了公司级、管理部级、业务部级安全管理体系。严守机场安全四个底线,完善管理制度与措施,建立了完备的风险防控体系,严格落实安全生产责任制,实现各项业务的协调和管控,杜绝了重大质量安全事故。

(2)运营团队不断扩大。从前期运营团队的深度投入,到随着项目的推进,不断优化项目团队的人员组成,并根据不同时期的工作重点和要求,合理、动态调整运营团队人数,推动项目全过程运营团队的提升与优化。

(3)需求管理全面深化。根据大兴机场各部门对业务需求的影响程度的不同,通过公司专项小组对相关需求识别、管理与应用提供支持,全面掌握各类相关需求,有效识别、分类管理,做到科学选择、合理采纳,进而提升整体服务水平与管理效能。

(4)服务优化完善。通过统筹考虑、持续优化和完善航站楼便利服务、保洁服务、绿化服务等各项运行流程,注重人性化的设施布局和文化体验,最大限度提高运行服务效率和品质。

(5)落实绿色发展理念。遵循国家经济发展规律,坚持率先发展、安全发展和可持续发展思路,落实创新驱动、绿色环保的发展理念,并注重在项目各阶段的应用,特别是绿色景观建设、打包业务材料及区域设计、公共区及飞行区除冰雪保障等方面。

(6)建立了全流程管理控制模式。通过科学选择项目管理精细化模式,遵循民航机场业发展规律,合理确定了各项目数据统计,较好实现了数据化管理及大数据分析等方式;通过加强各项目数据化集约管理能力,提升全流程管理效能,大大加强了机场物业行业的标准化建设征程。

9.7　贵宾系统建设运营一体化实践

9.7.1　概述

大兴机场贵宾系统主要包含贵宾服务、嘉宾服务和大使服务三项核心业务,相关工作由首都空港贵宾服务管理有限公司负责。贵宾业务为以保障为主的要客服务;嘉宾业务主要服务功能包括休息室、接送机、专属通道、高端值机和餐饮娱乐等;大使服务主要提供现场问询、呼叫中心、航站楼广播和特殊旅客帮扶服务。贵宾系统所需业务资源由北京新机场建设指挥部负责精装修(硬装)和软装设计、艺术品设计。

首都空港贵宾服务管理有限公司大兴机场运营筹备工作是首都机场集团整体运营筹备工作的重要组成部分。因此,全力做好大兴机场运营筹备,是首都空港贵宾服务管理有限公司压倒一切的重要任务,是首都空港贵宾服务管理有限公司全体干部职工的首要职责,更是首都空港贵宾服务管理有限公司要抓好的头等大事。

首都空港贵宾服务管理有限公司致力于在大兴机场打造"精品贵宾、靓丽贵宾、智慧贵宾、人文贵宾",让更广大的旅客群体能享受大兴机场高品质服务、分享民航发展成果。在机场运营筹备工作中始终坚持"建设运营一体化"工作原则,积极与北京新机场建设指挥部沟通,提前参与贵宾业务相关区域的结构布局、功能设置、流程设计等方案的制订和建设施工工作。

9.7.2　贵宾系统项目历程

首都空港贵宾服务管理有限公司高度重视大兴机场运营筹备,按照"建设运营一体化"的要求开展相关工作。2015 年 5 月,首都空港贵宾服务管理有限公司成立了大兴机场建设规划运营项目组,对接北京新机场建设指挥部,对公司在大兴机场的区域规划、业务规划、资源规划和流程规划等多方面进行对接沟通。2017 年 7 月,首都空港贵宾服务管理有限公司抽调专人成立了大兴机场工作组(筹),在公司党委的统一领导下全面统筹协调大兴机场资源、流程、业务等运营筹备工作。

按照首都机场集团关于"专业公司运营筹备工作必须在 2019 年 9 月底前完成,必须确保大兴机场在 2019 年 9 月实现试运行"的时限要求,首都空港贵宾服务管理有限公司结合运营筹备实际情况,倒排工期,将运营筹备工作划分为策划准备、启动实施、全面落实和调试演练四个实施阶段,明确各阶段工作进程和工作计划时间表。

1) 策划准备阶段(2015 年 5 月—2017 年 9 月)

策划准备阶段是北京大兴国际机场运营筹备全面启动的前提和基础,主要工作包括如下。

（1）初步建立运营筹备组织机构；

（2）与北京新机场建设指挥部、设计院建立沟通机制，参与贵宾业务建设规划、功能布局、流程设计等工作；

（3）组织考察调研，初步形成贵宾业务功能结构布局方案。

2）启动实施阶段（2017 年 10 月—2018 年 6 月）

启动实施阶段运营筹备各项工作全面启动，主要工作包括如下。

（1）进一步充实运营筹备组织机构，明确工作职责，完善工作机制，举首都空港贵宾服务管理有限公司之全力推进运营筹备工作；

（2）按照"布局合理、流程顺畅、功能完善"的原则，形成贵宾区功能结构布局方案；

（3）争取北京大兴国际机场嘉宾业务特许经营权，与北京新机场建设指挥部商定嘉宾业务经营资源，报首都机场集团大兴机场工作委员会审议；

（4）争取承接北京大兴国际机场大使业务，与北京新机场建设指挥部商定大使业务范畴，报首都机场集团大兴机场工作委员会审议；

（5）制订北京大兴国际机场运营筹备实施方案，报首都机场集团大兴机场工作委员会审议；

（6）开展北京大兴国际机场经营模式的整体研究工作；

（7）开展人力资源规划研究，制订北京大兴国际机场组织机构设计及重点岗位人员招聘储备方案；

（8）研究谋划运营筹备期间办公、就餐、住宿、交通等事宜，制订运营筹备前期后勤保障方案。

3）全面落实阶段（2018 年 7 月—2019 年 6 月）

全面落实阶段要按照确定的工作思路，开展运营筹备的各项工作，通过务实的筹备工作，逐步达到筹备目标。为便于工作的细化分解，此阶段工作按四个业务模块分头推进，关键举措如下。

（1）贵宾业务

①协同北京新机场建设指挥部完善确定贵宾区精装修方案；依据制订的贵宾区精装修方案，全面参与贵宾区精装修工作，密切跟进施工装修进程。②结合装修施工进度，按照打造"智慧贵宾"的要求，与北京新机场建设指挥部研究制订强电、弱电信息系统、运营服务系统等需求建设方案并组织实施。③组织北京大兴国际机场贵宾区"软装"工作，制订软装设计施工方案并组织实施；结合装修设计方案，完成贵宾区文化展示、服务设备合作商甄选，并组织开展前期设计工作。④组织召开贵宾服务产品推介会，完成与潜在合作伙伴的洽商，依据其需求开展部分厅房的装修装饰工作。⑤完

成贵宾区组织机构及岗位人员编制方案,按照分阶段部署的原则,逐步完成业务骨干员工(老员工)转场调配、关键岗位新员工(摆渡车司机)和操作岗位新员工(服务员、礼宾员等)的招聘储备工作。⑥编制完成贵宾业务培训课程体系和培训教材,分阶段组织业务培训,完成场内证照、隔离区证件的考试及办理工作,确保符合上岗资质。⑦搭建完成贵宾区安全质量管理系统及相关制度,建设应急体系及风险防控体系。⑧完成贵宾区最终装修装饰及物品布置,完成区域开荒保洁,贵宾区完全具备试运营条件。⑨编制完成贵宾业务模拟演练方案。

(2)嘉宾业务

①研究制订北京大兴国际机场嘉宾业务经营模式及方案,确定嘉宾业务运营主体,完成业务规划设计及装修方案,做好入场装修施工前各项准备工作。②组织开展嘉宾区装修施工,按期完成精装修工作,组织嘉宾区"软装"工作,制订软装设计施工方案并组织实施。③组织召开嘉宾产品推介会,开展与潜在合作伙伴洽商,按其需求丰富调整装修设计方案。④编制嘉宾服务标准和工作流程,制订完成业务流程作业指导书。⑤完成嘉宾区组织机构及岗位人员编制方案,按照分阶段部署的原则,逐步完成业务骨干老员工转场调配和操作岗位新员工的招聘储备工作。⑥编制完成嘉宾业务培训课程体系和培训教材,组织开展业务培训,完成隔离区证件的考试及办理工作,确保符合上岗资质。⑦搭建完成嘉宾区安全质量管理系统及相关制度,建设应急体系及风险防控体系。⑧完成嘉宾区最终装修装饰及物品布置,完成区域开荒保洁,嘉宾区完全具备试运营条件。⑨编制完成嘉宾业务模拟演练方案。

(3)大使业务

①研究北京大兴国际机场大使业务运营模式,与大兴机场运筹办签订大使业务服务合作协议。②协助大兴机场运筹办完成北京大兴国际机场大使各项业务资源规划、办公场地等装修设计以及办公设备设施需求配置方案。③完成大使业务组织机构及岗位人员编制方案,按照分阶段部署的原则,逐步完成业务骨干老员工转场调配和新员工的招聘储备工作。④编制完成大使业务培训课程体系和培训教材,组织开展业务培训,完成隔离区证件的考试及办理工作,确保符合上岗资质。⑤搭建完成大使业务安全质量管理系统及相关制度,建设应急体系及风险防控体系。⑥编制完成大使业务模拟演练方案,完成试运营前的各项准备工作。

(4)大综合筹备

①按照首都机场集团统一部署及要求,制订运营筹备后勤保障方案,协调北京大兴国际机场运营筹备后期各阶段员工办公、就餐、住宿、交通等事宜;②依据公司北京大兴国际机场经营模式,组织完成北京大兴国际机场组织机构发起筹备、工商注册等工作。

4)调试演练阶段(2019年7月—2019年9月)

调试演练阶段是运营筹备各项工作的收口阶段,也是运营筹备工作的冲刺阶段,主要工作如下。

（1）贵宾、嘉宾、大使业务全面进入模拟演练状态，按照北京大兴国际机场整体部署，组织开展第一、二、三次模拟演练活动。

（2）针对模拟演练显现的问题立即落实整改。

（3）完成第四次综合模拟演练，各项业务具备正式运营条件。

9.7.3 贵宾业务工程实践

大兴机场贵宾区位于西北指廊的一、二层，资源总面积约 9 100 m²，包含 1 360 m² 室外庭院，设有 21 间休息室，由北京新机场建设指挥部负责精装修（硬装）和软装设计、艺术品设计。

贵宾区作为大兴机场中相对独立的区域，是服务国内外要客和展示国门形象的重要窗口，首都空港贵宾服务管理有限公司协同北京新机场建设指挥部，以"布局合理、流程顺畅、功能完善"为目标制订贵宾区规划设计方案，对贵宾区功能结构布局重新进行了规划设计，对软装设计层层把关，多次与设计单位沟通，实现了上述目标，满足了"平安、绿色、智慧、人文"贵宾的发展要求。

1）设计优化

2018 年 11 月，首都空港贵宾服务管理有限公司召开贵宾区软装设计方案研讨会，会议听取了设计单位关于大兴机场贵宾区陈设设计概念方案的介绍，首都空港贵宾服务管理有限公司结合设计方案提出了合理建议和优化意见，具体优化方向如下。

（1）在主题故事诠释方面，建议增强主题文化的连续性，塑造整体的和谐统一。

建议整个贵宾区确定一个或者两个密切相关的兼具"中国风 北京味"的主题故事，以一个大的故事衍生出不同的小故事。每个休息室需要设计出完美适应其故事本身特色的风格，达到各个主题环环相扣，塑造整体的和谐统一，避免主题过多、过杂。

（2）在商业价值创造方面，建议围绕价值创造，尽可能地预留出更多的商业点位，充分利用每一寸空间资源的商业机会。

建议在保证整体风格协调的基础上，在设计方案中预留充足的商业资源点位。在整个贵宾区的走廊设计中建议结合招商点位的需求，明确招商区域面积以及摆台的外观。休息室门口的冠名电子屏建议对其外观、尺寸以及摆放位置有一个明确的设计方案，以便开展后期的招商工作。在艺术品开发方面希望也可以提供更多的商业合作机会，尽量选取保值率和增值率高的艺术品，同时，也要平衡艺术品与工艺品的数量，不能一味地追求商业价值创造，而忽视整体设计的和谐。

（3）在陈设品的艺术元素体现方面，建议丰富艺术元素种类及艺术元素的展现形式，增加个性化艺术创意产品。

建议在休息室的陈设中,采用具有中国文化靓丽名片之称的"燕京八绝"工艺,在材质的选择上,可采用中国绣、绢、丝绸、漆画、木雕、瓷器和青花瓷等,丰富艺术品品类。

在颜色使用上,建议在色彩搭配上仍以白色和时尚灰为基调,适当突出"一带一路"中21世纪海上丝绸之路的"海蓝色"、丝绸之路经济带的"金黄色"和代表中国的传统颜色的中国红,丰富文化内涵。

作为休息室重要的软装陈设之一的地毯,在艺术元素的展现中,具有与众不同的特点,可以利用地毯的纹样或花色来展现艺术元素。在地毯的设计过程中,建议借鉴G20地毯的样式与颜色。

在造型上,建议贵宾区大厅雕塑应丰富其包含的艺术元素或文化内涵,对细节处理也要精益求精,希望设计一款饱含文化内涵和文化故事的雕塑。

在艺术创意上,建议用首都空港贵宾服务管理有限公司员工、客人或者世界各地的笑脸做成图标,打造具有独特个性的贵宾文化元素。同时,建议在个性化的文化创作上,要多下成本、多下工夫。

(4)在整体氛围的塑造中,建议在满足功能需求的前提下,体现不同区域的差异化,提高陈设的灵活性。

整个区域的装修风格建议在满足庄重大方的基础上,适度加入现代化元素,使整体的装修及座椅摆放更加多样化,更具活力。

每个区域既要体现统一性又要体现差异性,不同区域要按照业务性质、功能需求的不同,设计不同的装修风格,满足差异化的需求。

商务区要充分考虑贵宾的需求,整体氛围要融合"家"的温馨、舒适。在氛围的营造中,绿植文化墙也是一个不错的配饰。绿植最直接地传达了一种自然气息,有一种接触大地的感觉,会带给人心情的丰盈和快乐。同时,绿植文化墙对饰品的要求很随意,在摆放中可选用有故事、有文化积淀的物品。建议采用具有首都空港贵宾服务管理有限公司文化元素的配饰摆件,从而使整个主题的策划也多了贵宾本身的文化故事。

除此,在各类艺术品的布局设计及摆放过程中,要考虑大厅、走廊的实际面积,注重贵宾使用过程中的服务体验,尽力弥补格局空间的不足,建议将工作人员进行服务的便利性和方便性考虑其中。

(5)在成本费用上,要最大限度地节约成本。

大兴机场贵宾区的陈设设计装修要在目标成本的基础上进一步节省成本。无论是陈设品,还是地毯、沙发等的材质,建议在满足功能需要的同时,尽量减少后期维护费用,增强使用价值;在颜色的使用上,尽量少使用或者不使用浅色或者黄色。在吊灯使用方面,建议尽量少使用后期维护成本较高的水晶灯。作为后期维护成本较高的窗帘、地毯等,希望可以采取替代品或者其他办法解决。

在沙发的选用上,除部分为表现区域和谐必须采用的沙发之外,建议采用免费赞助的沙发和红木家具。希望在方案的设计过程中能将免费的沙发和红木家具更好地融入其中。

首都空港贵宾服务管理有限公司与设计单位多次沟通、共同研讨、反复修改,在精益求精的基础上进一步提出如下优化建议:①在风格设计上,适度增强贵宾区整体风格的明快感和现代感。②在内容设计上,在赋予贵宾区厅厚重历史感的同时兼具新的时代气息。③在氛围塑造上,从设计上突出休息室的差异化。④在功能需求上,充分考虑客户需求,以客为本。⑤在主题设计上,餐厅及商务公共区域丰富设计文化。⑥从未来价值考虑,在陈列品的选择上,贵宾区采用字画,在提升品质的同时,也可在未来实现价值升值。

除此,首都空港贵宾服务管理有限公司还结合整体布局设计,针对某些细节,提出部分意见,通过持续的设计优化,首都空港贵宾服务管理有限公司将设计工作做精做细,创造良好的装修环境,为后期高品质的运营打下了坚实的基础。

2)项目跟踪

大兴机场贵宾业务的投运筹备工作按照任务类型来划分,可以分为装修建设与运营筹备管理两大板块。"建设运营一体化"是指装修建设工作与运营筹备工作交叉进行、同步推进,实现了二者的无缝衔接。大兴机场的建设管理模式为机场管理方统筹负责所有装修建设工作,实行"交钥匙"工程,而首都空港贵宾服务管理有限公司的身份实则属于机场管理方与施工方/设计方的"第三方",是实际使用方。

在大兴机场"建设运营一体化"的总体工作思路指导下,首都空港贵宾服务管理有限公司提出了"不留遗憾、少留遗憾""利用好窗口期"等要求。为此,自大兴机场工作组(筹)成立以来,贯彻执行相关指示要求,采取了主动申请参加沟通会议、主动参与设计方案的拟定、密切关注施工效果及进度、频繁赴现场踏勘等系列做法,要求各模块人员每周现场踏勘不少于3次。

9.7.4 项目小结

大兴机场贵宾系统的工作推进,始终坚持"建设运营一体化"原则,将运营筹备工作前置,积极沟通各参与方,让更广大的旅客群体能享受机场高品质服务。贵宾系统运营筹备工作中的经验启示可总结如下。

1)领导的高度重视

首都空港贵宾服务管理有限公司贵宾、嘉宾、大使三大业务,均是大兴机场主流业务范畴,服务质量关系到大兴机场整体旅客服务体验。为此,首都机场集团高度重视首都空港贵宾服务管理有限公司三大业务的运营筹备情况,在首都空港贵宾服务管理有限公司整体运营筹备的工作推进中,给予了大力支持。首都空港贵宾服务管理有限公司与首都机场集团、北京新机场建设指挥部、管理中心和设计单位等开展了多层次、多渠道、多形式的沟通。公司领导带领相关职能部门及大兴机场工作组(筹)通过专题汇报、会议沟通、带队踏勘等形式,抓住一切可利用的机会,在贵宾规划布局、嘉宾经营权、争取经营性资源及装修设计优化等多方面取得显著成果。

2) 提前介入、主动参与

为了统筹管理整体运营筹备工作,确保装修建设进度,大兴机场实行"交钥匙"工程的模式。机场管理单位与设计方、施工方直接签署合同,在这种模式下,首都空港贵宾服务管理有限公司为了避免出现设计方案与实际需求脱节等情况,从方案设计到施工建设,主动参与沟通、详细说明需求,小到操作间垃圾桶的款式与位置,大到天花板高度、休息室隔断布局等。即使面对职责划分不在首都空港贵宾服务管理有限公司的问题与事项,仍秉持公司"建设引以为豪的新团队,打造北京大兴国际机场新贵宾"的初心,坚守"确保北京大兴国际机场顺利开航"的使命,提前介入,主动参与沟通。其优点在于一方面,最大程度地实现日后实际使用过程中得心应手;另一方面,建立了良好的沟通机制,为各项运营筹备工作推进奠定基础。

3) 建立问题发现和风险防范机制

大兴机场在运营筹备过程中秉持"发现问题就是成绩、解决问题就是提升"的理念,大兴机场工作组结合运营筹备主要工作,制订了运营筹备风险管控表,建立风险库,梳理划分了业务、管理、廉洁三大风险类别,涵盖装修、运营、采购、人员、财务、业务招待和行政事务等十余项子类别,识别风险源 15 项,识别风险点 46 项。

4) 任务管控清单化管理

运营筹备与投运工作千头万绪,错综复杂,各类主体交错在一起,对各类任务实行统筹管理,实现忙而有序就显得非常关键。首都空港贵宾服务管理有限公司在大兴机场运营筹备初期,建立了运营筹备管控表,包括装修与运营两大板块,涵盖装修设计与安装、接管验收、设备设施、物资用品、业务功能实现、人员培训、风险防控及演练测试等多方面内容,共分解为 431 项子任务。在执行过程中:①在公司内部方面,实行每周反馈、每月督办的进度跟踪机制,定期通过公司运营会、月度例会等形式,对每阶段的运营筹备工作进行总结汇报。②在机场管理层方面,在管理中心与北京新机场建设指挥部的统筹下,定期进行重点协调事项的解决。③针对疑难杂症问题,与首都机场集团、北京新机场建设指挥部、管理中心等相关单位协调,通过高层沟通,研究解决方案,力促运营筹备工作有序进行。首都空港贵宾服务管理有限公司集全公司之力,推动管控任务的推进落地。对于北京大兴国际机场建设投运这样的伟大工程而言,管控表的落地执行,可以让所有参与运筹工作的单位及工作人员做到"心中有数"。

5）重要过程痕迹化

如果说大兴机场是一幅巍峨壮观的巨作，那痕迹化的管理则如同练就"绣花功夫"。伟大工程建设筹备工作中，必定有诸多关键节点、重要环节、灵魂人物乃至诸多的温情故事、感人瞬间。在繁杂的日常工作中，需要不断地收集整理图片、视频、纪要、报道、发文及函件等多种形式的资料，在推进各项任务的同时形成痕迹化的记录，不但可以作为工作依据，同时可以作为史料留存，为日后经验参考、历史回顾保有丰富的资料。另外，由于工程建设涉及各个责任主体，包括北京新机场建设指挥部、管理中心、总包方、分包方、施工方、设计方、运营方及合约商等，对重要过程留痕也有利于分清责任。

6）利用窗口期，创优、创新、创效

大兴机场伟大工程的运营筹备工作，通常情况下是环环相扣的。每环之间存在短暂的灵活变更期，是进行业务合作、资源争取、功能优化和环境升级的重要窗口期。这些窗口期多数是不可逆的，一旦错失良机，后续变更的沟通成本、物质成本、人力成本将大大增加。为此，必须紧握各阶段的窗口期，打好攻坚战，争取创优、创新、创效。

参 考 文 献

［1］首都机场集团公司.北京大兴国际机场建设运营一体化协同委员会工作机制
　　　［R］.2020.

［2］丁士昭.建设工程信息化导论［M］.北京:中国建筑工业出版社,2005.

［3］周和生,尹贻林.政府投资项目全生命周期项目管理［M］.天津:天津大学出版
　　　社,2010.

［4］丁士昭.建设工程管理的内涵及其有关概念的分析［C］.中国建筑学会工程管理
　　　研究分会学术年会.中国建筑学会,2006.

［5］中华人民共和国住房和城乡建设部.建设工程项目管理规范(GB/T 50326—
　　　2017)［S］.北京:中国建筑工业出版社,2006.

［6］盛昭瀚,于景元.复杂系统管理:一个具有中国特色的管理学新领域［J］.管理世
　　　界,2021,37(06):36-50+2.

［7］庞玉成.复杂建设项目的业主方集成管理研究［J］.山东社会科学,2013(6):4.

［8］首都机场集团公司.首都机场集团公司建设运营一体化指导纲要［R］.2015.

［9］哈罗德·科兹纳.项目管理2.0［M］.北京:电子工业出版社,2016.

［10］丁士昭.工程项目管理［M］.北京:高等教育出版社,2017.

［11］乐云.建设工程项目管理［M］.北京:科学出版社,2013.

［12］中国民航机场建设集团公司.北京新机场可行性研究报告［R］.2014.

［13］首都机场集团公司机场建设部.建设运营一体化内涵及工作模式研究报告(上会
　　　版)［R］.2014.

［14］庞玉成.复杂建设项目的业主方集成管理［M］.北京:科学出版社,2016.

［15］美国项目管理协会.项目管理知识体系指南［M］.7版.北京:电子工业出版
　　　社,2021.

［16］北京首都机场商贸有限公司.北京首都机场商贸有限公司2020年工作报告［R］.
　　　2020.

［17］北京首都机场动力能源有限公司.大兴机场能源系统"建设运营一体化"之路
　　　［R］.2020.

［18］中国民用航空局.民用机场工程建设与运营筹备总进度综合管控指南［M］.北
　　　京:中国民航出版社,2020.

［19］中国民用航空局.关于进一步加强2019年北京大兴国际机场总进度综合管控工
　　　作的通知［R］.2019.

［20］北京国际大兴机场建设指挥部.北京大兴国际机场工程建设与运营筹备专项进

度计划[R].2019.

[21] 盛昭瀚.重大工程管理基础理论[M].南京:南京大学出版社,2020.

[22] 乐云,李永奎.工程项目前期策划[M].北京:中国建筑工业出版社,2011.

[23] 陈金仓.民航机场工程建设、运营一体化应对方案初探[J].机场建设,2014 (3):3.

[24] 高志斌.机场工程项目建设运营一体化之目标研究[J].民航管理,2012(3):2.

[25] 马力.民用机场建设运营一体化模式初探[J].中国民航报,2013(3):3.

[26] 宋鹃,崔海雷.对民用机场建设运营一体化的思考[J].民航管理,2015(10):3.

[27] 民航华北空中交通管理局.北京新机场飞行校验工作专题会议纪要[R].2018.

[28] 中国民用航空局.北京大兴国际机场行业验收总验和许可审查终审工作方案 [R].2019.

[29] 首都机场集团.北京大兴国际机场第一次综合演练实施方案[R].2019.

[30] Rondeau E P, Brown R K, Lapides P D. *Facility management*[M]. John Wiley & Sons,2012.

[31] 丁士昭.工程项目管理[M].中国建筑工业出版社,2017.

[32] 陈文华,狄娟,费燕.民用机场运营与管理[M].北京:人民交通出版社,2008.

[33] 李永奎.建设项目管理信息化[M].北京:中国建筑工业出版社,2010.

[34] 肖晶.建筑信息模型(BIM)在成本管理中的应用[J].环球市场,2018(7):100.

[35] 陈旭东.数字鸿沟:信息时代的基尼系数[J].信息产业报道,2001(9):50-51.

[36] 徐芳,马丽.国外数字鸿沟研究综述[J].情报学报,2020,39(11):1232-1244.

[37] 李希明,梁蜀忠,苏春萍.浅谈信息孤岛的消除对策[J].情报杂志,2003,22(3): 61-62.

[38] 李永奎.建设工程生命周期信息管理(BLM)的理论与实现方法研究[D].上海: 同济大学,2007.

[39] 戴彬.项目信息门户的概念及实施分析[J].同济大学学报(自然科学版),2005, 33(7):990-994.

[40] 乐云,马继伟.工程项目信息门户的开发与应用实践[J].同济大学学报(自然科 学版),2005,33(4):564-568.

[41] 曹萍,谢立言,王庆熙.项目信息门户及其比较分析[J].管理学报,2005,2(z1): 43-46.

[42] 陈珂,杜鹏,方伟立,等.我国建筑业数字化转型:内涵、参与主体和政策工具[J]. 土木工程与管理学报,2021,38(4):23-29.

[43] 杨洁.建设项目全寿命周期信息管理研究[D].南京:东南大学,2004.

内 容 提 要

本书是北京大兴国际机场全面系统应用建设运营一体化理念进行工程建设及运营筹备各项工作的系列总结,主要内容包括建设运筹一体化的内涵、目标一体化、组织一体化、信息一体化、计划一体化、控制一体化、标准一体化、前期研究阶段的工作策略与实施、规划设计阶段的工作策略与实施、工程建设阶段的工作策略与实施、运营使用阶段的工作策略与实施及其经验与启示等。

本书可供从事机场建设和管理的专业人员阅读,也可供各级政府的建设管理干部,从事各类基础设施项目建设的工程管理人员、技术人员,以及大专院校的师生参考。

图书在版编目(CIP)数据

北京大兴国际机场建设运营一体化 / 刘春晨主编.
上海：同济大学出版社，2024. -- (中国大型交通枢纽建设与运营实践丛书). -- ISBN 978-7-5765-1326-4
　Ⅰ. TU248.6
中国国家版本馆 CIP 数据核字第 2024QY8880 号

北京大兴国际机场建设运营一体化

主　编　刘春晨

责任编辑　姚烨铭　　**责任校对**　徐春莲　　**封面设计**　陈益平

出版发行	同济大学出版社　　www.tongjipress.com.cn	
	（地址：上海市四平路 1239 号　邮编：200092　电话：021-65985622）	
经　　销	全国各地新华书店	
排　　版	南京文脉图文设计制作有限公司	
印　　刷	上海安枫印务有限公司	
开　　本	787mm×1092mm　1/16	
印　　张	15.75	
字　　数	313 000	
版　　次	2024 年 9 月第 1 版	
印　　次	2024 年 9 月第 1 次印刷	
书　　号	ISBN 978-7-5765-1326-4	
定　　价	128.00 元	